普通高等教育规划教材

U0269527

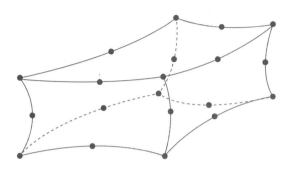

有限元方法
——基础理论

The Finite Element Method
—Its Basis & Fundamentals

王家林 张俊波 编著

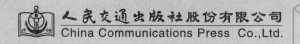

人民交通出版社股份有限公司
China Communications Press Co.,Ltd.

内 容 提 要

本书为适应高等学校力学专业本科生和研究生学习有限元理论的要求编写,全书以变形体虚功(虚位移)原理为理论基础,详细介绍了杆系结构、弹性力学平面问题、空间问题、板壳结构和动力学问题的有限元列式建立方法。在推导理论公式的过程中,注重通过算例演示提高学生对计算方法的理解能力和掌握能力。

本书可作为高等学校力学专业本科生和工科研究生学习有限元理论的教材,也可供有关工程技术人员参考。

图书在版编目(CIP)数据

有限元方法:基础理论 / 王家林,张俊波编著. —
北京:人民交通出版社股份有限公司,2019.8
ISBN 978-7-114-15631-1

Ⅰ.①有…　Ⅱ.①王…　②张…　Ⅲ.①有限元法
Ⅳ.①O241.82

中国版本图书馆 CIP 数据核字(2019)第 122876 号

普通高等教育规划教材

书　　　名:	有限元方法——基础理论
著 作 者:	王家林　张俊波
责任编辑:	闫吉维
责任校对:	赵媛媛
责任印制:	张　凯
出版发行:	人民交通出版社股份有限公司
地　　　址:	(100011)北京市朝阳区安定门外外馆斜街 3 号
网　　　址:	http://www.ccpress.com.cn
销售电话:	(010)59757973
总 经 销:	人民交通出版社股份有限公司发行部
经　　　销:	各地新华书店
印　　　刷:	北京印匠彩色印刷有限公司
开　　　本:	787×1092　1/16
印　　　张:	13.25
字　　　数:	316 千
版　　　次:	2019 年 8 月　第 1 版
印　　　次:	2019 年 8 月　第 1 次印刷
书　　　号:	ISBN 978-7-114-15631-1
定　　　价:	36.00 元

(有印刷、装订质量问题的图书由本公司负责调换)

前　言

本教材按照 48~64 学时编写,适用于大学本科力学专业及研究生有限元方法的教学使用。

本教材以变形体虚功(虚位移)原理为基础,按照建立单元位移模式、应变分析、虚变形能分析、虚功计算的逻辑顺序,系统介绍了各种常用单元有限元列式的推导方法。

在内容的安排上,先介绍了较为简单的杆系结构,在桁架单元部分详细地介绍了单元刚度矩阵的组装原理和方法、结构荷载向量的形成方法及结构平衡方程的求解方法,梁单元部分以平截面假定建立位移模式来实现单元列式的推导;在桁架单元、梁单元的基础上,详细推导了弹性力学平面问题的各类单元列式;在平面等参单元的基础上,简略介绍了弹性力学空间问题的单元类型和等参元通用列式;针对板壳结构,基于直法线假设,介绍了壳体结构的控制方程和应用广泛的退化壳元;最后介绍了动力学问题的有限元基本理论。

本教材在详细推导理论公式的同时,设计了一些简单的计算实例,通过理论公式的具体应用,加强学生对抽象公式的理解。

本教材由重庆交通大学王家林、张俊波共同编写,其中王家林负责编写的部分为第 1~5 章和附录 C,张俊波负责编写的部分为第 6 章和附录 A、附录 B。

由于作者水平有限,书中难免存在不足之处,衷心希望读者批评指正。

编　者

2019 年 2 月

目　　录

第1章　绪论 ··· 1

1.1　有限元方法的问题背景 ··· 1

1.2　弹性体力学问题的基本控制方程组 ······································· 1

1.3　有限元法的基本要点 ··· 4

1.4　学习有限元理论的目的 ·· 8

1.5　习题 ·· 9

第2章　杆系结构的有限元法 ·· 10

2.1　概述 ·· 10

2.2　桁架单元 ·· 10

2.3　平面 Euler-Bernoulli 梁单元 ··· 37

2.4　习题 ·· 65

第3章　弹性力学平面问题的有限单元法 ······························ 67

3.1　引言 ·· 67

3.2　平面三角形 3 节点单元 ·· 69

3.3　平面三角形 6 节点单元 ·· 89

3.4　平面四边形 4 节点单元 ·· 93

3.5　平面四边形变节点单元 ·· 94

3.6　平面四边形 8 节点单元 ·· 96

3.7　插值函数的选择 ··· 96

3.8　平面等参单元有限元列式 ··· 97

3.9　非弹性应变的等效节点荷载计算方法 ··································· 117

3.10　有限元分析的数值精度及收敛性 ······································· 123

3.11　习题 ··· 125

第4章　弹性力学空间问题的有限单元法 ····························· 128

4.1　空间问题本构关系 ··· 128

4.2　空间等参元的有限元列式 ·· 129

4.3　空间问题的基本单元类型 ·· 134

4.4　空间问题的数值积分方法 ·· 140

4.5　空间轴对称问题 ··· 148

4.6　习题 ·· 152

第 5 章　板壳有限元 ·· 153

5.1　引言 ·· 153

5.2　退化壳元 ·· 157

5.3　习题 ·· 168

第 6 章　动力问题的有限元法 ···································· 169

6.1　动力问题有限元方程 ·· 169

6.2　动力特性分析方法 ·· 172

6.3　动力响应分析方法 ·· 176

6.4　习题 ·· 187

附录 A　向量基础 ·· 188

A.1　向量运算的定义 ·· 188

A.2　向量运算的几何物理意义 ·· 189

A.3　向量运算的性质 ·· 192

附录 B　矩阵运算基础 ·· 194

B.1　矩阵关系与基本运算 ·· 195

B.2　矩阵及运算的特征 ·· 195

B.3　矩阵分块与降阶 ·· 197

B.4　方阵基本概念与运算 ·· 198

B.5　矩阵运算的性质 ·· 199

附录 C　变形体虚功(虚位移)原理的证明 ························ 201

C.1　变形体虚功(虚位移)原理 ······································ 201

C.2　指标形式的证明法 ·· 201

C.3　分量形式的证明法 ·· 202

▶▶▶ 第1章　绪论

1.1　有限元方法的问题背景

工程技术领域中的许多场问题,如固体力学中的位移场、应力场分析,电磁学中的电磁场分析,热力学中的温度场分析,流体力学中的流场分析等,都可以归结为:在给定边界条件下求解其控制方程(代数方程、常微分方程或偏微分方程)的问题。

虽然同类问题的域内控制方程具有同一性,但各个问题的求解域和边界条件却复杂多样。只有少数形状规则、边界条件简单的问题才能用解析法求解。实际结构的形状和荷载往往非常复杂,要得到解析解是非常困难,甚至不可能的。

基于现代数学和力学基本理论,借助计算机来获得满足工程要求的近似数值解成为现实可行的手段。

目前在工程技术领域中常用的数值计算方法有:

(1)有限元法(Finite Element Method);

(2)边界元法(Boundary Element Method);

(3)有限差分法(Finite Difference Method)。

有限元法因其对各种复杂情况的普遍适应能力,成为工程实际中最具实用性和应用最为广泛的数值计算方法。

下面以弹性力学问题为例进行说明。

1.2　弹性体力学问题的基本控制方程组

对于空间弹性体力学问题,以 (x,y,z) 表示某确定直角坐标系下一点的位置坐标,以 $u(x,y,z)$、$v(x,y,z)$、$w(x,y,z)$ 分别表示弹性体内任一点处沿 x、y、z 轴的位移,简记为 u、v、w;类似地,以 ε_x、ε_y、ε_z 分别表示任一点处沿 x、y、z 方向的线应变,以 γ_{xy}、γ_{yz}、γ_{zx} 分别表示任一点处在 xy 平面内、yz 平面内、zx 平面内的剪应变;以 σ_x、σ_y、σ_z 分别表示任一点处沿 x、y、z 方向的正应力,以 τ_{xy}、τ_{yz}、τ_{zx} 分别表示任一点处在 xy 平面内、yz 平面内、zx 平面内的剪应力。

弹性体的力学问题可归结为关于位移、应变和应力共 15 个变量的 15 个控制方程在特定位移边界和力边界条件下的求解问题。15 个控制方程可分为几何方程(6 个)、物理方程(6

1 ◀

个)和平衡方程(3 个)三组。

1.2.1　几何方程

基于小变形假设,域内每一点的 6 个应变分量(ε_x 、ε_y 、ε_z 、γ_{xy} 、γ_{yz} 、γ_{zx})与 3 个位移分量(u 、v 、w)之间满足下面几何关系:

$$\begin{cases} \varepsilon_x = \dfrac{\partial u}{\partial x} \\[2mm] \varepsilon_y = \dfrac{\partial v}{\partial y} \\[2mm] \varepsilon_z = \dfrac{\partial w}{\partial z} \\[2mm] \gamma_{xy} = \dfrac{\partial u}{\partial y} + \dfrac{\partial v}{\partial x} \\[2mm] \gamma_{yz} = \dfrac{\partial v}{\partial z} + \dfrac{\partial w}{\partial y} \\[2mm] \gamma_{zx} = \dfrac{\partial w}{\partial x} + \dfrac{\partial u}{\partial z} \end{cases} \tag{1-1}$$

1.2.2　物理方程

对于各项同性的弹性材料,弹性体内每一点的 6 个应力分量(σ_x 、σ_y 、σ_z 、τ_{xy} 、τ_{yz} 、τ_{zx})和 6 个应变分量(ε_x 、ε_y 、ε_z 、γ_{xy} 、γ_{yz} 、γ_{zx})之间满足 Hooke 定律:

$$\begin{Bmatrix} \varepsilon_x \\ \varepsilon_y \\ \varepsilon_z \\ \gamma_{yz} \\ \gamma_{zx} \\ \gamma_{xy} \end{Bmatrix} = \frac{1}{E} \begin{bmatrix} 1 & -\mu & -\mu & 0 & 0 & 0 \\ -\mu & 1 & -\mu & 0 & 0 & 0 \\ -\mu & -\mu & 1 & 0 & 0 & 0 \\ 0 & 0 & 0 & 2(1+\mu) & 0 & 0 \\ 0 & 0 & 0 & 0 & 2(1+\mu) & 0 \\ 0 & 0 & 0 & 0 & 0 & 2(1+\mu) \end{bmatrix} \begin{Bmatrix} \sigma_x \\ \sigma_y \\ \sigma_z \\ \tau_{yz} \\ \tau_{zx} \\ \tau_{xy} \end{Bmatrix} \tag{1-2}$$

或:

$$\begin{Bmatrix} \sigma_x \\ \sigma_y \\ \sigma_z \\ \tau_{yz} \\ \tau_{zx} \\ \tau_{xy} \end{Bmatrix} = \frac{E}{(1+\mu)(1-2\mu)} \begin{bmatrix} 1-\mu & \mu & \mu & 0 & 0 & 0 \\ \mu & 1-\mu & \mu & 0 & 0 & 0 \\ \mu & \mu & 1-\mu & 0 & 0 & 0 \\ 0 & 0 & 0 & \dfrac{1-2\mu}{2} & 0 & 0 \\ 0 & 0 & 0 & 0 & \dfrac{1-2\mu}{2} & 0 \\ 0 & 0 & 0 & 0 & 0 & \dfrac{1-2\mu}{2} \end{bmatrix} \begin{Bmatrix} \varepsilon_x \\ \varepsilon_y \\ \varepsilon_z \\ \gamma_{yz} \\ \gamma_{zx} \\ \gamma_{xy} \end{Bmatrix} \tag{1-3}$$

引入 Lame 常数:

$$\lambda = \frac{E\mu}{(1+\mu)(1-2\mu)}, G = \frac{E}{2(1+\mu)}$$

上面公式也可表示为：

$$\begin{Bmatrix} \sigma_x \\ \sigma_y \\ \sigma_z \\ \tau_{xy} \\ \tau_{yz} \\ \tau_{zx} \end{Bmatrix} = \begin{bmatrix} \lambda + 2G & \lambda & \lambda & 0 & 0 & 0 \\ \lambda & \lambda + 2G & \lambda & 0 & 0 & 0 \\ \lambda & \lambda & \lambda + 2G & 0 & 0 & 0 \\ 0 & 0 & 0 & G & 0 & 0 \\ 0 & 0 & 0 & 0 & G & 0 \\ 0 & 0 & 0 & 0 & 0 & G \end{bmatrix} \begin{Bmatrix} \varepsilon_x \\ \varepsilon_y \\ \varepsilon_z \\ \gamma_{xy} \\ \gamma_{yz} \\ \gamma_{zx} \end{Bmatrix} \tag{1-4}$$

1.2.3 平衡方程

对于任意弹性体，设单位体积的体力为 f_x、f_y、f_z，则在弹性体内每一点，应力满足下面方程组：

$$\begin{cases} \dfrac{\partial \sigma_x}{\partial x} + \dfrac{\partial \tau_{xy}}{\partial y} + \dfrac{\partial \tau_{xz}}{\partial z} + f_x = \rho \ddot{u} \\[2mm] \dfrac{\partial \tau_{xy}}{\partial x} + \dfrac{\partial \sigma_y}{\partial y} + \dfrac{\partial \tau_{yz}}{\partial z} + f_y = \rho \ddot{v} \\[2mm] \dfrac{\partial \tau_{xz}}{\partial x} + \dfrac{\partial \tau_{yz}}{\partial y} + \dfrac{\partial \sigma_z}{\partial z} + f_z = \rho \ddot{w} \end{cases} \tag{1-5}$$

1.2.4 边界条件

弹性体的力学边界条件可分为两种：位移边界条件和力边界条件。位移边界条件指在该边界上位移必须满足指定的条件；力边界条件指在该边界上应力与外力之间应满足指定的条件。

边界条件根据物体的几何形状和问题的特殊性而定，正是边界条件的不同使得问题产生差别（图 1-1）。

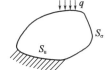

图 1-1 边界条件示意图

1）位移边界条件

在位移边界 S_u 上，以 $\overline{u}$、$\overline{v}$、$\overline{w}$ 分别表示已知的各位移分量，有：

$$\begin{cases} u = \overline{u} \\ v = \overline{v} \\ w = \overline{w} \end{cases} \tag{1-6}$$

2）应力边界条件

在应力边界 S_σ 上，以 n_x、n_y、n_z 表示边界表面的外法线方向单位矢量的各方向余弦，以 q_x、q_y、q_z 表示表面上单位面积上的作用力的各分量，有：

$$\begin{cases} \sigma_x n_x + \tau_{yx} n_y + \tau_{zx} n_z = q_x \\ \tau_{xy} n_x + \sigma_y n_y + \tau_{zy} n_z = q_y \\ \tau_{xz} n_x + \tau_{yz} n_y + \sigma_z n_z = q_z \end{cases} \tag{1-7a}$$

或表示为矩阵向量形式：

$$\begin{bmatrix} \sigma_x & \tau_{yx} & \tau_{zx} \\ \tau_{xy} & \sigma_y & \tau_{zy} \\ \tau_{xz} & \tau_{yz} & \sigma_z \end{bmatrix} \begin{Bmatrix} n_x \\ n_y \\ n_z \end{Bmatrix} = \begin{Bmatrix} q_x \\ q_y \\ q_z \end{Bmatrix} \tag{1-7b}$$

1.3 有限元法的基本要点

1.3.1 有限元法的基本过程

1) 离散

将一个表示结构或连续体的求解域离散为若干个简单形状的子域(称为单元),并通过它们边界上的节点相互连接形成单元组合体,用有限个单元的组合体代替原来的结构或连续体。这正是"有限单元法"名称的由来。如图 1-2 所示为单元离散示意图。

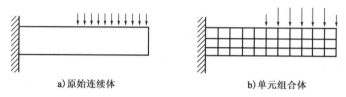

a) 原始连续体   b) 单元组合体

图 1-2 单元离散示意图

对整个求解域进行离散时,可使用各种不同的简单几何形状进行剖分,于是产生了不同的单元,常见的有:

(1)用于模拟杆系结构的桁架单元、梁单元,见图 1-3、图 1-4。

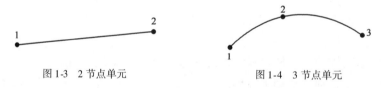

图 1-3 2 节点单元   图 1-4 3 节点单元

(2)平面问题的三角形、四边形单元,见图 1-5 ~ 图 1-8。

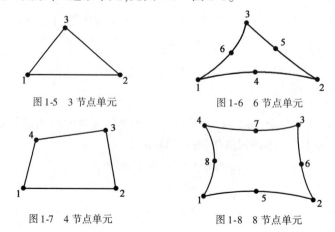

图 1-5 3 节点单元   图 1-6 6 节点单元

图 1-7 4 节点单元   图 1-8 8 节点单元

（3）空间问题的四面体、五面体、六面体单元，见图1-9～图1-14。

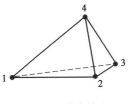

图1-9 4节点单元

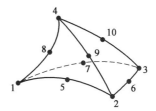

图1-10 10节点单元

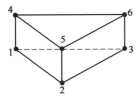

图1-11 6节点单元

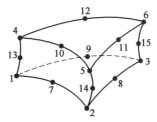

图1-12 15节点单元

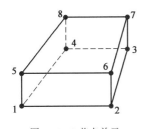

图1-13 8节点单元

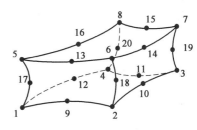

图1-14 20节点单元

2）分片插值

对于每一个单元，以未知场变量（或其导数）在节点上的数值作为基本未知量，通过插值函数近似表示单元内部任意一点的未知场变量（或其导数）。比如对于平面三角形3节点单元（图1-15），可以建立如下的插值形式：

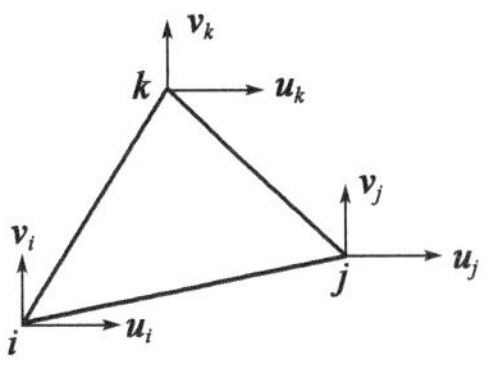

$$\begin{cases} u(x,y) = N_i(x,y)\,u_i + N_j(x,y)\,u_j + N_k(x,y)\,u_k \\ v(x,y) = N_i(x,y)\,v_i + N_j(x,y)\,v_j + N_k(x,y)\,v_k \end{cases} \qquad (1-8)$$

图1-15 三角形单元节点
位移示意图

通过节点变量的插值表示单元内部任意一点的场变量是一种纯粹的数学近似手段，插值方式与真实情况越接近，有限元计算结果的精度越高。因此有两种基本措施可以提高有限元分析的精度：

（1）细化网格密度，以更多的小单元去模拟实际的求解域。

（2）选择单元节点数多的单元，提高单元内的模拟精度。

3）单元分析

对于每一个单元，通过与原问题控制方程组等效的变分原理或加权余量法，建立关于单元节点基本未知量的代数方程组（图1-16）。基本思路为：

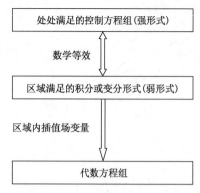

图 1-16　有限元方程建立原理示意图

在本书中,利用变形体虚功(虚位移)原理来建立各种单元的有限元列式。

虚位移:给定瞬时,约束所容许的任意无限小位移。其含义可从以下几点进行理解:

(1)虚位移无时间过程,考虑虚位移时,力和应力状态不变。

(2)不破坏约束,满足位移边界条件和内部连续条件。

(3)无需考虑力、速度和时间等真实运动因素,可以人为设定。

(4)位移小到只考虑一阶变化,对于变形体,虚位移引起的虚应变为小应变。

以 $\delta u(x,y,z)$、$\delta v(x,y,z)$、$\delta w(x,y,z)$ 表示变形体内任一点处 (x,y,z) 的虚位移,相应的虚应变为:

$$
\begin{cases}
\delta\varepsilon_x = \dfrac{\partial\delta u}{\partial x} \\[2mm]
\delta\varepsilon_y = \dfrac{\partial\delta v}{\partial y} \\[2mm]
\delta\varepsilon_z = \dfrac{\partial\delta w}{\partial z} \\[2mm]
\delta\gamma_{yz} = \dfrac{\partial\delta v}{\partial z} + \dfrac{\partial\delta w}{\partial y} \\[2mm]
\delta\gamma_{zx} = \dfrac{\partial\delta w}{\partial x} + \dfrac{\partial\delta u}{\partial z} \\[2mm]
\delta\gamma_{xy} = \dfrac{\partial\delta u}{\partial y} + \dfrac{\partial\delta v}{\partial x}
\end{cases}
\tag{1-9}
$$

变形体虚功(虚位移)原理:变形体平衡的必要与充分条件是,对于任意的虚位移,外力在虚位移上所做的总虚功 δW 等于变形体的虚变形能 δU,也即成立虚功方程:

$$
\delta W = \delta U \tag{1-10}
$$

说明:

(1)从功能转化角度揭示了变形体平衡满足的要求。

(2)可用于动力学、静力学、变形体、刚体。

(3)与材料性质无关,适应于任意材料。

变形体虚变形能 δU 的计算方法为:

$$
\delta U = \int_V (\sigma_x\delta\varepsilon_x + \sigma_y\delta\varepsilon_y + \sigma_z\delta\varepsilon_z + \tau_{yz}\delta\gamma_{yz} + \tau_{zx}\delta\gamma_{zx} + \tau_{xy}\delta\gamma_{xy})\,\mathrm{d}V \tag{1-11}
$$

式中,各应力分量为真实的应力,虚应变分量是与虚位移对应的应变。

以 P_x、P_y、P_z 分别表示单元上集中力的各分量,以 f_x、f_y、f_z 分别表示单元内的体积分布力的各分量,以 q_x、q_y、q_z 表示单元表面单位面积上作用力的各分量,虚功 δW 计算方法为:

$$\delta W = P_x\delta u + P_y\delta v + P_z\delta w + \int_V (f_x\delta u + f_y\delta v + f_z\delta w)\,\mathrm{d}V + \int_S (q_x\delta u + q_y\delta v + q_z\delta w)\,\mathrm{d}S$$

$$(1\text{-}12)$$

通过单元分析,可建立每个单元的刚度矩阵、质量矩阵和等效节点荷载向量等单元相关的特性矩阵和向量。有限元列式建立过程如图 1-17 所示。

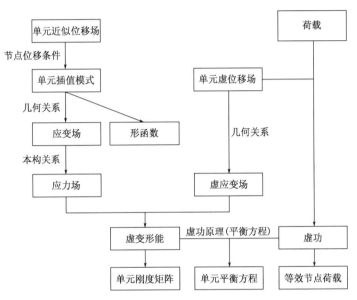

图 1-17 有限元列式建立过程示意图

4)单元组装

每个单元不是孤立的,相连接的单元具有一个或多个共同节点,同时单元间存在相互作用力。如图 1-18 所示,单元①、单元②有共同的节点 6、7、8,两单元间通过节点联系,相互间存在作用力与反作用力。

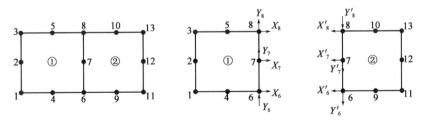

图 1-18 单元连接的作用力与反作用力示意图

共同节点具有共同的节点基本未知量,单元间相互作用力的虚功之和等于零。利用整体结构的变形体虚功原理,可以将每个单元上得到的代数方程组进行组装、集成,得到关于整个求解域中全部节点基本未知量的一个大型代数方程组,从而将原结构或连续体的无穷多自由度问题转换为求解节点未知量的有限自由度问题。

5)约束处理与方程求解

力边界条件在单元分析的过程中通过等效节点荷载的形式已经得到处理,在位移边界条件还没有得到处理之前,通过单元组装得到的大型代数方程组还不能直接求解。

在单元划分之后,位移边界条件转化为:一些特定节点的节点基本未知量为已知值。在大型代数方程组中引入这些基本未知量的已知条件后,求解即可得到全部节点的基本未知量。

6)应变、应力计算

求出全部的节点基本未知量以后,由单元插值模式可得知单元内任一点的位移,再根据几何方程可求得应变,得到应变后根据物理方程可求得应力。

1.3.2　有限元法的基本特点

1)建立在严格的理论基础上

用于建立有限元方程的变分原理或加权余量法在数学上是微分方程和边界条件的等效积分形式。

2)可用于求解多种物理问题

有限元分片插值原理不受场函数所满足的方程形式的限制,也不限制各个单元内的方程必须是相同的形式,可广泛用于求解各种物理问题。

3)适应各种复杂的几何构形

在有限元中,单元可以是一维、二维或三维的,每一种单元可以有不同的形状,同时单元之间的连接方式也可以灵活多样,因此工程实际中遇到的各种复杂结构在理论上都可以离散为由单元组合体表示的有限元模型。

4)近似性

单元内位移插值模式是假设的,随着单元数目的增多、单元尺寸的缩小,或者随着单元自由度的增加及插值阶数的提高,有限元解的近似程度将不断改进。

如果单元是满足收敛准则的,则近似解能够收敛于原数学模型的精确解。

5)便于计算机求解

有限元法采用向量、矩阵形式的表达便于编制计算机程序,利用计算机求解,实际的有限元分析过程都是在计算机上使用软件来实现的。目前,全世界流行的最具代表性的通用有限元软件有 ANSYS、ABAQUS、ADINA、SAP、MSC. Nastran、MSC. MARC 等。各具专业特色的专用软件更是数不胜数。

1.4　学习有限元理论的目的

随着计算机技术的普及和发展,针对各种问题几乎都可以找到相应的软件,有限元软件表现得尤为突出。虽然应用有限元软件降低了使用者对有限元理论的要求,但是深入透彻地理解有限元理论有助于:

(1)建立合理的力学模型。

(2)正确使用软件的各种设置与约定。

(3)正确选择不同的计算方法。

(4)了解模型、算法和结果与实际问题的差异,判断计算结果的正确性。

(5)了解软件的计算能力,包括优点与不足。

（6）在必要的情况下，自行研究算法、开发程序。

1.5 习题

1-1 以位移为基本未知量时，最终求解的大型代数方程组的阶数如何确定？

1-2 利用变形体虚功原理，说明刚体虚功原理的表述形式。

1-3 针对平面应力问题，写出虚变形能的计算公式。

1-4 针对平面应变问题，写出虚变形能的计算公式。

1-5 针对空间问题，写出惯性力的虚功计算公式。

第2章 杆系结构的有限元法

2.1 概述

杆件指这样一类构件:在一个方向的尺度远大于另外两个方向,是工程结构(图 2-1、图 2-2)的常用组成构件,杆件根据受力和变形方式主要划分为两大类单元:

(1)只承受轴向力、产生拉压变形的桁架单元。为避免产生机动性,在划分单元时,一个拉压构件只能离散为一个桁架单元。

(2)可承受轴向力、横向力和力偶的梁单元。梁单元可以发生拉压、弯曲和扭转变形,当没有弯曲和扭转变形时,即退化为桁架单元。一段受弯构件可划分为一个或多个梁单元,通常在集中荷载作用位置、分布荷载分段处和杆件连接处对构件分段离散。

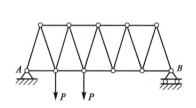

图 2-1 桁架结构示例

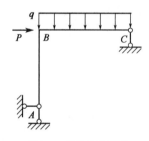

图 2-2 梁类结构示例

如果结构中的各杆件和外力都在同一平面内,不考虑扭转变形时,可作为平面杆系问题进行处理。必须作为空间问题处理的情况包括:

(1)平面结构有面外荷载。

(2)平面结构需要考虑杆件的扭转变形。

(3)各杆件组成了空间杆系结构。

2.2 桁架单元

2.2.1 单元坐标系下的单元位移插值模式

桁架单元只考虑拉压变形,且通常为等截面直杆,一般只使用 2 个节点。如图 2-3 所示,

以节点 i 为原点、沿单元轴线 ij 方向建立一个局部坐标系(称为单元坐标系),以坐标 x' 表示单元上某处截面相对于节点 i 的长度位置。

在小变形假设下,桁架单元的横向位移不引起单元的变形,因此,此处只研究单元的轴向位移。设节点 i、j 处的轴向位移表示为:u'_i、u'_j。

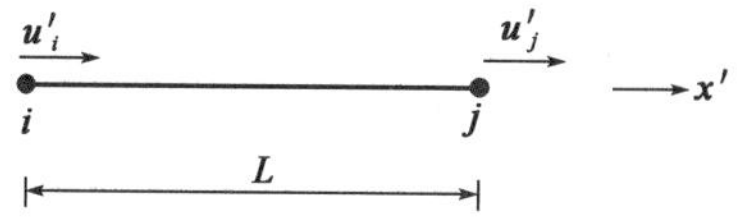

图 2-3 单元坐标系下的节点位移

单元内部的位移由两个节点位移插值得到。根据两个节点位移,只能建立关于单元局部坐标 x' 的一次插值形式,设:

$$u'(x') = a + bx' \tag{2-1}$$

由:

(1) $x' = 0$ 处,$u'(0) = u'_i$;

(2) $x' = L$ 处,$u'(L) = u'_j$。

可得:

$$\begin{cases} a = u'_i \\ b = \dfrac{u'_j - u'_i}{L} \end{cases} \tag{2-2}$$

代入式(2-1),得:

$$u'(x') = u'_i + \frac{u'_j - u'_i}{L}x' = \left(1 - \frac{x'}{L}\right)u'_i + \frac{x'}{L}u'_j = N_i u'_i + N_j u'_j \tag{2-3}$$

式(2-3)中:

$$\begin{cases} N_i = 1 - \dfrac{x'}{L} \\ N_j = \dfrac{x'}{L} \end{cases} \tag{2-4}$$

式(2-3)表示了由单元节点位移计算单元内部位移的方法,在有限元法中,称为单元位移插值模式或单元位移模式。

2.2.2 单元坐标系下的应变、应力

根据小变形条件下的应变位移关系,沿杆件轴向的应变为:

$$\varepsilon' = \frac{\partial u'}{\partial x'} = \frac{u'_j - u'_i}{L} = \frac{1}{L}\{-1 \quad 1\}\begin{Bmatrix} u'_i \\ u'_j \end{Bmatrix} \tag{2-5}$$

记 $\{B'\} = \dfrac{1}{L}\{-1 \quad 1\}$ 为单元坐标系下的应变位移向量(是几何方程的体现,也称几何向量),$\{d'_e\} = \begin{Bmatrix} u'_i \\ u'_j \end{Bmatrix}$ 为单元坐标系下的单元位移向量,则有:

$$\varepsilon' = \{B'\}\{d'_e\} \tag{2-6}$$

根据线弹性材料的 Hooke 定律,轴向应力为:

$$\sigma' = E\varepsilon' = E\{B'\}\{d'_e\} \tag{2-7}$$

从式(2-5)~式(2-7)可以看出:

（1）对于 $u'_i = u'_j$, $\varepsilon' = 0$ ，该位移方式为轴向平移的刚体运动。

（2）对于 $u'_i \neq u'_j$, $\varepsilon' \neq 0$ ，该位移方式存在轴向拉压变形。

（3）两节点桁架单元的应变和应力在单元内均为常数，可准确描述等截面杆件只在节点受力的拉压问题，对于变截面杆件或沿单元有轴向分布荷载的拉压问题则存在误差。

2.2.3　单元坐标系下的单元刚度矩阵

对于单元节点虚位移 $\delta\{d'_e\} = \begin{Bmatrix} \delta u'_i \\ \delta u'_j \end{Bmatrix}$ ，由式（2-6）可得单元内的轴向虚应变为：

$$\delta\varepsilon' = \{B'\}\delta\{d'_e\} = \delta\{d'_e\}^{\mathrm{T}}\{B'\}^{\mathrm{T}} \tag{2-8}$$

桁架单元由于只有轴向应力非零，因此单元虚变形能为：

$$\delta U = \int_V (\sigma_x\delta\varepsilon_x + \sigma_y\delta\varepsilon_y + \sigma_z\delta\varepsilon_z + \tau_{yz}\delta\gamma_{yz} + \tau_{zx}\delta\gamma_{zx} + \tau_{xy}\delta\gamma_{xy})\mathrm{d}V$$

$$= \int_V \sigma'\delta\varepsilon'\mathrm{d}V$$

$$= \int_V \delta\varepsilon'\sigma'\mathrm{d}V$$

$$= \int_V \delta\{d'_e\}^{\mathrm{T}}\{B'\}^{\mathrm{T}}E\{B'\}\{d'_e\}\mathrm{d}V$$

$$= \delta\{d'_e\}^{\mathrm{T}}\int_V\{B'\}^{\mathrm{T}}E\{B'\}\mathrm{d}V\{d'_e\}$$

$$= \delta\{d'_e\}^{\mathrm{T}}[K'_e]\{d'_e\} \tag{2-9}$$

式中：$[K'_e]$ ——桁架单元在单元坐标系下的单元刚度矩阵，

$$[K'_e] = \int_V\{B'\}^{\mathrm{T}}E\{B'\}\mathrm{d}V$$

$$= \frac{EV}{L^2}\begin{Bmatrix}-1\\1\end{Bmatrix}\{-1\quad 1\}$$

$$= \frac{EV}{L^2}\begin{bmatrix}1 & -1\\-1 & 1\end{bmatrix} \tag{2-10}$$

式（2-10）没有考虑单元截面形状沿杆长变化的条件，因此，尽管存在精度问题，但是也可应用于变截面桁架单元。

对于等截面杆，有 $V = AL$ ，于是得：

$$[K'_e] = \frac{EA}{L}\begin{bmatrix}1 & -1\\-1 & 1\end{bmatrix} \tag{2-11}$$

单元刚度矩阵具有如下性质：

①对称性

根据式（2-10）、式（2-11），可发现：

$$[K'_e]^{\mathrm{T}} = [K'_e] \tag{2-12}$$

②半正定性

对于线弹性材料，采用与虚变形能相同的推导方法，可得单元的弹性变形能为：

$$U = \int_V \frac{1}{2} (\sigma_x \varepsilon_x + \sigma_y \varepsilon_y + \sigma_z \varepsilon_z + \tau_{yz} \gamma_{yz} + \tau_{zx} \gamma_{zx} + \tau_{xy} \gamma_{xy}) \mathrm{d}V$$

$$= \int_V \frac{1}{2} \sigma' \varepsilon' \mathrm{d}V$$

$$= \frac{1}{2} \{d'_e\}^\mathrm{T} [K'_e] \{d'_e\} \tag{2-13}$$

由于在单元分析中没有引入位移边界条件,单元坐标系下 2 节点桁架单元的 2 个节点位移可以实现 1 种刚体运动(轴向平移)和 1 种变形状态(轴向拉压)。对于单元的刚体位移,由于不存在变形,弹性变形能 $U = 0$;对于任意的非刚体位移,由于产生了变形,弹性变形能 $U > 0$。也就是说,对于任意的非零列向量 $\{d'_e\}$,有:

$$\{d'_e\}^\mathrm{T} [K'_e] \{d'_e\} \geqslant 0 \tag{2-14}$$

因此,$[K'_e]$ 具有半正定的性质。

2.2.4　单元坐标系下的单元平衡方程

在单元坐标系下,设节点 i、j 处的节点力分别表示为 X'_i、X'_j,见图 2-4。

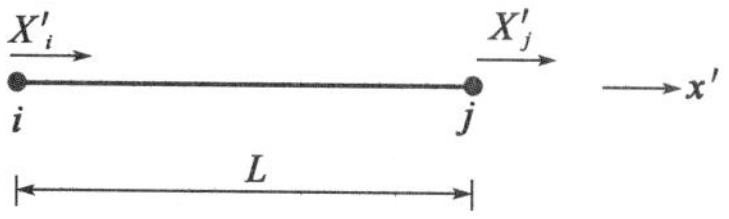

图 2-4　单元坐标系下的节点力

对于节点虚位移 $\delta \{d'_e\} = \begin{Bmatrix} \delta u'_i \\ \delta u'_j \end{Bmatrix}$,节点力的虚功为:

$$\delta W = X'_i \delta u'_i + X'_j \delta u'_j = \{\delta u'_i \quad \delta u'_j\} \begin{Bmatrix} X'_i \\ X'_j \end{Bmatrix} = \delta \{d'_e\}^\mathrm{T} \{F'_e\} \tag{2-15}$$

式中:$\{F'_e\}$——单元坐标系下的节点荷载向量,$\{F'_e\} = \begin{Bmatrix} X'_i \\ X'_j \end{Bmatrix}$。

根据变形体虚功原理,变形体平衡的必要与充分条件是:对于任意的、满足位移边界条件和协调条件的虚位移,外力在虚位移上所做的总虚功等于变形体的虚变形能。

于是有:

$$\delta U = \delta W \tag{2-16}$$

$$\delta \{d'_e\}^\mathrm{T} [K'_e] \{d'_e\} = \delta \{d'_e\}^\mathrm{T} \{F'_e\} \tag{2-17}$$

根据虚位移 $\delta \{d'_e\}$ 的任意性,可以得到单元的平衡方程:

$$[K'_e] \{d'_e\} = \{F'_e\} \tag{2-18a}$$

展开形式为:

$$\frac{EA}{L} \begin{bmatrix} 1 & -1 \\ -1 & 1 \end{bmatrix} \begin{Bmatrix} u'_i \\ u'_j \end{Bmatrix} = \begin{Bmatrix} X'_i \\ X'_j \end{Bmatrix} \tag{2-18b}$$

【例 2-1】　如图 2-5 所示水平杆,长度为 L,截面积为 A,材料弹性模量为 E,在 B 端有水平拉力 P,求 A 端约束反力和 B 端位移。

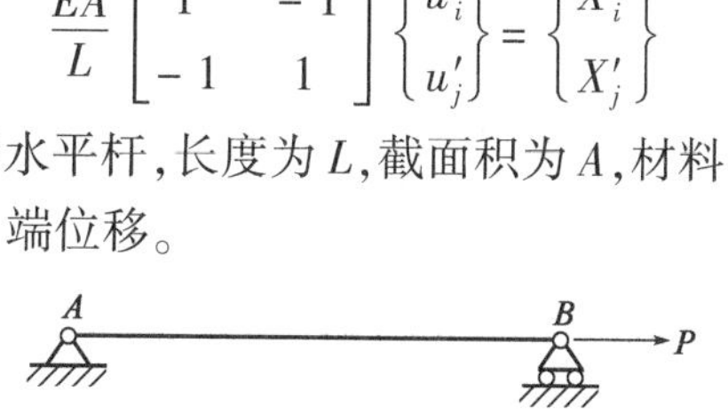

图 2-5　水平杆受水平力作用

解:取 AB 杆为一个桁架单元,利用桁架单元的单元平衡方程,结合本问题的约束和受力状态,可得:

$$\frac{EA}{L}\begin{bmatrix} 1 & -1 \\ -1 & 1 \end{bmatrix}\begin{Bmatrix} 0 \\ u_B \end{Bmatrix} = \begin{Bmatrix} X_A \\ P \end{Bmatrix} \tag{2-19}$$

可求得:

$$u_B = \frac{PL}{EA} \tag{2-20}$$

$$X_A = -P \tag{2-21}$$

2.2.5 平面桁架单元

对于如图 2-6 所示的平面桁架单元,设节点 ij 连线相对于 x 轴正向的倾角为 α ,节点 i 处的位移和受到的力分别表示为 (u_i,v_i)、(X_i,Y_i),节点 j 处的位移和受到的力分别表示为 (u_j,v_j)、(X_j,Y_j)(注:桁架单元端点的实际合外力沿杆件轴线方向,但是为计算虚功方便,这里根据位移分量的情况进行表示,后同)。

单元的长度为:

$$L = \sqrt{(x_j - x_i)^2 + (y_j - y_i)^2} \tag{2-22}$$

方向余弦为:

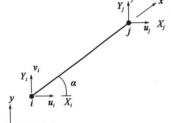

图 2-6　平面桁架单元示意图

$$\begin{cases} \cos\alpha = \dfrac{x_j - x_i}{L} \\[2mm] \sin\alpha = \dfrac{y_j - y_i}{L} \end{cases} \tag{2-23}$$

记 $\{d_e\} = \{u_i \quad v_i \quad u_j \quad v_j\}^T$ 为平面坐标系下的单元节点位移向量,有:

$$\{d'_e\} = \begin{Bmatrix} u'_i \\ u'_j \end{Bmatrix} = \begin{bmatrix} \cos\alpha & \sin\alpha & 0 & 0 \\ 0 & 0 & \cos\alpha & \sin\alpha \end{bmatrix}\begin{Bmatrix} u_i \\ v_i \\ u_j \\ v_j \end{Bmatrix} = [S]\{d_e\} \tag{2-24}$$

式中:$[S]$——节点位移的坐标变换矩阵,

$$[S] = \begin{bmatrix} \cos\alpha & \sin\alpha & 0 & 0 \\ 0 & 0 & \cos\alpha & \sin\alpha \end{bmatrix} \tag{2-25}$$

桁架单元的应变为:

$$\varepsilon' = \{B'\}\{d'_e\} = \{B'\}[S]\{d_e\} = \{B\}\{d_e\} \tag{2-26}$$

式中:$\{B\}$——平面坐标系下的应变位移向量(几何向量),

$$\{B\} = \{B'\}[S]$$

$$= \frac{1}{L}\{-1 \quad 1\} \begin{bmatrix} \cos\alpha & \sin\alpha & 0 & 0 \\ 0 & 0 & \cos\alpha & \sin\alpha \end{bmatrix}$$

$$= \frac{1}{L}\{-\cos\alpha \quad -\sin\alpha \quad \cos\alpha \quad \sin\alpha\} \tag{2-27}$$

类似于式(2-26),对于节点虚位移 $\delta\{d_e\} = \{\delta u_i \quad \delta v_i \quad \delta u_j \quad \delta v_j\}^T$,可得:

$$\delta\varepsilon' = \{B\}\delta\{d_e\} = \delta\{d_e\}^T\{B\}^T \tag{2-28}$$

对于线弹性材料,桁架单元的应力为:

$$\sigma' = E\varepsilon' = E\{B\}\{d_e\} \tag{2-29}$$

单元的虚变形能可表示为:

$$\delta U = \int_V (\sigma_x\delta\varepsilon_x + \sigma_y\delta\varepsilon_y + \sigma_z\delta\varepsilon_z + \tau_{yz}\delta\gamma_{yz} + \tau_{zx}\delta\gamma_{zx} + \tau_{xy}\delta\gamma_{xy})\mathrm{d}V$$

$$= \int_V \sigma'\delta\varepsilon'\mathrm{d}V$$

$$= \int_V \delta\varepsilon'\sigma'\mathrm{d}V$$

$$= \int_V \delta\{d_e\}^T\{B\}^T E\{B\}\{d_e\}\mathrm{d}V$$

$$= \delta\{d_e\}^T\int_V \{B\}^T E\{B\}\mathrm{d}V\{d_e\}$$

$$= \delta\{d_e\}^T[K_e]\{d_e\} \tag{2-30}$$

式中:$[K_e]$——平面坐标系下的单元刚度矩阵,

$$[K_e] = \int_V \{B\}^T E\{B\}\mathrm{d}V$$

$$= \frac{EV}{L^2} \begin{Bmatrix} -\cos\alpha \\ -\sin\alpha \\ \cos\alpha \\ \sin\alpha \end{Bmatrix} \{-\cos\alpha \quad -\sin\alpha \quad \cos\alpha \quad \sin\alpha\} \tag{2-31}$$

对于等截面桁架单元,有:

$$[K_e] = \frac{EA}{L} \begin{Bmatrix} -\cos\alpha \\ -\sin\alpha \\ \cos\alpha \\ \sin\alpha \end{Bmatrix} \{-\cos\alpha \quad -\sin\alpha \quad \cos\alpha \quad \sin\alpha\}$$

$$= \frac{EA}{L} \begin{bmatrix} \cos^2\alpha & \cos\alpha\sin\alpha & -\cos^2\alpha & -\cos\alpha\sin\alpha \\ \cos\alpha\sin\alpha & \sin^2\alpha & -\cos\alpha\sin\alpha & -\sin^2\alpha \\ -\cos^2\alpha & -\cos\alpha\sin\alpha & \cos^2\alpha & \cos\alpha\sin\alpha \\ -\cos\alpha\sin\alpha & -\sin^2\alpha & \cos\alpha\sin\alpha & \sin^2\alpha \end{bmatrix} \tag{2-32}$$

令 $\left[k(\alpha)\right] = \begin{bmatrix} \cos^2\alpha & \cos\alpha\sin\alpha \\ \cos\alpha\sin\alpha & \sin^2\alpha \end{bmatrix}$，则 $\left[K_e\right]$ 还可表示为下面分块矩阵的形式：

$$\left[K_e\right] = \frac{EA}{L}\begin{bmatrix} k(\alpha) & -k(\alpha) \\ -k(\alpha) & k(\alpha) \end{bmatrix} \tag{2-33}$$

2 节点平面桁架单元的 4 个节点位移可以产生 4 种独立的位移模式，可分解为 3 种独立的刚体运动（平面内的两个平移位移和一个转动位移）和 1 种变形状态（轴向拉压），所以单元刚度矩阵 $\left[K_e\right]$ 仍然是半正定的。

在平面坐标系下，对于节点虚位移向量 $\delta\{d_e\} = \{\delta u_i \quad \delta v_i \quad \delta u_j \quad \delta v_j\}^T$，令相应的节点荷载向量为：

$$\{F_e\} = \{X_i \quad Y_i \quad X_j \quad Y_j\}^T \tag{2-34}$$

则节点荷载的总虚功为：

$$\delta W = X_i\delta u_i + Y_i\delta v_i + X_j\delta u_j + Y_j\delta v_j$$

$$= \{\delta u_i \quad \delta v_i \quad \delta u_j \quad \delta v_j\}\begin{Bmatrix} X_i \\ Y_i \\ X_j \\ Y_j \end{Bmatrix}$$

$$= \delta\{d_e\}^T\{F_e\} \tag{2-35}$$

根据虚变形能计算方法 $\delta U = \delta\{d_e\}^T[K_e]\{d_e\}$、虚功原理 $\delta U = \delta W$ 和虚位移 $\delta\{d_e\}$ 的任意性，可得到平面坐标系下的单元平衡方程为：

$$\left[K_e\right]\{d_e\} = \{F_e\} \tag{2-36}$$

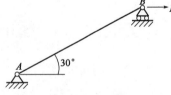

图 2-7　倾斜杆件端部受水平力作用

【例 2-2】 如图 2-7 所示斜杆，长度为 L，截面积为 A，材料弹性模量为 E，在 B 端有水平力 P，求 A 端约束反力和 B 端位移。

解：取 AB 杆为一个桁架单元，根据桁架单元的单元平衡方程，结合约束和受力状态，可得：

$$\frac{EA}{4L}\begin{bmatrix} 3 & \sqrt{3} & -3 & -\sqrt{3} \\ \sqrt{3} & 1 & -\sqrt{3} & -1 \\ -3 & -\sqrt{3} & 3 & \sqrt{3} \\ -\sqrt{3} & -1 & \sqrt{3} & 1 \end{bmatrix}\begin{Bmatrix} 0 \\ 0 \\ u_B \\ 0 \end{Bmatrix} = \begin{Bmatrix} X_A \\ Y_A \\ P \\ Y_B \end{Bmatrix} \tag{2-37}$$

可求得：

$$\begin{cases} u_B = \dfrac{4PL}{3EA} \\[2mm] X_A = -P \\[2mm] Y_A = -\dfrac{\sqrt{3}\,P}{3} \\[2mm] Y_B = \dfrac{\sqrt{3}\,P}{3} \end{cases} \tag{2-38}$$

2.2.6 空间桁架单元

对于空间桁架单元，节点 i 处的坐标、位移和力分别表示为 (x_i, y_i, z_i)、(u_i, v_i, w_i)、(X_i, Y_i, Z_i)，节点 j 处的坐标、位移和力分别表示为 (x_j, y_j, z_j)、(u_j, v_j, w_j)、(X_j, Y_j, Z_j)。

单元的长度为：

$$L = \sqrt{(x_j - x_i)^2 + (y_j - y_i)^2 + + (z_j - z_i)^2} \tag{2-39}$$

方向余弦 (l_x, l_y, l_z) 为：

$$\begin{cases} l_x = \dfrac{x_j - x_i}{L} \\[2mm] l_y = \dfrac{y_j - y_i}{L} \\[2mm] l_z = \dfrac{z_j - z_i}{L} \end{cases} \tag{2-40}$$

单元节点位移向量可记为：

$$\{d_e\} = \{u_i \quad v_i \quad w_i \quad u_j \quad v_j \quad w_j\}^T \tag{2-41}$$

对应的节点荷载向量为：

$$\{F_e\} = \{X_i \quad Y_i \quad Z_i \quad X_j \quad Y_j \quad Z_j\}^T \tag{2-42}$$

类似于平面桁架单元的分析，可得应变位移向量 $\{B\}$ 为：

$$\{B\} = \frac{1}{L}\{-l_x \quad -l_y \quad -l_z \quad l_x \quad l_y \quad l_z\} \tag{2-43}$$

等截面线弹性桁架单元的单元刚度矩阵为：

$$\begin{aligned} [K_e] &= \int_V \{B\}^T E \{B\} \, dV \\[2mm] &= \frac{EA}{L} \begin{bmatrix} l_x^2 & l_x l_y & l_x l_z & -l_x^2 & -l_x l_y & -l_x l_z \\ l_x l_y & l_y^2 & l_y l_z & -l_x l_y & -l_y^2 & -l_y l_z \\ l_x l_z & l_y l_z & l_z^2 & -l_x l_z & -l_y l_z & -l_z^2 \\ -l_x^2 & -l_x l_y & -l_x l_z & l_x^2 & l_x l_y & l_x l_z \\ -l_x l_y & -l_y^2 & -l_y l_z & l_x l_y & l_y^2 & l_y l_z \\ -l_x l_z & -l_y l_z & -l_z^2 & l_x l_z & l_y l_z & l_z^2 \end{bmatrix} \end{aligned} \tag{2-44}$$

2 节点空间桁架单元的 6 个节点位移可以实现 6 种独立位移模式,其中 1 种为轴向拉压变形,其余 5 种均为刚体运动,所以单元刚度矩阵 $[K_e]$ 仍然是半正定的。

2.2.7 单元刚度矩阵的组装

前面得到的单元平衡方程 $[K_e]\{d_e\} = \{F_e\}$ 表示一个桁架单元的节点力与其节点位移的关系。对于一个桁架结构而言,需要得到结构中所有节点的力与位移之间的关系,这可以通过整体结构的变形体虚功原理得到。

对于任意单元 k,设其虚变形能为 δU^k,以 $\{d_e^k\}$ 表示该单元的节点位移向量、$\delta\{d_e^k\}$ 表示单元的节点虚位移向量、$[K_e^k]$ 表示单元刚度矩阵,则整体结构的虚变形能为:

$$\delta U = \sum_k \delta U^k = \sum_k \left(\delta\{d_e^k\}^{\mathrm{T}} [K_e^k]\{d_e^k\} \right) \tag{2-45}$$

为整理上述公式,将结构中所有节点的位移组成一个列向量 $\{d\}$,称为结构整体自由度向量。

对于结构中的任意单元,其虚变形能既可由单元自身的节点位移向量及其虚形式来计算,也可利用结构整体自由度向量 $\{d\}$ 及其虚形式 $\delta\{d\}$ 来计算,即存在下面的关系:

$$\delta U^k = \delta\{d_e^k\}^{\mathrm{T}} [K_e^k]\{d_e^k\} = \delta\{d\}^{\mathrm{T}} [K_s^k]\{d\} \tag{2-46}$$

式中:$[K_s^k]$——单元 k 相对于结构整体自由度向量 $\{d\}$ 及其虚形式 $\delta\{d\}$ 的扩展单元刚度矩阵。

例如,对于如图 2-8 所示的平面桁架结构,可记整体自由度向量 $\{d\}$ 为:

$$\{d\} = \{u_1 \quad v_1 \quad u_2 \quad v_2 \quad u_3 \quad v_3 \quad u_4 \quad v_4\}^{\mathrm{T}} \tag{2-47}$$

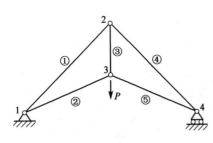

图 2-8 桁架结构示例

不失一般性,以单元②为例来说明单元虚变形能的不同计算形式。

取单元②的节点位移向量为:

$$\{d_e^2\} = \{u_1 \quad v_1 \quad u_3 \quad v_3\}^{\mathrm{T}} \tag{2-48}$$

相应的单元刚度矩阵表示为(上标 2 表示单元号):

$$[K_e^2] = \begin{bmatrix} k_{11}^2 & k_{12}^2 & k_{13}^2 & k_{14}^2 \\ k_{21}^2 & k_{22}^2 & k_{23}^2 & k_{24}^2 \\ k_{31}^2 & k_{32}^2 & k_{33}^2 & k_{34}^2 \\ k_{41}^2 & k_{42}^2 & k_{43}^2 & k_{44}^2 \end{bmatrix} \tag{2-49}$$

则单元②的虚变形能存在如下计算方式:

$$\delta U^2 = \{\delta u_1 \quad \delta v_1 \quad \delta u_3 \quad \delta v_3\} \begin{bmatrix} k_{11}^2 & k_{12}^2 & k_{13}^2 & k_{14}^2 \\ k_{21}^2 & k_{22}^2 & k_{23}^2 & k_{24}^2 \\ k_{31}^2 & k_{32}^2 & k_{33}^2 & k_{34}^2 \\ k_{41}^2 & k_{42}^2 & k_{43}^2 & k_{44}^2 \end{bmatrix} \begin{Bmatrix} u_1 \\ v_1 \\ u_3 \\ v_3 \end{Bmatrix}$$

$$= \delta u_1 k_{11}^2 u_1 + \delta u_1 k_{12}^2 v_1 + \delta u_1 k_{13}^2 u_3 + \delta u_1 k_{14}^2 v_3 +$$
$$\delta v_1 k_{21}^2 u_1 + \delta v_1 k_{22}^2 v_1 + \delta v_1 k_{23}^2 u_3 + \delta v_1 k_{24}^2 v_3 +$$
$$\delta u_3 k_{31}^2 u_1 + \delta u_3 k_{32}^2 v_1 + \delta u_3 k_{33}^2 u_3 + \delta u_3 k_{34}^2 v_3 +$$
$$\delta v_3 k_{41}^2 u_1 + \delta v_3 k_{42}^2 v_1 + \delta v_3 k_{43}^2 u_3 + \delta v_3 k_{44}^2 v_3$$

$$= \begin{Bmatrix} \delta u_1 \\ \delta v_1 \\ \delta u_2 \\ \delta v_2 \\ \delta u_3 \\ \delta v_3 \\ \delta u_4 \\ \delta v_4 \end{Bmatrix}^{\mathrm{T}} \begin{bmatrix} k_{11}^2 & k_{12}^2 & 0 & 0 & k_{13}^2 & k_{14}^2 & 0 & 0 \\ k_{21}^2 & k_{22}^2 & 0 & 0 & k_{23}^2 & k_{24}^2 & 0 & 0 \\ 0 & 0 & 0 & 0 & 0 & 0 & 0 & 0 \\ 0 & 0 & 0 & 0 & 0 & 0 & 0 & 0 \\ k_{31}^2 & k_{32}^2 & 0 & 0 & k_{33}^2 & k_{34}^2 & 0 & 0 \\ k_{41}^2 & k_{42}^2 & 0 & 0 & k_{43}^2 & k_{44}^2 & 0 & 0 \\ 0 & 0 & 0 & 0 & 0 & 0 & 0 & 0 \\ 0 & 0 & 0 & 0 & 0 & 0 & 0 & 0 \end{bmatrix} \begin{Bmatrix} u_1 \\ v_1 \\ u_2 \\ v_2 \\ u_3 \\ v_3 \\ u_4 \\ v_4 \end{Bmatrix} \tag{2-50}$$

记:

$$[K_s^2] = \begin{bmatrix} k_{11}^2 & k_{12}^2 & 0 & 0 & k_{13}^2 & k_{14}^2 & 0 & 0 \\ k_{21}^2 & k_{22}^2 & 0 & 0 & k_{23}^2 & k_{24}^2 & 0 & 0 \\ 0 & 0 & 0 & 0 & 0 & 0 & 0 & 0 \\ 0 & 0 & 0 & 0 & 0 & 0 & 0 & 0 \\ k_{31}^2 & k_{32}^2 & 0 & 0 & k_{33}^2 & k_{34}^2 & 0 & 0 \\ k_{41}^2 & k_{42}^2 & 0 & 0 & k_{43}^2 & k_{44}^2 & 0 & 0 \\ 0 & 0 & 0 & 0 & 0 & 0 & 0 & 0 \\ 0 & 0 & 0 & 0 & 0 & 0 & 0 & 0 \end{bmatrix} \tag{2-51}$$

为 $[K_e^2]$ 的扩展形式。

上面单元②的单元刚度矩阵转化为扩展单元刚度矩阵的方式也可形象地表示为图 2-9。

式(2-50)和图 2-9 表明:

(1)单元的虚变形能计算公式中,每一个刚度矩阵元素同时与一个虚位移分量和一个位移分量相乘。

(2)无论使用单元的节点位移向量进行计算,还是采用结构整体自由度向量进行计算,与一个刚度矩阵元素相乘的虚位移分量和位移分量不发生改变。

(3)由于结构整体自由度向量 $\{d\}$ 及其虚形式 $\delta\{d\}$ 具有相同的自由度次序,扩展单元刚度矩阵也具有对称性。

(4)扩展单元刚度矩阵中与本单元节点自由度无关的行列位置,其元素为零。

图 2-9　单元②的单元刚度矩阵扩展示意图

由于各单元刚度矩阵的扩展形式具有相同的维数,具有简单可加性,因此对于结构的总虚变形能,有:

$$\delta U = \sum_k \delta U^k = \sum_k (\delta \{d_e^k\}^{\mathrm{T}} [K_e^k] \{d_e^k\}) = \sum_k (\delta \{d\}^{\mathrm{T}} [K_s^k] \{d\}) = \delta \{d\}^{\mathrm{T}} (\sum_k [K_s^k]) \{d\}$$
$$= \delta \{d\}^{\mathrm{T}} [K_s] \{d\} \tag{2-52}$$

式中:$[K_s]$——结构的总体刚度矩阵(简称结构总刚或总刚),

$$[K_s] = \sum_k [K_s^k] \tag{2-53}$$

在实际的计算机实现中,为节省计算机内存和提高执行效率,并不真正形成各单元的扩展单元刚度矩阵,而是利用单元刚度矩阵的扩展方法,直接对原始单元刚度矩阵中的元素进行组装。

对于一个结构,实际的组装方法为:

(1)初始化总刚矩阵,将全部元素置为零。

(2)对于每一个单元,计算单元刚度矩阵;对单元刚度矩阵的每个元素,根据所在行列位置,找到其对应的两个位移分量,将其加入总刚矩阵中与该两个位移分量对应的行列位置。

设 Matrix 为一个矩阵类,具有得到行数和访问元素的方法,记 Ke 为单元刚度矩阵、Ks 为总刚矩阵,数组 EI 记录了单元的每个位移在整体自由度向量中的位置,则单元刚度矩阵往总刚矩阵的组装方法可采用下面形式的 C + + 代码:

```
void Assemble_K( const Matrix& Ke,const int * EI,Matrix& Ks)
{//Ke:单元刚度矩阵,Ks:总刚矩阵,EI:记录了单元自由度在整体自由度向量中位置
    int n = Ke. GetRows( );//单元刚度矩阵的行数(列数)
    for ( int i = 0;i < n; + + i)
    {//对行循环
        int ii = EI[i];//找到单元中第 i 个位移在整体自由度向量中的位置
        for ( int j = 0;j < n; + + j)
        {//对列循环
            int jj = EI[j];//找到单元中第 j 个位移在整体自由度向量中的位置
            Ks[ii][jj] + = Ke[i][j];//往总刚中加入单元刚度矩阵的元素
        }
    }
}
```

根据前面的分析可以发现,总刚矩阵有如下性质:

（1）对称性

总刚矩阵可由各单元刚度矩阵的扩展形式简单相加，其对称性得到保留。

（2）半正定性

采用与虚变形能相同的推导方法，对于线弹性结构，其弹性变形能为：

$$U = \frac{1}{2}\{d\}^{\mathrm{T}}[K]\{d\} \tag{2-54}$$

在没有引入位移边界条件约束结构的刚体位移之前，结构可以发生刚体位移，$U=0$；对于非刚体位移（产生变形的位移），$U>0$，因此$[K]$具有半正定的性质。

（3）稀疏性

由刚度矩阵的组装过程可以发现：总刚矩阵中，只有当两个位移分量是同一单元的自由度时，该两个位移分量对应的行列位置才存在单元刚度矩阵元素的装入。实际结构中，很多位移分量不会出现在同一单元，相互之间不产生刚度矩阵元素的装入，使得总刚矩阵中存在大量的零元素，是一个稀疏矩阵。对于稀疏矩阵，如果能充分利用其稀疏性，避免对零元素进行存储和计算，不但可以节省计算机的存储空间，还可以极大地提高计算速度。

2.2.8 荷载向量的组装

对于任意单元k，其单元节点荷载所做的虚功既可由单元自身的节点虚位移向量$\delta\{d_e^k\}$来计算，也可利用结构整体自由度向量的虚形式$\delta\{d\}$来计算，即存在下面的关系：

$$\delta W^k = \delta\{d_e^k\}^{\mathrm{T}}\{F_e^k\} = \delta\{d\}^{\mathrm{T}}\{F_s^k\} \tag{2-55}$$

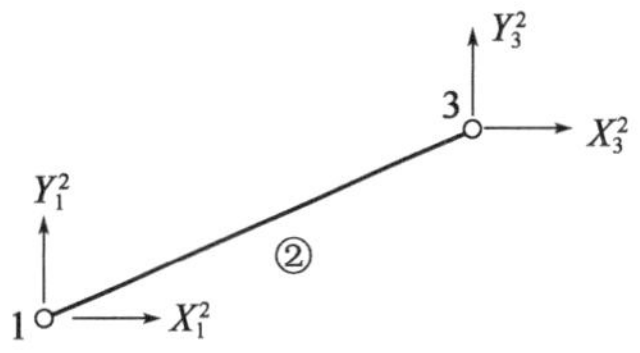

图2-10表示如图2-8所示结构中单元②的受力情况，其节点力的虚功可表示为：

图2-10 单元②的受力示意图

$$\delta W^2 = X_1^2\delta u_1 + Y_1^2\delta v_1 + X_3^2\delta u_3 + Y_3^2\delta v_3$$

$$= \{\delta u_1 \quad \delta v_1 \quad \delta u_3 \quad \delta v_3\}\begin{Bmatrix} X_1^2 \\ Y_1^2 \\ X_3^2 \\ Y_3^2 \end{Bmatrix}$$

$$= \{\delta u_1 \quad \delta v_1 \quad \delta u_2 \quad \delta v_2 \quad \delta u_3 \quad \delta v_3 \quad \delta u_4 \quad \delta v_4\}\begin{Bmatrix} X_1^2 \\ Y_1^2 \\ 0 \\ 0 \\ X_3^2 \\ Y_3^2 \\ 0 \\ 0 \end{Bmatrix} \tag{2-56}$$

也即有：

$$\{F_{\mathrm{e}}^2\} = \{X_1^2 \quad Y_1^2 \quad X_3^2 \quad Y_3^2\}^{\mathrm{T}} \qquad (2\text{-}57)$$

$$\{F_{\mathrm{s}}^2\} = \{X_1^2 \quad Y_1^2 \quad 0 \quad 0 \quad X_3^2 \quad Y_3^2 \quad 0 \quad 0\}^{\mathrm{T}} \qquad (2\text{-}58)$$

式(2-56)中,无论使用单元的虚位移向量,还是结构的虚位移向量,与节点荷载元素相乘的虚位移分量不变;也即是说,虚位移分量变动到什么位置,相应的荷载分量就调整到那个位置。

在 $\delta W^k = \delta\{d\}^{\mathrm{T}}\{F_{\mathrm{s}}^k\}$ 中, $\delta\{d\}^{\mathrm{T}}$ 对于每个单元都是相同的向量,各 $\{F_{\mathrm{s}}^k\}$ 具有相同的维数,可实现简单相加,从而整体结构全部荷载的总虚功可表示为：

$$\delta W = \sum \delta W^k = \sum (\delta\{d_{\mathrm{e}}^k\}^{\mathrm{T}}\{F_{\mathrm{e}}^k\}) = \sum (\delta\{d\}^{\mathrm{T}}\{F_{\mathrm{s}}^k\}) = \delta\{d\}^{\mathrm{T}}(\sum\{F_{\mathrm{s}}^k\}) = \delta\{d\}^{\mathrm{T}}\{F_{\mathrm{s}}\}$$
$$(2\text{-}59)$$

式中： $\{F_{\mathrm{s}}\}$ ——整体结构的荷载向量,

$$\{F_{\mathrm{s}}\} = \sum \{F_{\mathrm{s}}^k\} \qquad (2\text{-}60)$$

分析说明：

(1)单元之间在节点处的作用力和反作用力由于等值、反向,在相同的节点虚位移上所做总虚功之和为零,实际组装时不必考虑。

(2)为减小计算量、节省内存空间,软件实现中每个单元并不需要实际生成 $\{F_{\mathrm{s}}^k\}$,而是直接针对需要组装的 $\{F_{\mathrm{e}}^k\}$,按照向量中各元素对应的位移分量位置,直接组装到整体结构的荷载向量中。

具体方法为：

(1)初始化整体结构的荷载向量,将全部元素置为零。

(2)对于外部节点荷载,找到其对应的(虚)位移在整体结构自由度向量中的序号位置,将其加入整体结构荷载向量中与该位移分量对应的位置。

(3)对于需要组装的单元荷载向量,针对其中的每个元素,找到对应的(虚)位移在整体结构自由度向量中的位置,将其加入整体结构荷载向量中与该位移分量对应的位置。

【例2-3】 对于如图2-8所示结构中节点3,证明只有节点处的外力在虚位移上做虚功。

证:取出单元②、单元③、单元⑤,可得到其受力图(图2-11)分别为：

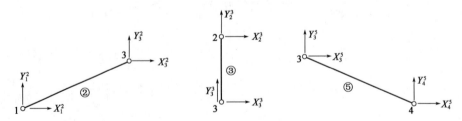

图2-11 单元②、单元③、单元⑤的受力图

各单元在节点3处受到的各力做的总虚功为：

$$\delta W_3 = X_3^2 \delta u_3 + Y_3^2 \delta v_3 + X_3^3 \delta u_3 + Y_3^3 \delta v_3 + X_3^5 \delta u_3 + Y_3^5 \delta v_3$$
$$= (X_3^2 + X_3^3 + X_3^5)\delta u_3 + (Y_3^2 + Y_3^3 + Y_3^5)\delta v_3 \qquad (2\text{-}61)$$

利用作用力与反作用力关系,可得到节点3的受力图,如图2-12所示,为简单起见,作用力与反作用力采用了相同的符号。

根据节点 3 的受力平衡方程：

$$X_3^2 + X_3^3 + X_3^5 = 0 \tag{2-62}$$

$$Y_3^2 + Y_3^3 + Y_3^5 + P = 0 \tag{2-63}$$

利用式(2-62)、式(2-63)，式(2-61)成为：

$$\delta W_3 = - P \delta v_3 \tag{2-64}$$

由于单元间相互作用力所作总虚功为零，对于如图 2-8 所示的桁架结构，整体受力情况见图 2-13，整体结构的荷载向量将组装为：

$$\{F\} = \{R_x^1 \quad R_y^1 \quad 0 \quad 0 \quad 0 \quad -P \quad 0 \quad R_y^4\}^T \tag{2-65}$$

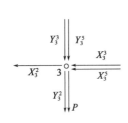 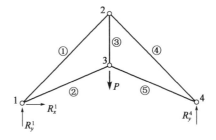

图 2-12　节点 3 的受力图　　　　　图 2-13　桁架结构的受力示意图

在有限元软件的荷载组装阶段，各约束反力为未知量，式(2-65)中的 R_x^1、R_y^1 和 R_y^4 仅具有位置标识的作用，在实际软件中一般初始化为 0。

设 Vtr 为向量类，具有获得元素个数和访问元素的方法，记 Fe 为单元荷载向量、Fs 为结构荷载向量，数组 EI 记录了单元自由度在整体自由度向量中的位置，则单元节点荷载的组装可采用下面形式的代码：

```
void Assmble_F(constVtr&Fe,constint * EI, Vtr&Fs)
{
    int n = Fe. size( );//单元荷载向量的元素个数
    for ( int i = 0;i < n; + + i)
    {//对每个荷载元素循环
        int ii = EI[ i];//找到单元中第 i 个自由度在整体自由度向量中的位置
        Fs[ii] + = Fe[i];//往结构荷载向量中加入单元荷载向量的元素
    }
}
```

2.2.9　桁架单元的温度荷载

对于桁架结构，杆件单元的温度变化会引起结构的位移，在超静定情况下，杆件会产生内力。

桁架单元的温度变化方式可以设计为：给定单元两端温度变化 ΔT_i、ΔT_j。则单元内任意截面位置处的温度变化 ΔT 可采用线性插值方式计算：

$$\Delta T = N_i \Delta T_i + N_j \Delta T_j \tag{2-66}$$

以 α 表示材料的热膨胀系数，温度变化引起的热应变为：

$$\varepsilon_T = \alpha\Delta T = \alpha(N_i\Delta T_i + N_j\Delta T_j) \tag{2-67}$$

设线应变 ε' 与单元节点位移向量的关系为：

$$\varepsilon' = \{B\}\{d_e\} \tag{2-68}$$

于是应力应变关系成为：

$$\sigma' = E(\varepsilon' - \varepsilon_T) = E(\{B\}\{d_e\} - \varepsilon_T) \tag{2-69}$$

温度变化对虚变形能的影响通过下式分析：

$$\begin{aligned}
\delta U &= \int_V \delta\varepsilon'\sigma'\mathrm{d}V \\
&= \int_V \delta\{d_e\}^{\mathrm{T}}\{B\}^{\mathrm{T}}E(\{B\}\{d_e\} - \varepsilon_T)\mathrm{d}V \\
&= \int_V \delta\{d_e\}^{\mathrm{T}}\{B\}^{\mathrm{T}}E\{B\}\{d_e\}\mathrm{d}V - \int_V \delta\{d_e\}^{\mathrm{T}}\{B\}^{\mathrm{T}}E\varepsilon_T\mathrm{d}V \\
&= \delta\{d_e\}^{\mathrm{T}}\int_V \{B\}^{\mathrm{T}}E\{B\}\mathrm{d}V\{d_e\} - \delta\{d_e\}^{\mathrm{T}}\int_V \{B\}^{\mathrm{T}}E\varepsilon_T\mathrm{d}V \\
&= \delta\{d_e\}^{\mathrm{T}}[K_e]\{d_e\} - \delta\{d_e\}^{\mathrm{T}}\{F_T\}
\end{aligned} \tag{2-70}$$

上式中，$\{F_T\}$ 为：

$$\{F_T\} = \int_V \{B\}^{\mathrm{T}}E\varepsilon_T\mathrm{d}V = \int_0^L\int_A \{B\}^{\mathrm{T}}E\varepsilon_T\mathrm{d}A\mathrm{d}x' = \int_0^L \{B\}^{\mathrm{T}}EA\varepsilon_T\mathrm{d}x' \tag{2-71}$$

设 $\delta W = \delta\{d_e\}^{\mathrm{T}}\{F_e\}$ 为单元节点荷载所作的虚功，根据虚功原理 $\delta U = \delta W$ 有：

$$\delta\{d_e\}^{\mathrm{T}}[K_e]\{d_e\} - \delta\{d_e\}^{\mathrm{T}}\{F_T\} = \delta\{d_e\}^{\mathrm{T}}\{F_e\} \tag{2-72}$$

$$\delta\{d_e\}^{\mathrm{T}}[K_e]\{d_e\} = \delta\{d_e\}^{\mathrm{T}}(\{F_e\} + \{F_T\}) \tag{2-73}$$

根据虚位移的任意性，得：

$$[K_e]\{d_e\} = \{F_e\} + \{F_T\} \tag{2-74}$$

由式(2-74)可见：$\{F_T\}$ 与 $\{F_e\}$ 处于相同的地位，只要将 $\{F_T\}$ 处理为作用在单元节点上的荷载，即可考虑温度变化对于结构的影响，因此称 $\{F_T\}$ 为温度变化引起的等效节点荷载向量。

对于等截面桁架单元，有：

$$\begin{aligned}
\{F_T\} &= \int_0^L \{\mathrm{B}\}^{\mathrm{T}}EA\varepsilon_T\mathrm{d}x' \\
&= \{B\}^{\mathrm{T}}EA\alpha\int_0^L N_i\Delta T_i + N_j\Delta T_j\mathrm{d}x' \\
&= \{B\}^{\mathrm{T}}EAL\alpha\frac{\Delta T_i + \Delta T_j}{2}
\end{aligned} \tag{2-75}$$

（1）对于等截面平面桁架单元，有：

$$\{F_T\} = EA\alpha\frac{\Delta T_i + \Delta T_j}{2}\begin{Bmatrix} -\cos\alpha \\ -\sin\alpha \\ \cos\alpha \\ \sin\alpha \end{Bmatrix} \tag{2-76}$$

（2）对于等截面空间桁架单元，有：

$$\{F_T\} = EA\alpha\frac{\Delta T_i + \Delta T_j}{2}\begin{Bmatrix} -l_x \\ -l_y \\ -l_z \\ l_x \\ l_y \\ l_z \end{Bmatrix} \tag{2-77}$$

2.2.10　处理位移边界条件及解方程

1）结构平衡方程及特点

利用前面得到的总虚变形能 δU 和总虚功 δW 的结果：

$$\delta U = \delta\{d\}^{\mathrm{T}}[K_s]\{d\} \tag{2-78}$$

$$\delta W = \delta\{d\}^{\mathrm{T}}\{F_s\} \tag{2-79}$$

根据整体结构的虚功原理 $\delta U = \delta W$，考虑到虚位移 $\delta\{d\}$ 的任意性，就得到整体结构的平衡方程：

$$[K_s]\{d\} = \{F_s\} \tag{2-80}$$

式（2-80）中还没有引入结构的位移边界条件，因此结构可以发生刚体位移。由于刚体位移的影响，此时存在无穷多组位移满足上述方程组。根据线性代数方程组的性质，当方程组存在无穷多解时，其系数矩阵（也即总刚矩阵）不可逆，不能通过求逆矩阵的方法进行求解。

对于如图 2-8 所示的桁架结构，节点 1 在水平和竖直方向有位移约束 $u_1 = \bar{u}_1 = 0$、$v_1 = \bar{v}_1 = 0$（这里 $\bar{u}_1$、$\bar{v}_1$ 表示已知位移量，下同），设其相应的支座约束反力分别为 R_x^1、R_y^1，节点 4 在竖直方向有位移约束 $v_4 = \bar{v}_4 = 0$，设其相应的支座约束反力为 R_y^4。再根据结构的已知受力情况，可得到结构平衡方程的具体形式为：

$$\begin{bmatrix} K_{11} & K_{12} & K_{13} & K_{14} & K_{15} & K_{16} & K_{17} & K_{18} \\ K_{21} & K_{22} & K_{23} & K_{24} & K_{25} & K_{26} & K_{27} & K_{28} \\ K_{31} & K_{32} & K_{33} & K_{34} & K_{35} & K_{36} & K_{37} & K_{38} \\ K_{41} & K_{42} & K_{43} & K_{44} & K_{45} & K_{46} & K_{47} & K_{48} \\ K_{51} & K_{52} & K_{53} & K_{54} & K_{55} & K_{56} & K_{57} & K_{58} \\ K_{61} & K_{62} & K_{63} & K_{64} & K_{65} & K_{66} & K_{67} & K_{68} \\ K_{71} & K_{72} & K_{73} & K_{74} & K_{75} & K_{76} & K_{77} & K_{78} \\ K_{81} & K_{82} & K_{83} & K_{84} & K_{85} & K_{86} & K_{87} & K_{88} \end{bmatrix}\begin{Bmatrix} \bar{u}_1 \\ \bar{v}_1 \\ u_2 \\ v_2 \\ u_3 \\ v_3 \\ u_4 \\ \bar{v}_4 \end{Bmatrix} = \begin{Bmatrix} R_x^1 \\ R_y^1 \\ 0 \\ 0 \\ 0 \\ -P \\ 0 \\ R_y^4 \end{Bmatrix} \tag{2-81}$$

上述 8 个方程中，有 8 个未知量（5 个未知的位移分量和 3 个未知的约束反力），是一组可解的方程组。但是此方程组与常规线性代数方程组不同的是，未知量分别处于方程组的两边，不能直接采用矩阵求逆的方法求解。

2）带约束条件方程组的求解方法

为便于计算机的存储和实现，通常采用划 0 置 1 法或者乘大数法来求解具有式（2-81）特点的方程组。划 0 置 1 法理论上能精确满足位移约束条件,下面以式(2-81)为例介绍其方法步骤。

(1)根据已知位移情况,对荷载已知的方程进行移项处理,得到:

$$
\begin{bmatrix}
K_{11} & K_{12} & K_{13} & K_{14} & K_{15} & K_{16} & K_{17} & K_{18} \\
K_{21} & K_{22} & K_{23} & K_{24} & K_{25} & K_{26} & K_{27} & K_{28} \\
0 & 0 & K_{33} & K_{34} & K_{35} & K_{36} & K_{37} & 0 \\
0 & 0 & K_{43} & K_{44} & K_{45} & K_{46} & K_{47} & 0 \\
0 & 0 & K_{53} & K_{54} & K_{55} & K_{56} & K_{57} & 0 \\
0 & 0 & K_{63} & K_{64} & K_{65} & K_{66} & K_{67} & 0 \\
0 & 0 & K_{73} & K_{74} & K_{75} & K_{76} & K_{77} & 0 \\
K_{81} & K_{82} & K_{83} & K_{84} & K_{85} & K_{86} & K_{87} & K_{88}
\end{bmatrix}
\begin{Bmatrix}
\bar{u}_1 \\ \bar{v}_1 \\ u_2 \\ v_2 \\ u_3 \\ v_3 \\ u_4 \\ \bar{v}_4
\end{Bmatrix}
=
\begin{Bmatrix}
R_x^1 \\
R_y^1 \\
0 - K_{31}\bar{u}_1 - K_{32}\bar{v}_1 - K_{38}\bar{v}_4 \\
0 - K_{41}\bar{u}_1 - K_{42}\bar{v}_1 - K_{48}\bar{v}_4 \\
0 - K_{51}\bar{u}_1 - K_{52}\bar{v}_1 - K_{58}\bar{v}_4 \\
-P - K_{61}\bar{u}_1 - K_{62}\bar{v}_1 - K_{68}\bar{v}_4 \\
0 - K_{71}\bar{u}_1 - K_{72}\bar{v}_1 - K_{78}\bar{v}_4 \\
R_y^4
\end{Bmatrix}
$$

$$(2\text{-}82)$$

(2)记录下约束反力对应方程的系数,即式(2-81)或式(2-82)中系数矩阵的第 1、2、8 行。

(3)人为修改约束反力对应方程的系数和右端项,使之成为与约束位移对应的恒等方程,得到:

$$
\begin{bmatrix}
1 & 0 & 0 & 0 & 0 & 0 & 0 & 0 \\
0 & 1 & 0 & 0 & 0 & 0 & 0 & 0 \\
0 & 0 & K_{33} & K_{34} & K_{35} & K_{36} & K_{37} & 0 \\
0 & 0 & K_{43} & K_{44} & K_{45} & K_{46} & K_{47} & 0 \\
0 & 0 & K_{53} & K_{54} & K_{55} & K_{56} & K_{57} & 0 \\
0 & 0 & K_{63} & K_{64} & K_{65} & K_{66} & K_{67} & 0 \\
0 & 0 & K_{73} & K_{74} & K_{75} & K_{76} & K_{77} & 0 \\
0 & 0 & 0 & 0 & 0 & 0 & 0 & 1
\end{bmatrix}
\begin{Bmatrix}
u_1 \\ v_1 \\ u_2 \\ v_2 \\ u_3 \\ v_3 \\ u_4 \\ v_4
\end{Bmatrix}
=
\begin{Bmatrix}
\bar{u}_1 \\
\bar{v}_1 \\
0 - K_{31}\bar{u}_1 - K_{32}\bar{v}_1 - K_{38}\bar{v}_4 \\
0 - K_{41}\bar{u}_1 - K_{42}\bar{v}_1 - K_{48}\bar{v}_4 \\
0 - K_{51}\bar{u}_1 - K_{52}\bar{v}_1 - K_{58}\bar{v}_4 \\
-P - K_{61}\bar{u}_1 - K_{62}\bar{v}_1 - K_{68}\bar{v}_4 \\
0 - K_{71}\bar{u}_1 - K_{72}\bar{v}_1 - K_{78}\bar{v}_4 \\
\bar{v}_4
\end{Bmatrix}
\quad (2\text{-}83)
$$

(4)求解式(2-83),即可得到满足位移约束条件的各节点位移。在上面的变换下,系数矩阵的对称性得到保持。在结构没有刚体位移时的情况下,系数矩阵就成为对称正定矩阵,可以采用良好的算法进行求解。

(5)根据求得的节点位移向量,利用约束反力对应方程的系数,计算各约束反力:

$$
\begin{cases}
R_x^1 = \{K_{11} \quad K_{12} \quad K_{13} \quad K_{14} \quad K_{15} \quad K_{16} \quad K_{17} \quad K_{18}\}\{d\} \\
R_y^1 = \{K_{21} \quad K_{22} \quad K_{23} \quad K_{24} \quad K_{25} \quad K_{26} \quad K_{27} \quad K_{28}\}\{d\} \\
R_y^4 = \{K_{81} \quad K_{82} \quad K_{83} \quad K_{84} \quad K_{85} \quad K_{86} \quad K_{87} \quad K_{88}\}\{d\}
\end{cases}
\quad (2\text{-}84)
$$

3)带约束条件方程组的求解程序

对于一般的形如式(2-81)所示的带约束条件的方程组,下面给出使用上述方法的形式 C++代码和 Matlab 函数,以方便读者学习和应用(为简化起见,没有利用总刚矩阵的稀疏性)。

（1）C＋＋代码

Ks 为总刚矩阵。整型数组 iFix 与整体自由度对应，其元素为 1 表示该自由度受到约束，为 0 表示该自由度没有受到约束。向量 f 输入时，对于约束自由度，其元素为约束位移值（指定的位移量），输出时为各自由度的解向量。向量 P 表示节点荷载向量，输入时，各元素为除约束反力以外的节点荷载值；输出时，与受约束自由度对应的元素为约束反力。

```cpp
void Solve( Matrix& Ks,const int * iFix,Vtr& f,Vtr& P)
{//根据约束条件解方程,并求反力
    int n = Ks. GetRows( ) ;
    double * R = new double[n] ;//求约束反力需要的临时数组
    for ( int i = 0 ;i < n;i + + ) R[i] = - P[i] ;
    for ( int i = 0 ;i < n;i + + )
    {//对行循环
        if ( iFix[i] = = 0)
        {//这个自由度没有受到约束
            for ( int j = 0 ;j < n;j + + )
            {//对列循环
                if ( iFix[j] = = 1)
                {//这个自由度受到约束
                    P[i] - = Ks[i][j] * f[j] ;
                    Ks[i][j] = 0 ;
                }
            }
        }
    }

    FILE * ff = NULL ;
    fopen_s( &ff,"约束刚度系数. dat" ,"wb" ) ;//打开文件准备写入数据
    for ( int i = 0 ;i < n; + + i)
    {//对行循环
        if ( iFix[i] = = 1)
        {//约束自由度
            fwrite( Ks[i] ,sizeof( double) ,n,ff) ;//保存该行系数
            for ( int j = 0 ;j < n;j + + )
            {
                Ks[i][j] = 0 ;//一行全部设为 0
            }
            Ks[i][i] = 1 ;//对角线设为 1
            P[i] = f[i] ;//右端项设为已知的位移值
        }
    }
    fclose( ff) ;
    Matrix Ki = Inverse( Ks) ;//求 Ks 的逆矩阵 - > Ki
    f = Ki * P ;//得到位移解
```

```
double *  kr = new double[n];//作为暂时存储一行刚度系数的数组
fopen_s(&ff,"约束刚度系数. dat","rb");//打开文件准备读出数据
for (int i = 0;i < n; + +i)
{//对行循环
        if (iFix[i] = =1)
        {//约束自由度
                fread(kr,sizeof(double),n,ff);//读出该行系数
                P[i] = R[i] + dot(kr,f,n);//计算约束反力
        }
}
delete[] kr;
delete[] R;
fclose(ff);
}
```

（2）Matlab 函数

输入变量:Ks 为总刚矩阵;整型数组 iFix 与整体自由度对应,其元素为 1 表示该自由度受到约束,为 0 表示该自由度没有受到约束;向量 f 中,对于约束自由度,其元素为约束位移值（指定的位移量）;向量 P 表示节点荷载向量,各元素为除约束反力以外的节点荷载值。

输出变量:向量 x 为节点位移,R 中与约束位移对应的元素为约束反力。

```
function [x,R] = solvek(Ks,iFix,f,P)
n = size(Ks,1);% 刚度矩阵的行数
P = reshape(P,n,1);% 确保为列向量
R = - P;% 求约束反力需要的临时数组
for i = 1:n
    if iFix(i) = =0
        for j = 1:n
            if iFix(j) = =1
                P(i) = P(i) - Ks(i,j) * f(j);% 移项
                Ks(i,j) =0;
            end
        end
    end
end
nfixed = sum(iFix);% 约束自由度的个数
Kb = zeros(nfixed,n);% 临时矩阵,存放与约束自由度对应的刚度矩阵中的行
m = 1;
for i = 1:n
    if iFix(i) = =1
        for j = 1:n
            Kb(m,j) = Ks(i,j);% 将该行保存到临时矩阵
            Ks(i,j) =0;% 化 0
```

```
        end
        Ks(i,i) = 1;% 置 1
        P(i) = f(i);
        m = m + 1;
    end
end
x = Ks\P;% 解方程
m = 1;
for i = 1:n
    if iFix(i) = = 1
        for j = 1:n
            R(i) = R(i) + Kb(m,j) * x(j);
        end
        m = m + 1;
    end
end
end
```

2.2.11 桁架问题完整算例

对于图 2-14 所示的桁架结构, 节点和单元编号如图, 各杆材料弹性模量 $E = 2.0 \times 10^4 \mathrm{MPa}$, 单元①、单元③截面积为 $0.005\mathrm{m}^2$, 单元②的截面积为 $0.003\mathrm{m}^2$, 单元④、单元⑤的截面积为 $0.004\mathrm{m}^2$, 节点荷载如图 2-14 所示, 节点 2 处支座存在向右 $1.5\mathrm{mm}$ 的位移。求:(1)各节点的位移; (2)各杆件的轴力、应变、应力。

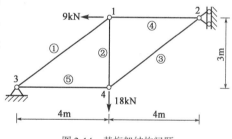

图 2-14 某桁架结构问题

解:设结构的总体自由度向量为

$\{u_1 \quad v_1 \quad u_2 \quad v_2 \quad u_3 \quad v_3 \quad u_4 \quad v_4\}^{\mathrm{T}}$。

初始化总刚矩阵为:

$$[k_{\mathrm{s}}] = \begin{bmatrix} 0 & 0 & 0 & 0 & 0 & 0 & 0 & 0 \\ 0 & 0 & 0 & 0 & 0 & 0 & 0 & 0 \\ 0 & 0 & 0 & 0 & 0 & 0 & 0 & 0 \\ 0 & 0 & 0 & 0 & 0 & 0 & 0 & 0 \\ 0 & 0 & 0 & 0 & 0 & 0 & 0 & 0 \\ 0 & 0 & 0 & 0 & 0 & 0 & 0 & 0 \\ 0 & 0 & 0 & 0 & 0 & 0 & 0 & 0 \\ 0 & 0 & 0 & 0 & 0 & 0 & 0 & 0 \end{bmatrix} \tag{2-85}$$

(1)单元刚度矩阵计算与组装

对于单元 1:

节点取为 3、1, 自由度向量设为 $\{u_3 \quad v_3 \quad u_1 \quad v_1\}^{\mathrm{T}}$, 其方向余弦为:

$$\cos\alpha = 0.8, \sin\alpha = 0.6 \tag{2-86}$$

单元刚度矩阵为：

$$[k_e^1] = \frac{2.0 \times 10^{10} \times 0.005}{5} \begin{Bmatrix} -0.8 \\ -0.6 \\ 0.8 \\ 0.6 \end{Bmatrix} \{ -0.8 \quad -0.6 \quad 0.8 \quad 0.6 \}$$

$$= \begin{bmatrix} 1.28 & 0.96 & -1.28 & -0.96 \\ 0.96 & 0.72 & -0.96 & -0.72 \\ -1.28 & -0.96 & 1.28 & 0.96 \\ -0.96 & -0.72 & 0.96 & 0.72 \end{bmatrix} \times 10^7 \tag{2-87}$$

组装到总刚矩阵后，总刚矩阵成为：

$$[k_s] = \begin{bmatrix} \mathbf{1.28} & \mathbf{0.96} & 0 & 0 & \mathbf{-1.28} & \mathbf{-0.96} & 0 & 0 \\ \mathbf{0.96} & \mathbf{0.72} & \mathbf{0} & \mathbf{0} & \mathbf{-0.96} & \mathbf{-0.72} & 0 & 0 \\ 0 & 0 & 0 & 0 & 0 & 0 & 0 & 0 \\ 0 & 0 & 0 & 0 & 0 & 0 & 0 & 0 \\ \mathbf{-1.28} & \mathbf{-0.96} & 0 & 0 & \mathbf{1.28} & \mathbf{0.96} & 0 & 0 \\ \mathbf{-0.96} & \mathbf{-0.72} & 0 & 0 & \mathbf{0.96} & \mathbf{0.72} & 0 & 0 \\ 0 & 0 & 0 & 0 & 0 & 0 & 0 & 0 \\ 0 & 0 & 0 & 0 & 0 & 0 & 0 & 0 \end{bmatrix} \times 10^7 \tag{2-88}$$

对于单元2：

节点取为4、1，自由度向量设为 $\{ u_4 \quad v_4 \quad u_1 \quad v_1 \}^T$，其方向余弦为：

$$\cos\alpha = 0, \sin\alpha = 1 \tag{2-89}$$

单元刚度矩阵为：

$$[k_e^2] = \frac{2.0 \times 10^{10} \times 0.003}{3} \begin{Bmatrix} 0 \\ -1 \\ 0 \\ 1 \end{Bmatrix} \{ 0 \quad -1 \quad 0 \quad 1 \} = \begin{bmatrix} 0 & 0 & 0 & 0 \\ 0 & 2 & 0 & -2 \\ 0 & 0 & 0 & 0 \\ 0 & -2 & 0 & 2 \end{bmatrix} \times 10^7$$

$$\tag{2-90}$$

组装到总刚矩阵后，总刚矩阵成为：

$$[k_s] = \begin{bmatrix} 1.28 & 0.96 & 0 & 0 & -1.28 & -0.96 & 0 & 0 \\ 0.96 & \mathbf{2.72} & 0 & 0 & -0.96 & -0.72 & 0 & \mathbf{-2} \\ 0 & 0 & 0 & 0 & 0 & 0 & 0 & 0 \\ 0 & 0 & 0 & 0 & 0 & 0 & 0 & 0 \\ -1.28 & -0.96 & 0 & 0 & 1.28 & 0.96 & 0 & 0 \\ -0.96 & -0.72 & 0 & 0 & 0.96 & 0.72 & 0 & 0 \\ 0 & 0 & 0 & 0 & 0 & 0 & 0 & 0 \\ 0 & \mathbf{-2} & 0 & 0 & 0 & 0 & 0 & \mathbf{2} \end{bmatrix} \times 10^7 \tag{2-91}$$

对于单元 3：

节点取为 2、4，自由度向量设为 $\{u_2 \quad v_2 \quad u_4 \quad v_4\}^T$，其方向余弦为：

$$\cos\alpha = -0.8, \sin\alpha = -0.6 \tag{2-92}$$

单元刚度矩阵为：

$$[k_e^3] = \frac{2.0 \times 10^{10} \times 0.005}{5} \begin{Bmatrix} 0.8 \\ 0.6 \\ -0.8 \\ -0.6 \end{Bmatrix} \{0.8 \quad 0.6 \quad -0.8 \quad -0.6\}$$

$$= \begin{bmatrix} 1.28 & 0.96 & -1.28 & -0.96 \\ 0.96 & 0.72 & -0.96 & -0.72 \\ -1.28 & -0.96 & 1.28 & 0.96 \\ -0.96 & -0.72 & 0.96 & 0.72 \end{bmatrix} \times 10^7 \tag{2-93}$$

组装到总刚矩阵后，总刚矩阵成为：

$$[k_s] = \begin{bmatrix} 1.28 & 0.96 & 0 & 0 & -1.28 & -0.96 & 0 & 0 \\ 0.96 & 2.72 & 0 & 0 & -0.96 & -0.72 & 0 & -2 \\ 0 & 0 & \mathbf{1.28} & \mathbf{0.96} & 0 & 0 & \mathbf{-1.28} & \mathbf{-0.96} \\ 0 & 0 & \mathbf{0.96} & \mathbf{0.72} & 0 & 0 & \mathbf{-0.96} & \mathbf{-0.72} \\ -1.28 & -0.96 & 0 & 0 & 1.28 & 0.96 & 0 & 0 \\ -0.96 & -0.72 & 0 & 0 & 0.96 & 0.72 & 0 & 0 \\ 0 & 0 & \mathbf{-1.28} & \mathbf{-0.96} & 0 & 0 & \mathbf{1.28} & \mathbf{0.96} \\ 0 & -2 & \mathbf{-0.96} & \mathbf{-0.72} & 0 & 0 & \mathbf{0.96} & \mathbf{2.72} \end{bmatrix} \times 10^7 \tag{2-94}$$

对于单元 4：

节点取为 1、2，自由度向量设为 $\{u_1 \quad v_1 \quad u_2 \quad v_2\}^T$，其方向余弦为：

$$\cos\alpha = 1, \sin\alpha = 0 \tag{2-95}$$

单元刚度矩阵为：

$$[k_e^4] = \frac{2.0 \times 10^{10} \times 0.004}{4} \begin{Bmatrix} -1 \\ 0 \\ 1 \\ 0 \end{Bmatrix} \{-1 \quad 0 \quad 1 \quad 0\} = \begin{bmatrix} 2 & 0 & -2 & 0 \\ 0 & 0 & 0 & 0 \\ -2 & 0 & 2 & 0 \\ 0 & 0 & 0 & 0 \end{bmatrix} \times 10^7 \tag{2-96}$$

组装到总刚矩阵后，总刚矩阵成为：

$$[k_s] = \begin{bmatrix} 3.28 & 0.96 & -2 & 0 & -1.28 & -0.96 & 0 & 0 \\ 0.96 & 2.72 & 0 & 0 & -0.96 & -0.72 & 0 & -2 \\ -2 & 0 & 3.28 & 0.96 & 0 & 0 & -1.28 & -0.96 \\ 0 & 0 & 0.96 & 0.72 & 0 & 0 & -0.96 & -0.72 \\ -1.28 & -0.96 & 0 & 0 & 1.28 & 0.96 & 0 & 0 \\ -0.96 & -0.72 & 0 & 0 & 0.96 & 0.72 & 0 & 0 \\ 0 & 0 & -1.28 & -0.96 & 0 & 0 & 1.28 & 0.96 \\ 0 & -2 & -0.96 & -0.72 & 0 & 0 & 0.96 & 2.72 \end{bmatrix} \times 10^7$$

(2-97)

对于单元5：

节点取为4、3，自由度向量设为 $\{u_4 \quad v_4 \quad u_3 \quad v_3\}^{\mathrm{T}}$，其方向余弦为：

$$\cos\alpha = -1, \sin\alpha = 0 \tag{2-98}$$

单元刚度矩阵为：

$$[k_e^5] = \frac{2.0 \times 10^{10} \times 0.004}{4} \begin{Bmatrix} 1 \\ 0 \\ -1 \\ 0 \end{Bmatrix} \{1 \quad 0 \quad -1 \quad 0\} = \begin{bmatrix} 2 & 0 & -2 & 0 \\ 0 & 0 & 0 & 0 \\ -2 & 0 & 2 & 0 \\ 0 & 0 & 0 & 0 \end{bmatrix} \times 10^7 \tag{2-99}$$

组装到总刚矩阵后，总刚矩阵成为：

$$[k_s] = \begin{bmatrix} 3.28 & 0.96 & -2 & 0 & -1.28 & -0.96 & 0 & 0 \\ 0.96 & 2.72 & 0 & 0 & -0.96 & -0.72 & 0 & -2 \\ -2 & 0 & 3.28 & 0.96 & 0 & 0 & -1.28 & -0.96 \\ 0 & 0 & 0.96 & 0.72 & 0 & 0 & -0.96 & -0.72 \\ -1.28 & -0.96 & 0 & 0 & 3.28 & 0.96 & -2 & 0 \\ -0.96 & -0.72 & 0 & 0 & 0.96 & 0.72 & 0 & 0 \\ 0 & 0 & -1.28 & -0.96 & -2 & 0 & 3.28 & 0.96 \\ 0 & -2 & -0.96 & -0.72 & 0 & 0 & 0.96 & 2.72 \end{bmatrix} \times 10^7$$

(2-100)

（2）结构平衡方程求解

组装完节点荷载，考虑约束条件后的结构整体平衡方程为：

$$10^7 \begin{bmatrix} 3.28 & 0.96 & -2 & 0 & -1.28 & -0.96 & 0 & 0 \\ 0.96 & 2.72 & 0 & 0 & -0.96 & -0.72 & 0 & -2 \\ -2 & 0 & 3.28 & 0.96 & 0 & 0 & -1.28 & -0.96 \\ 0 & 0 & 0.96 & 0.72 & 0 & 0 & -0.96 & -0.72 \\ -1.28 & -0.96 & 0 & 0 & 3.28 & 0.96 & -2 & 0 \\ -0.96 & -0.72 & 0 & 0 & 0.96 & 0.72 & 0 & 0 \\ 0 & 0 & -1.28 & -0.96 & -2 & 0 & 3.28 & 0.96 \\ 0 & -2 & -0.96 & -0.72 & 0 & 0 & 0.96 & 2.72 \end{bmatrix} \begin{Bmatrix} u_1 \\ v_1 \\ \bar{u}_2 \\ v_2 \\ \bar{u}_3 \\ \bar{v}_3 \\ u_4 \\ v_4 \end{Bmatrix} = \begin{Bmatrix} -9000 \\ 0 \\ X_2 \\ 0 \\ X_3 \\ Y_3 \\ 0 \\ -18000 \end{Bmatrix}$$

(2-101)

取 $\bar{u}_2 = 1.5e - 3$、$\bar{u}_3 = 0$、$\bar{v}_3 = 0$，移项后得：

$$10^7 \begin{bmatrix} 3.28 & 0.96 & \mathbf{0} & 0 & \mathbf{0} & \mathbf{0} & 0 & 0 \\ 0.96 & 2.72 & \mathbf{0} & 0 & \mathbf{0} & \mathbf{0} & 0 & -2 \\ -2 & 0 & 3.28 & 0.96 & 0 & 0 & -1.28 & -0.96 \\ 0 & 0 & \mathbf{0} & 0.72 & \mathbf{0} & \mathbf{0} & -0.96 & -0.72 \\ -1.28 & -0.96 & 0 & 0 & 3.28 & 0.96 & -2 & 0 \\ -0.96 & -0.72 & 0 & 0 & 0.96 & 0.72 & 0 & 0 \\ 0 & 0 & \mathbf{0} & -0.96 & \mathbf{0} & \mathbf{0} & 3.28 & 0.96 \\ 0 & -2 & \mathbf{0} & -0.72 & \mathbf{0} & \mathbf{0} & 0.96 & 2.72 \end{bmatrix} \begin{Bmatrix} u_1 \\ v_1 \\ \bar{u}_2 \\ v_2 \\ \bar{u}_3 \\ \bar{v}_3 \\ u_4 \\ v_4 \end{Bmatrix} = \begin{Bmatrix} 21000 \\ 0 \\ X_2 \\ -14400 \\ X_3 \\ Y_3 \\ 19200 \\ -3600 \end{Bmatrix}$$

$$(2-102)$$

对于约束位移对应的行，对角线设置为 1、其余元素设置为 0，方程右端项设置为指定的位移值：

$$10^7 \begin{bmatrix} 3.28 & 0.96 & 0 & 0 & 0 & 0 & 0 & 0 \\ 0.96 & 2.72 & 0 & 0 & 0 & 0 & 0 & -2 \\ \mathbf{0} & \mathbf{0} & \mathbf{10^{-7}} & \mathbf{0} & \mathbf{0} & \mathbf{0} & \mathbf{0} & \mathbf{0} \\ 0 & 0 & 0 & 0.72 & 0 & 0 & -0.96 & -0.72 \\ \mathbf{0} & \mathbf{0} & \mathbf{0} & \mathbf{0} & \mathbf{10^{-7}} & \mathbf{0} & \mathbf{0} & \mathbf{0} \\ \mathbf{0} & \mathbf{0} & \mathbf{0} & \mathbf{0} & \mathbf{0} & \mathbf{10^{-7}} & \mathbf{0} & \mathbf{0} \\ 0 & 0 & 0 & -0.96 & 0 & 0 & 3.28 & 0.96 \\ 0 & -2 & 0 & -0.72 & 0 & 0 & 0.96 & 2.72 \end{bmatrix} \begin{Bmatrix} u_1 \\ v_1 \\ \bar{u}_2 \\ v_2 \\ \bar{u}_3 \\ \bar{v}_3 \\ u_4 \\ v_4 \end{Bmatrix} = \begin{Bmatrix} 21000 \\ 0 \\ 0.0015 \\ -14400 \\ 0 \\ 0 \\ 19200 \\ -3600 \end{Bmatrix}$$

$$(2-103)$$

得到位移求解方程组：

$$10^7 \begin{bmatrix} 3.28 & 0.96 & 0 & 0 & 0 & 0 & 0 & 0 \\ 0.96 & 2.72 & 0 & 0 & 0 & 0 & 0 & -2 \\ 0 & 0 & 10^{-7} & 0 & 0 & 0 & 0 & 0 \\ 0 & 0 & 0 & 0.72 & 0 & 0 & -0.96 & -0.72 \\ 0 & 0 & 0 & 0 & 10^{-7} & 0 & 0 & 0 \\ 0 & 0 & 0 & 0 & 0 & 10^{-7} & 0 & 0 \\ 0 & 0 & 0 & -0.96 & 0 & 0 & 3.28 & 0.96 \\ 0 & -2 & 0 & -0.72 & 0 & 0 & 0.96 & 2.72 \end{bmatrix} \begin{Bmatrix} u_1 \\ v_1 \\ u_2 \\ v_2 \\ u_3 \\ v_3 \\ u_4 \\ v_4 \end{Bmatrix} = \begin{Bmatrix} 21000 \\ 0 \\ 0.0015 \\ -14400 \\ 0 \\ 0 \\ 19200 \\ -3600 \end{Bmatrix}$$

$$(2-104)$$

解得：

$$\begin{Bmatrix} u_1 \\ v_1 \\ u_2 \\ v_2 \\ u_3 \\ v_3 \\ u_4 \\ v_4 \end{Bmatrix} = \begin{Bmatrix} 2.25 \\ -5.5 \\ 1.5 \\ -8.4 \\ 0 \\ 0 \\ 0 \\ -6.4 \end{Bmatrix} \times 10^{-3} \tag{2-105}$$

各约束反力为：

$$X_2 = 10^7 \times \{-2 \quad 0 \quad 3.28 \quad 0.96 \quad 0 \quad 0 \quad -1.28 \quad -0.96\} \times \begin{Bmatrix} 2.25 \\ -5.5 \\ 1.5 \\ -8.4 \\ 0 \\ 0 \\ 0 \\ -6.4 \end{Bmatrix} \times 10^{-3} = -15000(\text{N})$$

$$\tag{2-106}$$

$$X_3 = 10^7 \times \{-1.28 \quad -0.96 \quad 0 \quad 0 \quad 3.28 \quad 0.96 \quad -2 \quad 0\} \times \begin{Bmatrix} 2.25 \\ -5.5 \\ 1.5 \\ -8.4 \\ 0 \\ 0 \\ 0 \\ -6.4 \end{Bmatrix} \times 10^{-3} = 24000(\text{N})$$

$$\tag{2-107}$$

$$Y_3 = 10^7 \times \{-0.96 \quad -0.72 \quad 0 \quad 0 \quad 0.96 \quad 0.72 \quad 0 \quad 0\} \times \begin{Bmatrix} 2.25 \\ -5.5 \\ 1.5 \\ -8.4 \\ 0 \\ 0 \\ 0 \\ -6.4 \end{Bmatrix} \times 10^{-3} = 18000(\text{N})$$

$$\tag{2-108}$$

(3)单元应变、应力和轴力计算

各单元的应变按照下式计算：

$$\varepsilon = \frac{1}{L}\{-\cos\alpha \quad -\sin\alpha \quad \cos\alpha \quad \sin\alpha\}\begin{Bmatrix} u_i \\ v_i \\ u_j \\ v_j \end{Bmatrix} \tag{2-109}$$

应力为：

$$\sigma = E\varepsilon \tag{2-110}$$

轴力为：

$$N = A\sigma \tag{2-111}$$

单元 1 的应变为：

$$\varepsilon = \frac{1}{5}\{-0.8 \quad -0.6 \quad 0.8 \quad 0.6\}\begin{Bmatrix} 0 \\ 0 \\ 2.25 \\ -5.5 \end{Bmatrix} \times 10^{-3} = -3.0 \times 10^{-4} \tag{2-112}$$

应力为：

$$\sigma = E\varepsilon = 2.0 \times 10^{10} \times (-3.0 \times 10^{-4}) = -6.0 \times 10^{6}(\text{Pa}) \tag{2-113}$$

轴力为：

$$N = A\sigma = 0.005 \times (-6.0 \times 10^{6}) = -30000(\text{N}) = -30\text{kN} \tag{2-114}$$

单元 2 的应变为：

$$\varepsilon = \frac{1}{3}\{0 \quad -1 \quad 0 \quad 1\}\begin{Bmatrix} 0 \\ -6.4 \\ 2.25 \\ -5.5 \end{Bmatrix} \times 10^{-3} = 3.0 \times 10^{-4} \tag{2-115}$$

应力为：

$$\sigma = E\varepsilon = 2.0 \times 10^{10} \times 3.0 \times 10^{-4} = 6.0 \times 10^{6}(\text{Pa}) \tag{2-116}$$

轴力为：

$$N = A\sigma = 0.003 \times 6.0 \times 10^{6} = 18000(\text{N}) = 18\text{kN} \tag{2-117}$$

单元 3 的应变为：

$$\varepsilon = \frac{1}{5}\{0.8 \quad 0.6 \quad -0.8 \quad -0.6\}\begin{Bmatrix} 1.5 \\ -8.4 \\ 0 \\ -6.4 \end{Bmatrix} \times 10^{-3} = 0 \tag{2-118}$$

应力为：

$$\sigma = E\varepsilon = 0 \tag{2-119}$$

轴力为：

$$N = A\sigma = 0 \tag{2-120}$$

单元4的应变为：

$$\varepsilon = \frac{1}{4}\{-1 \quad 0 \quad 1 \quad 0\}\begin{Bmatrix} 2.25 \\ -5.5 \\ 1.5 \\ -8.4 \end{Bmatrix} \times 10^{-3} = -1.875 \times 10^{-4} \tag{2-121}$$

应力为：

$$\sigma = E\varepsilon = 2.0 \times 10^{10} \times (-1.875 \times 10^{-4}) = -3.75 \times 10^{6}(\text{Pa}) \tag{2-122}$$

轴力为：

$$N = A\sigma = 0.004 \times (-3.75 \times 10^{6}) = 15000(\text{N}) = 15\text{kN} \tag{2-123}$$

单元5的应变为：

$$\varepsilon = \frac{1}{4}\{1 \quad 0 \quad -1 \quad 0\}\begin{Bmatrix} 0 \\ -6.4 \\ 0 \\ 0 \end{Bmatrix} \times 10^{-3} = 0 \tag{2-124}$$

应力为：

$$\sigma = E\varepsilon = 0 \tag{2-125}$$

轴力为：

$$N = A\sigma = 0 \tag{2-126}$$

以上过程可总结为如图2-15所示框图。

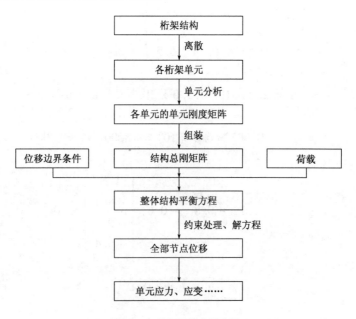

图2-15 桁架结构分析流程

2.3　平面 Euler-Bernoulli 梁单元

前面针对桁架结构,详细地介绍了利用桁架单元进行有限元分析的流程。本书后面还将介绍多种不同类型的单元。由于各种单元的单元刚度矩阵组装方法、节点荷载的组装方法、位移边界条件的处理方法和方程求解方法均与前面介绍的桁架单元相同,因此不再重复介绍这些内容,而只介绍各种单元的单元刚度矩阵及单元等效节点荷载的计算方法。

梁单元用于模拟有弯曲变形的构件,下面以工程中常用的 2 节点平面梁单元为例进行分析。

任选梁单元两端截面的某一位置为节点,取节点连线为单元坐标系的 x 轴,按逆时针转动 90° 得到 y 轴。

图 2-16 表示在梁单元坐标系下的节点位移,其中 u_i、v_i、u_j、v_j 表示节点沿坐标轴方向的平移,θ_i、θ_j 表示节点处节点连线的转角,全部节点位移以向量形式记为:$\{d_e\} = \{u_i \quad v_i \quad \theta_i \quad u_j \quad v_j \quad \theta_j\}^{\mathrm{T}}$。图 2-17 表示在梁单元坐标系下与各位移分量对应的节点荷载,以向量形式记为:$\{F_e\} = \{X_i \quad Y_i \quad M_i \quad X_j \quad Y_j \quad M_j\}^{\mathrm{T}}$。

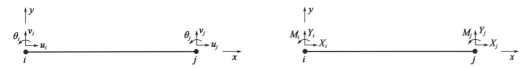

图 2-16　梁单元坐标系下的节点位移　　　　　图 2-17　梁单元坐标系下的节点荷载

2.3.1　单元坐标系下的位移分析

1)节点连线上各点的位移

设梁单元的杆长为 L,梁单元内任一点的位移表示为:$u(x,y)$、$v(x,y)$。节点连线上任一点的 x 方向位移可以按下式插值:

$$u(x,0) = \left(1 - \frac{x}{L}\right)u_i + \frac{x}{L}u_j \tag{2-127}$$

此插值函数满足边界条件:

(1) $x = 0$ 处,$u(x,0) = u_i$。

(2) $x = L$ 处,$u(x,0) = u_j$。

对于梁的横向位移,Euler-Bernoulli 梁单元假设梁的横截面不发生形状改变,且始终与轴线垂直,也即整个截面随同轴线发生刚性转动。

由于节点连线的 y 方向位移 $v(x,0)$ 会引起节点连线的转动,在小位移情况下,可以认为有:

$$\theta(x) \approx \tan\theta(x) = \frac{\mathrm{d}v(x,0)}{\mathrm{d}x} \tag{2-128}$$

根据节点处的位移边界条件:

（1）$x = 0$ 处，$v(x,0) = v_i$、$\dfrac{\mathrm{d}v(x,0)}{\mathrm{d}x} = \theta(x) = \theta_i$；

（2）$x = L$ 处，$v(x,0) = v_j$、$\dfrac{\mathrm{d}v(x,0)}{\mathrm{d}x} = \theta(x) = \theta_j$。

$v(x,0)$ 可假设为 4 个参数的下面插值形式：

$$v(x,0) = b_0 + b_1 x + b_2 x^2 + b_3 x^3 \tag{2-129}$$

于是节点连线的转角为：

$$\theta(x) = b_1 + 2b_2 x + 3b_3 x^2 \tag{2-130}$$

可以解得：

$$\begin{cases} b_0 = v_i \\ b_1 = \theta_i \\ b_2 = -\dfrac{3}{L^2}v_i - \dfrac{2}{L}\theta_i + \dfrac{3}{L^2}v_j - \dfrac{1}{L}\theta_j \\ b_3 = \dfrac{2}{L^3}v_i + \dfrac{1}{L^2}\theta_i - \dfrac{2}{L^3}v_j + \dfrac{1}{L^2}\theta_j \end{cases} \tag{2-131}$$

将式（2-131）代入式（2-129），可得：

$$v(x,0) = v_i + \theta_i x + \left(-\dfrac{3}{L^2}v_i - \dfrac{2}{L}\theta_i + \dfrac{3}{L^2}v_j - \dfrac{1}{L}\theta_j\right)x^2 + \left(\dfrac{2}{L^3}v_i + \dfrac{1}{L^2}\theta_i - \dfrac{2}{L^3}v_j + \dfrac{1}{L^2}\theta_j\right)x^3$$

$$= \left(1 - \dfrac{3x^2}{L^2} + \dfrac{2x^3}{L^3}\right)v_i + \left(x - \dfrac{2x^2}{L} + \dfrac{x^3}{L^2}\right)\theta_i + \left(\dfrac{3x^2}{L^2} - \dfrac{2x^3}{L^3}\right)v_j + \left(-\dfrac{x^2}{L} + \dfrac{x^3}{L^2}\right)\theta_j \tag{2-132}$$

令：

$$\begin{cases} N_1 = 1 - \dfrac{x}{L} \\ N_2 = 1 - \dfrac{3x^2}{L^2} + \dfrac{2x^3}{L^3} \\ N_3 = x - \dfrac{2x^2}{L} + \dfrac{x^3}{L^2} \\ N_4 = \dfrac{x}{L} \\ N_5 = \dfrac{3x^2}{L^2} - \dfrac{2x^3}{L^3} \\ N_6 = -\dfrac{x^2}{L} + \dfrac{x^3}{L^2} \end{cases} \tag{2-133}$$

则节点连线上任一点的位移可以表示为：

$$\begin{cases} u(x,0) = N_1 u_i + N_4 u_j \\ v(x,0) = N_2 v_i + N_3 \theta_i + N_5 v_j + N_6 \theta_j \\ \theta(x,0) = N_{2,x} v_i + N_{3,x} \theta_i + N_{5,x} v_j + N_{6,x} \theta_j \end{cases} \tag{2-134}$$

用矩阵形式可以表示为：

$$\begin{Bmatrix} u(x,0) \\ v(x,0) \\ \theta(x) \end{Bmatrix} = \begin{bmatrix} N_1 & 0 & 0 & N_4 & 0 & 0 \\ 0 & N_2 & N_3 & 0 & N_5 & N_6 \\ 0 & N_{2,x} & N_{3,x} & 0 & N_{5,x} & N_{6,x} \end{bmatrix} \begin{Bmatrix} u_i \\ v_i \\ \theta_i \\ u_j \\ v_j \\ \theta_j \end{Bmatrix} = [N_0]\{d_e\} \qquad (2\text{-}135)$$

其中，$[N_0] = \begin{bmatrix} N_1 & 0 & 0 & N_4 & 0 & 0 \\ 0 & N_2 & N_3 & 0 & N_5 & N_6 \\ 0 & N_{2,x} & N_{3,x} & 0 & N_{5,x} & N_{6,x} \end{bmatrix}$ 表示根据节点位移计算节点连线上任

一点位移的形函数矩阵。

2）单元内任意点的位移

根据 Euler-Bernoulli 梁单元的平截面假定，梁单元截面上 AB 线段的位移可以分解为：先平移为 CD，绕 C 点转动为 CE。如图 2-18 所示。

设截面上点 $A(x,y)$ 点的位移为：

$$\vec{r}_{AE} = u(x,y)\vec{i} + v(x,y)\vec{j} \qquad (2\text{-}136)$$

利用前面得到的节点连线上各点的位移，节点连线上 $B(x,0)$ 点的位移为：

$$\vec{r}_{BC} = u(x,0)\vec{i} + v(x,0)\vec{j} \qquad (2\text{-}137)$$

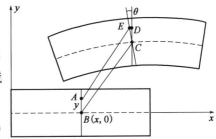

图 2-18 截面位移分析示意图

根据平截面假定，有：

$$\vec{r}_{AB} = -\vec{r}_{CD} \qquad (2\text{-}138)$$

$$\vec{r}_{DE} = -y\sin\theta\,\vec{i} + (y\cos\theta - y)\vec{j} \qquad (2\text{-}139)$$

于是：

$$\begin{aligned} \vec{r}_{AE} &= \vec{r}_{AB} + \vec{r}_{BC} + \vec{r}_{CD} + \vec{r}_{DE} \\ &= \vec{r}_{BC} + \vec{r}_{DE} \\ &= [u(x,0) - y\sin\theta]\vec{i} + [v(x,0) + (y\cos\theta - y)]\vec{j} \end{aligned} \qquad (2\text{-}140)$$

即

$$\begin{aligned} u(x,y) &= u(x,0) - y\sin\theta \\ &\approx u(x,0) - y\theta \\ &= N_1 u_i + N_4 u_j - y(N_{2,x}v_i + N_{3,x}\theta_i + N_{5,x}v_j + N_{6,x}\theta_j) \end{aligned} \qquad (2\text{-}141)$$

$$\begin{aligned} v(x,y) &= v(x,0) + y\cos\theta - y \\ &\approx v(x,0) = N_2 v_i + N_3 \theta_i + N_5 v_j + N_6 \theta_j \end{aligned} \qquad (2\text{-}142)$$

矩阵形式为:

$$
\left\{ \begin{array}{c} u(x,y) \\ v(x,y) \end{array} \right\} = \begin{bmatrix} N_1 & -yN_{2,x} & -yN_{3,x} & N_4 & -yN_{5,x} & -yN_{6,x} \\ 0 & N_2 & N_3 & 0 & N_5 & N_6 \end{bmatrix} \left\{ \begin{array}{c} u_i \\ v_i \\ \theta_i \\ u_j \\ v_j \\ \theta_j \end{array} \right\} = [N]\{d_e\} \quad (2\text{-}143)
$$

式中:$[N]$——根据节点位移计算梁单元上任意点处位移的形函数矩阵。

2.3.2 单元坐标系下的单元刚度矩阵

根据前面得到的梁单元位移场描述,单元任意点处的应变为:

$$
\left\{ \begin{array}{l} \varepsilon_x = \dfrac{\partial u}{\partial x} = \{N_{1,x} \quad -yN_{2,xx} \quad -yN_{3,xx} \quad N_{4,x} \quad -yN_{5,xx} \quad -yN_{6,xx}\}\{d_e\} \\[2mm] \varepsilon_y = \dfrac{\partial v}{\partial y} = 0 \\[2mm] \gamma_{xy} = \dfrac{\partial u}{\partial y} + \dfrac{\partial v}{\partial x} = -\theta + \theta = 0 \end{array} \right. \quad (2\text{-}144)
$$

记应变位移向量(几何向量)为:

$$
\{B\} = \{N_{1,x} \quad -yN_{2,xx} \quad -yN_{3,xx} \quad N_{4,x} \quad -yN_{5,xx} \quad -yN_{6,xx}\} \quad (2\text{-}145)
$$

则有:

$$
\varepsilon_x = \{B\}\{d_e\} \quad (2\text{-}146)
$$

对于单元的节点虚位移 $\delta\{d_e\}$,单元内任一点的虚应变为:

$$
\delta\varepsilon_x = \{B\}\delta\{d_e\} = \delta\{d_e\}^T\{B\}^T \quad (2\text{-}147)
$$

根据 Hooke 定律,应力为:

$$
\sigma_x = E\varepsilon_x = E\{B\}\{d_e\} \quad (2\text{-}148)
$$

单元的虚变形能为:

$$
\begin{aligned}
\delta U &= \int_V (\sigma_x\delta\varepsilon_x + \sigma_y\delta\varepsilon_y + \sigma_z\delta\varepsilon_z + \tau_{yz}\delta\gamma_{yz} + \tau_{zx}\delta\gamma_{zx} + \tau_{xy}\delta\gamma_{xy})\mathrm{d}V = \int_V \delta\varepsilon_x\sigma_x\mathrm{d}v \\
&= \int_V \delta\{d_e\}^T\{B\}^T E\{B\}\{d_e\}\mathrm{d}v = \delta\{d_e\}^T\int_V \{B\}^T E\{B\}\mathrm{d}v\{d_e\} \\
&= \delta\{d_e\}^T[K_e]\{d_e\} \quad (2\text{-}149)
\end{aligned}
$$

式中:$[K_e]$——梁单元在单元坐标系下的单元刚度矩阵,$[K_e] = \int_V \{B\}^T E\{B\}\mathrm{d}v$:

$$[K_e] = \int_V \{B\}^T E\{B\} \, dV = \int_0^L \int_A \{B\}^T E\{B\} \, dA dx$$

$$= \int_0^L \int_A \begin{Bmatrix} N_{1,x} \\ -y N_{2,xx} \\ -y N_{3,xx} \\ N_{4,x} \\ -y N_{5,xx} \\ -y N_{6,xx} \end{Bmatrix} E\{N_{1,x} \quad -y N_{2,xx} \quad -y N_{3,xx} \quad N_{4,x} \quad -y N_{5,xx} \quad -y N_{6,xx}\} \, dA dx$$

$$= E\int_0^L \int_A \begin{bmatrix} N_{1,x} N_{1,x} & -y N_{1,x} N_{2,xx} & -y N_{1,x} N_{3,xx} & N_{1,x} N_{4,x} & -y N_{1,x} N_{5,xx} & -y N_{1,x} N_{6,xx} \\ -y N_{2,xx} N_{1,x} & y^2 N_{2,xx} N_{2,xx} & y^2 N_{2,xx} N_{3,xx} & -y N_{2,xx} N_{4,x} & y^2 N_{2,xx} N_{5,xx} & y^2 N_{2,xx} N_{6,xx} \\ -y N_{3,xx} N_{1,x} & y^2 N_{3,xx} N_{2,xx} & y^2 N_{3,xx} N_{3,xx} & -y N_{3,xx} N_{4,x} & y^2 N_{3,xx} N_{5,xx} & y^2 N_{3,xx} N_{6,xx} \\ N_{4,x} N_{1,x} & -y N_{4,x} N_{2,xx} & -y N_{4,x} N_{3,xx} & N_{4,x} N_{4,x} & -y N_{4,x} N_{5,xx} & -y N_{4,x} N_{6,xx} \\ -y N_{5,xx} N_{1,x} & y^2 N_{5,xx} N_{2,xx} & y^2 N_{5,xx} N_{3,xx} & -y N_{5,xx} N_{4,x} & y^2 N_{5,xx} N_{5,xx} & y^2 N_{5,xx} N_{6,xx} \\ -y N_{6,xx} N_{1,x} & y^2 N_{6,xx} N_{2,xx} & y^2 N_{6,xx} N_{3,xx} & -y N_{6,xx} N_{4,x} & y^2 N_{6,xx} N_{5,xx} & y^2 N_{6,xx} N_{6,xx} \end{bmatrix} \, dA dx$$

$$(2\text{-}150)$$

记：$A = \int_A dA$ 表示截面的面积，$S_z = \int_A y dA$ 表示截面对截面上 z 轴的静矩，$I_z = \int_A y^2 dA$ 表示截面对截面上 z 轴的轴惯性矩，则有：

$$[K_e] = E\int_0^L \begin{bmatrix} A N_{1,x} N_{1,x} & -S_z N_{1,x} N_{2,xx} & -S_z N_{1,x} N_{3,xx} & A N_{1,x} N_{4,x} & -S_z N_{1,x} N_{5,xx} & -S_z N_{1,x} N_{6,xx} \\ -S_z N_{2,xx} N_{1,x} & I_z N_{2,xx} N_{2,xx} & I_z N_{2,xx} N_{3,xx} & -S_z N_{2,xx} N_{4,x} & I_z N_{2,xx} N_{5,xx} & I_z N_{2,xx} N_{6,xx} \\ -S_z N_{3,xx} N_{1,x} & I_z N_{3,xx} N_{2,xx} & I_z N_{3,xx} N_{3,xx} & -S_z N_{3,xx} N_{4,x} & I_z N_{3,xx} N_{5,xx} & I_z N_{3,xx} N_{6,xx} \\ A N_{4,x} N_{1,x} & -S_z N_{4,x} N_{2,xx} & -S_z N_{4,x} N_{3,xx} & A N_{4,x} N_{4,x} & -S_z N_{4,x} N_{5,xx} & -S_z N_{4,x} N_{6,xx} \\ -S_z N_{5,xx} N_{1,x} & I_z N_{5,xx} N_{2,xx} & I_z N_{5,xx} N_{3,xx} & -S_z N_{5,xx} N_{4,x} & I_z N_{5,xx} N_{5,xx} & I_z N_{5,xx} N_{6,xx} \\ -S_z y N_{6,xx} N_{1,x} & I_z N_{6,xx} N_{2,xx} & I_z N_{6,xx} N_{3,xx} & -S_z N_{6,xx} N_{4,x} & I_z N_{6,xx} N_{5,xx} & I_z N_{6,xx} N_{6,xx} \end{bmatrix} \, dx$$

$$(2\text{-}151)$$

对变截面梁单元，可以通过数值积分得到单元刚度阵。

当节点连线为截面的形心轴时，$S_z = \int_A y dA = 0$。

$$[K_e] = E\int_0^L \begin{bmatrix} A N_{1,x} N_{1,x} & 0 & 0 & A N_{1,x} N_{4,x} & 0 & 0 \\ 0 & I_z N_{2,xx} N_{2,xx} & I_z N_{2,xx} N_{3,xx} & 0 & I_z N_{2,xx} N_{5,xx} & I_z N_{2,xx} N_{6,xx} \\ 0 & I_z N_{3,xx} N_{2,xx} & I_z N_{3,xx} N_{3,xx} & 0 & I_z N_{3,xx} N_{5,xx} & I_z N_{3,xx} N_{6,xx} \\ A N_{4,x} N_{1,x} & 0 & 0 & A N_{4,x} N_{4,x} & 0 & 0 \\ 0 & I_z N_{5,xx} N_{2,xx} & I_z N_{5,xx} N_{3,xx} & 0 & I_z N_{5,xx} N_{5,xx} & I_z N_{5,xx} N_{6,xx} \\ 0 & I_z N_{6,xx} N_{2,xx} & I_z N_{6,xx} N_{3,xx} & 0 & I_z N_{6,xx} N_{5,xx} & I_z N_{6,xx} N_{6,xx} \end{bmatrix} \, dx$$

$$(2\text{-}152)$$

当节点连线为截面的形心轴且为等截面梁单元时,可得:

$$
[K_e] = \begin{bmatrix}
\dfrac{EA}{L} & 0 & 0 & -\dfrac{EA}{L} & 0 & 0 \\[2mm]
0 & \dfrac{12\,EI_z}{L^3} & \dfrac{6\,EI_z}{L^2} & 0 & -\dfrac{12\,EI_z}{L^3} & \dfrac{6\,EI_z}{L^2} \\[2mm]
0 & \dfrac{6\,EI_z}{L^2} & \dfrac{4\,EI_z}{L} & 0 & -\dfrac{6\,EI_z}{L^2} & \dfrac{2\,EI_z}{L} \\[2mm]
-\dfrac{EA}{L} & 0 & 0 & \dfrac{EA}{L} & 0 & 0 \\[2mm]
0 & -\dfrac{12\,EI_z}{L^3} & -\dfrac{6\,EI_z}{L^2} & 0 & \dfrac{12\,EI_z}{L^3} & -\dfrac{6\,EI_z}{L^2} \\[2mm]
0 & \dfrac{6\,EI_z}{L^2} & \dfrac{2\,EI_z}{L} & 0 & -\dfrac{6\,EI_z}{L^2} & \dfrac{4\,EI_z}{L}
\end{bmatrix}
\tag{2-153}
$$

式(2-151)也可通过采用下面引入的截面应变位移矩阵和截面刚度矩阵进行计算。

由于 $\{B\} = \{N_{1,x} \quad -yN_{2,xx} \quad -yN_{3,xx} \quad N_{4,x} \quad -yN_{5,xx} \quad -yN_{6,xx}\}$ 可表示为:

$$
\{B\} = \{1 \quad -y\}
\begin{bmatrix}
N_{1,x} & 0 & 0 & N_{4,x} & 0 & 0 \\
0 & N_{2,xx} & N_{3,xx} & 0 & N_{5,xx} & N_{6,xx}
\end{bmatrix}
$$

$$
= \{1 \quad -y\}[B_s]
\tag{2-154}
$$

式中:$[B_s]$——截面应变位移矩阵,

$$
[B_s] = \begin{bmatrix}
N_{1,x} & 0 & 0 & N_{4,x} & 0 & 0 \\
0 & N_{2,xx} & N_{3,xx} & 0 & N_{5,xx} & N_{6,xx}
\end{bmatrix}
\tag{2-155}
$$

此时由 $[B_s]\{d_e\}$ 将得到截面的轴向应变 ε_0 和弯曲曲率 $\dfrac{1}{\rho}$:

$$
[B_s]\{d_e\} = \begin{bmatrix}
N_{1,x} & 0 & 0 & N_{4,x} & 0 & 0 \\
0 & N_{2,xx} & N_{3,xx} & 0 & N_{5,xx} & N_{6,xx}
\end{bmatrix}
\begin{Bmatrix}
u_i \\ v_i \\ \theta_i \\ u_j \\ v_j \\ \theta_j
\end{Bmatrix}
$$

$$
= \begin{Bmatrix}
N_{1,x}u_i + N_{4,x}u_j \\
N_{2,xx}v_i + N_{3,xx}\theta_i + N_{5,xx}u_j + N_{6,xx}\theta_j
\end{Bmatrix}
$$

$$
= \begin{Bmatrix}
\dfrac{\partial u(x,0)}{\partial x} \\[3mm]
\dfrac{\partial \theta(x)}{\partial x}
\end{Bmatrix}
$$

$$
= \begin{Bmatrix}
\varepsilon_0 \\[2mm]
\dfrac{1}{\rho}
\end{Bmatrix}
\tag{2-156}
$$

单元内任一点处的应变可表示为：

$$\varepsilon_x = \{B\}\{d_e\} = \{1 \quad -y\}[B_s]\{d_e\} = \{1 \quad -y\}\begin{Bmatrix} \varepsilon_0 \\ \dfrac{1}{\rho} \end{Bmatrix} = \varepsilon_0 - \dfrac{y}{\rho} \qquad (2\text{-}157)$$

式(2-157)表明，任一点处的应变由轴向应变与弯曲应变组成。

利用$[B_s]$，单元刚度矩阵可按下式计算：

$$\begin{aligned}
[K_e] &= \int_0^L \int_A \{B\}^T E\{B\}\,\mathrm{d}A\,\mathrm{d}x \\
&= \int_0^L \int_A [B_s]^T \begin{Bmatrix} 1 \\ -y \end{Bmatrix} E\{1 \quad -y\}[B_s]\,\mathrm{d}A\,\mathrm{d}x \\
&= \int_0^L [B_s]^T \int_A \begin{Bmatrix} 1 \\ -y \end{Bmatrix} E\{1 \quad -y\}\,\mathrm{d}A[B_s]\,\mathrm{d}x \\
&= \int_0^L [B_s]^T \int_A E\begin{bmatrix} 1 & -y \\ -y & y^2 \end{bmatrix}\,\mathrm{d}A[B_s]\,\mathrm{d}x \\
&= \int_0^L [B_s]^T E\begin{bmatrix} A & -S_z \\ -S_z & I_z \end{bmatrix}[B_s]\,\mathrm{d}x \\
&= \int_0^L [B_s]^T[D_s][B_s]\,\mathrm{d}x \qquad (2\text{-}158)
\end{aligned}$$

式中：$[D_s]$——截面刚度矩阵，

$$[D_s] = E\begin{bmatrix} A & -S_z \\ -S_z & I_z \end{bmatrix} \qquad (2\text{-}159)$$

【例2-4】 计算如图2-19所示悬臂梁AB端部受集中力偶引起的位移和约束反力。

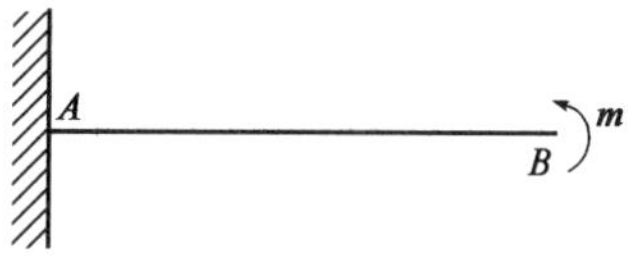

解：取AB梁为一个梁单元，根据约束和受力情况，可得：

图2-19 悬臂梁端部受集中力偶作用

$$\begin{bmatrix}
\dfrac{EA}{L} & 0 & 0 & -\dfrac{EA}{L} & 0 & 0 \\[2mm]
0 & \dfrac{12EI_z}{L^3} & \dfrac{6EI_z}{L^2} & 0 & -\dfrac{12EI_z}{L^3} & \dfrac{6EI_z}{L^2} \\[2mm]
0 & \dfrac{6EI_z}{L^2} & \dfrac{4EI_z}{L} & 0 & -\dfrac{6EI_z}{L^2} & \dfrac{2EI_z}{L} \\[2mm]
-\dfrac{EA}{L} & 0 & 0 & \dfrac{EA}{L} & 0 & 0 \\[2mm]
0 & -\dfrac{12EI_z}{L^3} & -\dfrac{6EI_z}{L^2} & 0 & \dfrac{12EI_z}{L^3} & -\dfrac{6EI_z}{L^2} \\[2mm]
0 & \dfrac{6EI_z}{L^2} & \dfrac{2EI_z}{L} & 0 & -\dfrac{6EI_z}{L^2} & \dfrac{4EI_z}{L}
\end{bmatrix}
\begin{Bmatrix} 0 \\ 0 \\ 0 \\ u_B \\ v_B \\ \theta_B \end{Bmatrix}
=
\begin{Bmatrix} X_A \\ Y_A \\ M_A \\ 0 \\ 0 \\ m \end{Bmatrix} \qquad (2\text{-}160)$$

解得：

$$\begin{cases} u_B = 0 \\ v_B = \dfrac{mL^2}{2EI_z} \\ \theta_B = \dfrac{mL}{EI_z} \end{cases}$$ (2-161)

$$\begin{cases} X_A = 0 \\ Y_A = 0 \\ M_A = -m \end{cases}$$ (2-162)

2.3.3 单元内荷载的等效节点荷载计算

对于梁单元上作用的非节点荷载,根据虚功原理计算荷载的虚功,可以得到其对应的等效节点荷载。荷载通常在单元坐标系或整体坐标系下表示,两种坐标系下的表示可以通过坐标变换进行转换。下面只针对单元坐标系给出结论。

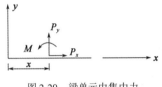

图 2-20 梁单元内集中力

1)轴线上集中荷载的等效节点荷载

设 P_x 和 P_y 分别表示单元坐标系下节点连线上 x 位置沿 x 轴和 y 轴的集中力,M 表示节点连线上 x 位置的集中力偶(图 2-20),则集中荷载在虚位移上做的虚功为:

$$\delta W_p = \delta u(x,0)P_x + \delta v(x,0)P_y + \delta\theta(x)M = \delta\{u(x,0) \quad v(x,0) \quad \theta(x)\}\begin{Bmatrix} P_x \\ P_y \\ M \end{Bmatrix}$$ (2-163)

根据式(2-135),有:

$$\delta W_p = \delta\{d_e\}^T [N_0]^T \begin{Bmatrix} P_x \\ P_y \\ M \end{Bmatrix} = \delta\{d_e\}^T \{F_e^P\}$$ (2-164)

式中:$\{F_e^P\}$ ——单元内集中荷载引起的等效节点荷载,

$$\{F_e^P\} = [N_0]^T \begin{Bmatrix} P_x \\ P_y \\ M \end{Bmatrix}$$ (2-165)

记 $a = \dfrac{x}{L}$,三种荷载单独作用的等效节点荷载分别为:

(1)P_x 的等效节点荷载

$$\{F_e^P\} = \{P_x(1-a) \quad 0 \quad 0 \quad P_x a \quad 0 \quad 0\}^T$$ (2-166)

(2)P_y 的等效节点荷载

$$\{F_e^P\} = \{0 \quad P_y(1-3a^2+2a^3) \quad P_y La(1-a)^2 \quad 0 \quad P_y(3a^2-2a^3) \quad -P_y La^2(1-a)\}^T$$ (2-167)

(3)M 的等效节点荷载

$$\{F_e^p\} = \left\{ 0 \quad \frac{6M(a^2 - a)}{L} \quad M(3a^2 - 4a + 1) \quad 0 \quad \frac{6M(a - a^2)}{L} \quad M(3a^2 - 2a) \right\}^T$$

(2-168)

2)沿轴线分布荷载的等效节点荷载

设分布荷载的作用范围为 $[x_1, x_2]$,以 q_x 和 q_y 分别表示沿 x 轴和 y 轴的分布力集度,以 q_m 表示分布力偶集度(图 2-21),则分布荷载在虚位移上做的虚功为:

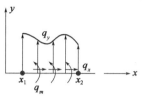

图 2-21 梁单元内分布荷载

$$\delta W_q = \int_{x_1}^{x_2} \left[\delta u(x,0) q_x + \delta v(x,0) q_y + \delta\theta(x) q_m \right] \mathrm{d}x$$

$$= \int_{x_1}^{x_2} \delta \{ u(x,0) \quad v(x,0) \quad \theta(x) \} \begin{Bmatrix} q_x \\ q_y \\ q_m \end{Bmatrix} \mathrm{d}x$$

(2-169)

根据式(2-135),有:

$$\delta W_q = \int_{x_1}^{x_2} \delta \{d_e\}^T [N_0]^T \begin{Bmatrix} q_x \\ q_y \\ q_m \end{Bmatrix} \mathrm{d}x = \delta \{d_e\}^T \int_{x_1}^{x_2} [N_0]^T \begin{Bmatrix} q_x \\ q_y \\ q_m \end{Bmatrix} \mathrm{d}x = \delta \{d_e\}^T \{F_e^q\} \quad (2\text{-}170)$$

式中:$\{F_e^q\}$ ——单元分布荷载引起的等效节点荷载,

$$\{F_e^q\} = \int_{x_1}^{x_2} [N_0]^T \begin{Bmatrix} q_x \\ q_y \\ q_m \end{Bmatrix} \mathrm{d}x$$

(2-171)

记 $a = \dfrac{x_1}{L}, b = \dfrac{x_2}{L}$,对于三种荷载单独作用且按线性分布的情况,其等效节点荷载分别为:

(1)区间 $[x_1, x_2]$ 范围内轴向线性分布力 q_x 的等效节点荷载

设 x_1 处的集度为 q_1、x_2 处的集度为 q_2,分布力可表达为:

$$q_x = \begin{cases} 0 & ,x < x_1 \\ q_1 + \dfrac{(q_2 - q_1)}{x_2 - x_1}(x - x_1) & ,x_1 \leqslant x \leqslant x_2 \\ 0 & ,x > x_2 \end{cases}$$

(2-172)

$$\{F_e^q\} = \{F_1 \quad 0 \quad 0 \quad F_4 \quad 0 \quad 0\}^T$$

(2-173)

式中:

$$F_1 = \frac{(b-a)L}{6}\left[q_1(3 - 2a - b) + q_2(3 - a - 2b) \right]$$

(2-174)

$$F_4 = \frac{(b-a)L}{6}\left[q_1(2a + b) + q_2(a + 2b) \right]$$

(2-175)

（2）区间 $[x_1,x_2]$ 范围横向线性分布力 q_y 的等效节点荷载

设 x_1 处的集度为 q_1、x_2 处的集度为 q_2，分布力可表达为：

$$q_y = \begin{cases} 0 & ,x < x_1 \\ q_1 + \dfrac{(q_2 - q_1)}{x_2 - x_1}(x - x_1) & ,x_1 \leq x \leq x_2 \\ 0 & ,x > x_2 \end{cases} \tag{2-176}$$

等效节点荷载的计算方法为：

$$\{F_e^q\} = \int_0^L \begin{Bmatrix} 0 \\ N_2 \\ N_3 \\ 0 \\ N_5 \\ N_6 \end{Bmatrix} q_y \mathrm{d}x = \int_{x_1}^{x_2} \begin{Bmatrix} 0 \\ N_2 \\ N_3 \\ 0 \\ N_5 \\ N_6 \end{Bmatrix} q_y \mathrm{d}x \tag{2-177}$$

当 $x_1 = 0$、$x_2 = L$ 时，可积分得到：

$$\{F_e^q\} = \left\{0 \quad \frac{(7q_1 + 3q_2)L}{20} \quad \left(\frac{q_1}{20} + \frac{q_2}{30}\right)L^2 \quad 0 \quad \frac{(3q_1 + 7q_2)L}{20} \quad -\left(\frac{q_1}{30} + \frac{q_2}{20}\right)L^2\right\}^{\mathrm{T}} \tag{2-178}$$

对于在区间 $[x_1,x_2]$ 的一般情况，等效节点荷载可表示为：

$$\{F_e\} = \{0 \quad F_2 \quad F_3 \quad 0 \quad F_5 \quad F_6\}^{\mathrm{T}} \tag{2-179}$$

其中：

$$F_2 = \frac{(b-a)Lq_1}{20}(8a^3 + 6a^2b + 4ab^2 + 2b^3 - 15a^2 - 10ab - 5b^2 + 10) +$$
$$\frac{(b-a)Lq_2}{20}(2a^3 + 4a^2b + 6ab^2 + 8b^3 - 5a^2 - 10ab - 15b^2 + 10) \tag{2-180}$$

$$F_3 = \frac{(b-a)L^2q_1}{60}(12a^3 + 9a^2b + 6ab^2 + 3b^3 - 30a^2 - 20ab - 10b^2 + 20a + 10b) +$$
$$\frac{(b-a)L^2q_2}{60}(3a^3 + 6a^2b + 9ab^2 + 12b^3 - 10a^2 - 20ab - 30b^2 + 10a + 20b) \tag{2-181}$$

$$F_5 = \frac{(q_1 + q_2)(b-a)L}{2} - F_2 \tag{2-182}$$

$$F_6 = \frac{(b-a)L^2q_1}{60}(12a^3 + 9a^2b + 6ab^2 + 3b^3 - 15a^2 - 10ab - 5b^2) +$$
$$\frac{(b-a)L^2q_2}{60}(3a^3 + 6a^2b + 9ab^2 + 12b^3 - 5a^2 - 10ab - 15b^2) \tag{2-183}$$

由于被积函数的最高次数为 4，也可以采用 3 点 Gauss 数值积分得到其精确的数值解：

$$\{F_e^q\} = \int_{x_1}^{x_2} \begin{Bmatrix} 0 \\ N_2 \\ N_3 \\ 0 \\ N_5 \\ N_6 \end{Bmatrix} q_y \mathrm{d}x = \frac{x_2 - x_1}{2} \sum_{i=1}^{3} w_i \begin{Bmatrix} 0 \\ N_2 \\ N_3 \\ 0 \\ N_5 \\ N_6 \end{Bmatrix} q_y \Bigg|_{x = \frac{x_1+x_2}{2} + \frac{x_2-x_1}{2} t_i} \tag{2-184}$$

其中，t_i 和 w_i 的取值为：

$$t_1 = -\frac{\sqrt{15}}{5}, t_2 = 0, t_3 = \frac{\sqrt{15}}{5} \tag{2-185}$$

$$w_1 = \frac{5}{9}, w_2 = \frac{8}{9}, w_3 = \frac{5}{9} \tag{2-186}$$

（3）区间 $[x_1, x_2]$ 范围线性分布力偶 q_m 的等效节点荷载

设 x_1 处的集度为 m_1、x_2 处的集度为 m_2，分布力偶可表达为：

$$q_m = \begin{cases} 0 & ,x < x_1 \\ m_1 + \dfrac{(m_2 - m_1)}{x_2 - x_1}(x - x_1) & ,x_1 \leqslant x \leqslant x_2 \\ 0 & ,x > x_2 \end{cases} \tag{2-187}$$

等效节点荷载的计算方法为：

$$\{F_e^q\} = \int_{x_1}^{x_2} \begin{Bmatrix} 0 \\ N_{2,x} \\ N_{3,x} \\ 0 \\ N_{5,x} \\ N_{6,x} \end{Bmatrix} q_m \mathrm{d}x \tag{2-188}$$

当 $x_1 = 0$、$x_2 = L$ 时，可积分得到：

$$\{F_e^q\} = \left\{ 0 \quad -\frac{m_1 + m_2}{2} \quad -\frac{(m_2 - m_1)L}{12} \quad 0 \quad \frac{m_1 + m_2}{2} \quad \frac{(m_2 - m_1)L}{12} \right\}^{\mathrm{T}} \tag{2-189}$$

对于一般情况，等效节点荷载可表示为：

$$\{F_e^q\} = \{0 \quad F_2 \quad F_3 \quad 0 \quad F_5 \quad F_6\}^{\mathrm{T}} \tag{2-190}$$

其中：

$$F_2 = \frac{(b-a)}{2}\left[m_1(3a^2 + 2ab + b^2 - 4a - 2b) + m_2(a^2 + 2ab + 3b^2 - 2a - 4b) \right] \tag{2-191}$$

$$F_3 = \frac{(b-a)L}{12}\left[m_1(9a^2 + 6ab + 3b^2 - 16a - 8b + 6) + m_2(3a^2 + 6ab + 9b^2 - 8a - 16b + 6) \right] \tag{2-192}$$

$$F_5 = -F_2 \tag{2-193}$$

$$F_6 = \frac{(b-a)L}{12}[m_1(9a^2 + 6ab + 3b^2 - 8a - 4b) + m_2(3a^2 + 6ab + 9b^2 - 4a - 8b)]$$

$$(2-194)$$

由于被积函数的最高次数为 3,也可以采用 2 点 Gauss 数值积分得到其精确的数值解:

$$\{F_e^q\} = \int_{x_1}^{x_2} \begin{Bmatrix} 0 \\ N_{2,x} \\ N_{3,x} \\ 0 \\ N_{5,x} \\ N_{6,x} \end{Bmatrix} q_m \mathrm{d}x = \frac{x_2 - x_1}{2} \sum_{i=1}^{2} w_i \left. \begin{pmatrix} \begin{Bmatrix} 0 \\ N_{2,x} \\ N_{3,x} \\ 0 \\ N_{5,x} \\ N_{6,x} \end{Bmatrix} q_m \end{pmatrix} \right|_{x = \frac{x_1+x_2}{2} + \frac{x_2-x_1}{2}t_i} \qquad (2-195)$$

其中,t_i 和 w_i 的取值为:

$$t_1 = -\frac{\sqrt{3}}{3}, t_2 = \frac{\sqrt{3}}{3} \qquad (2-196)$$

$$w_1 = 1, w_2 = 1 \qquad (2-197)$$

2.3.4 梁单元温度变化的等效节点荷载

对于平面梁单元,单元温度的变化方式可以设计为:给定单元两端形心温度变化 ΔT_i、ΔT_j 和单元坐标系下沿 y 轴的温度变化梯度 T_{yi}、T_{yj}。

任意截面位置处的形心温度变化 ΔT_0 和温度梯度 k_y 采用线性插值方式计算:

$$\Delta T_0 = N_1 \Delta T_i + N_4 \Delta T_j \qquad (2-198)$$

$$T_y = N_1 T_{yi} + N_4 T_{yj} \qquad (2-199)$$

式中:N_1、N_4 ——梁单元插值多项式。

单元坐标系下任意位置 (x, y) 处的温度变化为:

$$\Delta T = \Delta T_0 + y T_y \qquad (2-200)$$

以 α 表示材料热膨胀系数,温度变化引起的热应变为:

$$\varepsilon_T = \alpha \Delta T = \alpha(\Delta T_0 + y T_y) \qquad (2-201)$$

设线应变 ε_x 与单元节点位移向量的关系为:

$$\varepsilon_x = \frac{\partial u}{\partial x} = \{B\}\{d_e\} \qquad (2-202)$$

于是应力应变关系成为:

$$\sigma_x = E(\varepsilon_x - \varepsilon_T) = E(\{B\}\{d_e\} - \varepsilon_T) \qquad (2-203)$$

温度变化对虚变形能的影响通过下式分析:

$$\begin{aligned}
\delta U &= \int_0^L \int_A \delta\varepsilon_x \sigma_x \mathrm{d}A\mathrm{d}x \\
&= \int_0^L \int_A \delta\{d_e\}^{\mathrm{T}}\{B\}^{\mathrm{T}}E(\{B\}\{d_e\} - \varepsilon_T)\mathrm{d}A\mathrm{d}x \\
&= \delta\{d_e\}^{\mathrm{T}}\int_0^L \int_A \{B\}^{\mathrm{T}}E\{B\}\mathrm{d}A\mathrm{d}x\{d_e\} - \delta\{d_e\}^{\mathrm{T}}\int_0^L \int_A \{B\}^{\mathrm{T}}E\varepsilon_T\mathrm{d}A\mathrm{d}x \\
&= \delta\{d_e\}^{\mathrm{T}}[K_e]\{d_e\} - \delta\{d_e\}^{\mathrm{T}}\{F_T\}
\end{aligned} \qquad (2-204)$$

式中：$\{F_T\}$——温度变化引起的等效节点力向量：

$$\{F_T\} = \int_0^L\!\!\int_A \{B\}^T E\varepsilon_T \mathrm{d}A\mathrm{d}x$$

$$= \int_0^L\!\!\int_A \{B\}^T E\alpha(\Delta T_0 + yT_y)\mathrm{d}A\mathrm{d}x$$

$$= E\alpha\int_0^L\!\!\int_A \{B\}^T \Delta T_0 \mathrm{d}A\mathrm{d}x + E\alpha\int_0^L\!\!\int_A \{B\}^T yT_y \mathrm{d}A\mathrm{d}x$$

$$= E\alpha\int_0^L\!\!\int_A \{B\}^T (N_1\Delta T_i + N_4\Delta T_j)\mathrm{d}A\mathrm{d}x + E\alpha\int_0^L\!\!\int_A \{B\}^T y(N_1 T_{yi} + N_4 T_{yj})\mathrm{d}A\mathrm{d}x$$

$$= E\alpha\int_0^L\!\!\int_A \begin{Bmatrix} N_{1,x} \\ -yN_{2,xx} \\ -yN_{3,xx} \\ N_{4,x} \\ -yN_{5,xx} \\ -yN_{6,xx} \end{Bmatrix}(N_1\Delta T_i + N_4\Delta T_j)\mathrm{d}A\mathrm{d}x + E\alpha\int_0^L\!\!\int_A \begin{Bmatrix} N_{1,x} \\ -yN_{2,xx} \\ -yN_{3,xx} \\ N_{4,x} \\ -yN_{5,xx} \\ -yN_{6,xx} \end{Bmatrix}y(N_1 T_{yi} + N_4 T_{yj})\mathrm{d}A\mathrm{d}x$$

$$= EA\alpha\frac{\Delta T_i + \Delta T_j}{2}\begin{Bmatrix} -1 \\ 0 \\ 0 \\ 1 \\ 0 \\ 0 \end{Bmatrix} + EI_z\alpha\begin{Bmatrix} 0 \\ \dfrac{T_{yi} - T_{yj}}{l} \\ T_{yi} \\ 0 \\ -\dfrac{T_{yi} - T_{yj}}{l} \\ -T_{yj} \end{Bmatrix} \tag{2-205}$$

2.3.5　单元刚度矩阵和单元荷载向量的坐标变换

在一个结构中，各个梁单元的方向可能不一样。在多个梁单元的连接处，基于各个单元的局部坐标系描述的节点位移无法反映连接关系，一个节点只有采用单一的坐标系（称为节点坐标系）描述该处的位移，才可以自然地描述连接关系。于是，梁单元的单元刚度矩阵和单元荷载向量需要从不同的单元坐标系变换到节点的单一坐标系。一般情况下，选择整体坐标系为节点坐标系。下面设各个节点均采用整体坐标系来分析单元刚度矩阵和单元等效节点荷载的变换方法。

如图 2-22 所示，设单元节点连线与整体坐标系 x 轴的夹角为 α，单元坐标系下的各节点位移分量为：u_i'、v_i'、θ_i'、u_j'、v_j'、θ_j'，整体坐标系下的各节点位移分量为：u_i、v_i、θ_i、u_j、v_j、θ_j；单元坐标系下的各节点荷载分量为：X_i'、Y_i'、M_i'、X_j'、Y_j'、M_j'；整体

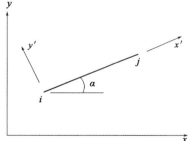

图 2-22　整体坐标系下的梁单元

坐标系下的各节点荷载分量为：X_i、Y_i、M_i、X_j、Y_j、M_j。

记 $[R] = \begin{bmatrix} \cos\alpha & \sin\alpha & 0 \\ -\sin\alpha & \cos\alpha & 0 \\ 0 & 0 & 1 \end{bmatrix}$，则有：

$$\begin{Bmatrix} u'_i \\ v'_i \\ \theta'_i \end{Bmatrix} = \begin{bmatrix} \cos\alpha & \sin\alpha & 0 \\ -\sin\alpha & \cos\alpha & 0 \\ 0 & 0 & 1 \end{bmatrix} \begin{Bmatrix} u_i \\ v_i \\ \theta_i \end{Bmatrix} = [R] \begin{Bmatrix} u_i \\ v_i \\ \theta_i \end{Bmatrix} \tag{2-206}$$

$$\begin{Bmatrix} u'_j \\ v'_j \\ \theta'_j \end{Bmatrix} = \begin{bmatrix} \cos\alpha & \sin\alpha & 0 \\ -\sin\alpha & \cos\alpha & 0 \\ 0 & 0 & 1 \end{bmatrix} \begin{Bmatrix} u_j \\ v_j \\ \theta_j \end{Bmatrix} = [R] \begin{Bmatrix} u_j \\ v_j \\ \theta_j \end{Bmatrix} \tag{2-207}$$

$$\begin{Bmatrix} X'_i \\ Y'_i \\ M'_i \end{Bmatrix} = \begin{bmatrix} \cos\alpha & \sin\alpha & 0 \\ -\sin\alpha & \cos\alpha & 0 \\ 0 & 0 & 1 \end{bmatrix} \begin{Bmatrix} X_i \\ Y_i \\ M_i \end{Bmatrix} = [R] \begin{Bmatrix} X_i \\ Y_i \\ M_i \end{Bmatrix} \tag{2-208}$$

$$\begin{Bmatrix} X'_i \\ Y'_i \\ M'_i \end{Bmatrix} = \begin{bmatrix} \cos\alpha & \sin\alpha & 0 \\ -\sin\alpha & \cos\alpha & 0 \\ 0 & 0 & 1 \end{bmatrix} \begin{Bmatrix} X_i \\ Y_i \\ M_i \end{Bmatrix} = [R] \begin{Bmatrix} X_i \\ Y_i \\ M_i \end{Bmatrix} \tag{2-209}$$

即有：

$$\{d'_e\} = \begin{Bmatrix} u'_i \\ v'_i \\ \theta'_i \\ u'_j \\ v'_j \\ \theta'_j \end{Bmatrix} = \begin{bmatrix} \cos\alpha & \sin\alpha & 0 & 0 & 0 & 0 \\ -\sin\alpha & \cos\alpha & 0 & 0 & 0 & 0 \\ 0 & 0 & 1 & 0 & 0 & 0 \\ 0 & 0 & 0 & \cos\alpha & \sin\alpha & 0 \\ 0 & 0 & 0 & -\sin\alpha & \cos\alpha & 0 \\ 0 & 0 & 0 & 0 & 0 & 1 \end{bmatrix} \begin{Bmatrix} u_i \\ v_i \\ \theta_i \\ u_j \\ v_j \\ \theta_j \end{Bmatrix} = \begin{bmatrix} R & 0 \\ 0 & R \end{bmatrix} \{d_e\} \tag{2-210}$$

$$\{F'_e\} = \begin{Bmatrix} X'_i \\ Y'_i \\ M'_i \\ X'_j \\ Y'_j \\ M'_j \end{Bmatrix} = \begin{bmatrix} \cos\alpha & \sin\alpha & 0 & 0 & 0 & 0 \\ -\sin\alpha & \cos\alpha & 0 & 0 & 0 & 0 \\ 0 & 0 & 1 & 0 & 0 & 0 \\ 0 & 0 & 0 & \cos\alpha & \sin\alpha & 0 \\ 0 & 0 & 0 & -\sin\alpha & \cos\alpha & 0 \\ 0 & 0 & 0 & 0 & 0 & 1 \end{bmatrix} \begin{Bmatrix} X_i \\ Y_i \\ M_i \\ X_j \\ Y_j \\ M_j \end{Bmatrix} = \begin{bmatrix} R & 0 \\ 0 & R \end{bmatrix} \{F_e\} \tag{2-211}$$

单元坐标系下的虚功原理可以表达为：

$$\delta U = \delta \{d'_e\}^T [K'_e] \{d'_e\} = \delta W = \delta \{d'_e\}^T \{F'_e\} \tag{2-212}$$

将式(2-207)代入可得：

$$\delta \{d_e\}^T \begin{bmatrix} R & 0 \\ 0 & R \end{bmatrix}^T [K'_e] \begin{bmatrix} R & 0 \\ 0 & R \end{bmatrix} \{d_e\} = \delta \{d_e\}^T \begin{bmatrix} R & 0 \\ 0 & R \end{bmatrix}^T \{F'_e\} \tag{2-213}$$

根据虚位移的 $\delta\{d_e\}$ 的任意性,得:

$$\begin{bmatrix} R & 0 \\ 0 & R \end{bmatrix}^{\mathrm{T}} [K'_e] \begin{bmatrix} R & 0 \\ 0 & R \end{bmatrix} \{d_e\} = \begin{bmatrix} R & 0 \\ 0 & R \end{bmatrix}^{\mathrm{T}} \{F'_e\} \tag{2-214}$$

令 $[K_e]$、$\{F_e\}$ 分别为与整体坐标系下的位移对应的单元刚度矩阵和单元等效节点荷载:

$$[K_e] = \begin{bmatrix} R & 0 \\ 0 & R \end{bmatrix}^{\mathrm{T}} [K'_e] \begin{bmatrix} R & 0 \\ 0 & R \end{bmatrix} \tag{2-215}$$

$$\{F_e\} = \begin{bmatrix} R & 0 \\ 0 & R \end{bmatrix}^{\mathrm{T}} \{F'_e\} \tag{2-216}$$

式(2-215)表示了单元刚度矩阵由单元坐标系变换到整体坐标系的变换方法,式(2-216)表示了单元等效荷载由单元坐标系变换到整体坐标系的变换方法。

利用式(2-215)、式(2-216),式(2-214)成为:

$$[K_e]\{d_e\} = \{F_e\} \tag{2-217}$$

上式为整体坐标系下梁单元的单元平衡方程。

整体坐标系下的单元刚度矩阵向结构总体刚度矩阵的组装方法、整体坐标系下的单元等效节点荷载向结构总体荷载向量的组装方法与前面桁架部分介绍的内容完全相同。

如果两个节点采用不同的坐标系描述其位移分量,设单元节点连线与 i 节点坐标系 x 轴的夹角为 α_i、与 j 节点坐标系 x 轴的夹角为 α_j,则从单元坐标系向两个节点坐标系变换的方法为:

$$[K_e] = \begin{bmatrix} R_i & 0 \\ 0 & R_j \end{bmatrix}^{\mathrm{T}} [K'_e] \begin{bmatrix} R_i & 0 \\ 0 & R_j \end{bmatrix} \tag{2-218}$$

$$\{F_e\} = \begin{bmatrix} R_i & 0 \\ 0 & R_j \end{bmatrix}^{\mathrm{T}} \{F'_e\} \tag{2-219}$$

上两式中,$[R_i] = \begin{bmatrix} \cos\alpha_i & \sin\alpha_i & 0 \\ -\sin\alpha_i & \cos\alpha_i & 0 \\ 0 & 0 & 1 \end{bmatrix}$,$[R_j] = \begin{bmatrix} \cos\alpha_j & \sin\alpha_j & 0 \\ -\sin\alpha_j & \cos\alpha_j & 0 \\ 0 & 0 & 1 \end{bmatrix}$。

2.3.6　梁单元铰接问题的处理方法

在杆系结构问题中,常常遇到杆件通过铰链连接的问题,如图2-23所示。对于只受轴向力的杆件,可以简单地用桁架单元模拟;对于用梁单元模拟的受弯构件之间的铰接,由于各杆件的转角不同,如果在连接处只设置一个节点,则无法用该节点的一个转角自由度反映连接处多个杆件的不同转角。

对于梁单元的铰接问题,主要有两种处理方法:

1)采用杆端力释放的方法

不失一般性,按照前文的符号约定,梁单元的两个节点

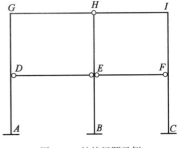

图2-23　铰接问题示例

为节点 i 和节点 j。设节点 j 为铰接端,则有 $M_j = 0$,根据单元平衡方程 $[K_e]\{d_e\} = \{F_e\}$,可以得到:

$$K_{61}^e u_i + K_{62}^e v_i + K_{63}^e \theta_i + K_{64}^e u_j + K_{65}^e v_j + K_{66}^e \theta_j = 0 \tag{2-220}$$

$$\theta_j = -\frac{1}{K_{66}^e}(K_{61}^e u_i + K_{62}^e v_i + K_{63}^e \theta_i + K_{64}^e u_j + K_{65}^e v_j) \tag{2-221}$$

$$\{d_e\} = \begin{Bmatrix} u_i \\ v_i \\ \theta_i \\ u_j \\ v_j \\ \theta_j \end{Bmatrix} = \begin{bmatrix} 1 & 0 & 0 & 0 & 0 \\ 0 & 1 & 0 & 0 & 0 \\ 0 & 0 & 1 & 0 & 0 \\ 0 & 0 & 0 & 1 & 0 \\ 0 & 0 & 0 & 0 & 1 \\ -\dfrac{K_{61}^e}{K_{66}^e} & -\dfrac{K_{62}^e}{K_{66}^e} & -\dfrac{K_{63}^e}{K_{66}^e} & -\dfrac{K_{64}^e}{K_{66}^e} & -\dfrac{K_{65}^e}{K_{66}^e} \end{bmatrix} \begin{Bmatrix} u_i \\ v_i \\ \theta_i \\ u_j \\ v_j \end{Bmatrix} \tag{2-222}$$

记:$\{\bar{d}_e\} = \{u_i \quad v_i \quad \theta_i \quad u_j \quad v_j\}^T$,$\{h\} = \left\{ -\dfrac{K_{61}^e}{K_{66}^e} \quad -\dfrac{K_{62}^e}{K_{66}^e} \quad -\dfrac{K_{63}^e}{K_{66}^e} \quad -\dfrac{K_{64}^e}{K_{66}^e} \quad -\dfrac{K_{65}^e}{K_{66}^e} \right\}$

则有:

$$\{d_e\} = \begin{bmatrix} [I] \\ \{h\} \end{bmatrix} \{\bar{d}_e\} = [S]\{\bar{d}_e\} \tag{2-223}$$

其中,$[S] = \begin{bmatrix} [I] \\ \{h\} \end{bmatrix}$。

由梁单元的虚功方程 $\delta\{d_e\}^T[K_e]\{d_e\} = \delta\{d_e\}^T\{F_e\}$,可得:

$$\delta\{\bar{d}_e\}^T[S]^T[K_e][S]\{\bar{d}_e\} = \delta\{\bar{d}_e\}^T[S]^T\{F_e\} \tag{2-224}$$

记 $[\bar{K}_e]$ 为与 $\{\bar{d}_e\}$ 对应的单元刚度矩阵:

$$[\bar{K}_e] = [S]^T[K_e][S]$$

$$= \begin{bmatrix} [I] & \{h\}^T \end{bmatrix} \begin{bmatrix} [K_{55}] & \{K_{56}\} \\ \{K_{56}\}^T & K_{66} \end{bmatrix} \begin{bmatrix} [I] \\ \{h\} \end{bmatrix}$$

$$= [K_{55}] + \{h\}^T\{K_{56}\}^T + \{K_{56}\}\{h\} + K_{66}\{h\}^T\{h\} \tag{2-225}$$

记 $\{\bar{F}_e\}$ 为与 $\{\bar{d}_e\}$ 对应的单元等效节点荷载:

$$\{\bar{F}_e\} = [S]^T\{F_e\} \tag{2-226}$$

由 $[S] = \begin{bmatrix} [I] \\ \{h\} \end{bmatrix}$ 和 $M_j = 0$ 可得:

$$\{\bar{F}_e\} = [S]^T\{F_e\} = \{X_i \quad Y_i \quad M_i \quad X_j \quad Y_j\}^T \tag{2-227}$$

则有:

$$\delta\{\bar{d}_e\}^T[\bar{K}_e]\{\bar{d}_e\} = \delta\{\bar{d}_e\}^T\{\bar{F}_e\} \tag{2-228}$$

由虚位移的任意性,得到相对于$\{\bar{d}_e\}$的单元平衡方程:

$$[\bar{K}_e]\{\bar{d}_e\} = \{\bar{F}_e\} \tag{2-229}$$

上式表明,对于节点 j 处力偶为 0 的铰接问题,不需要将其转角作为节点的自由度,从而避免各杆件转角不同的问题。

从前面的推导可以发现,释放杆端力的方法在荷载为 0 的前提下舍去相应的自由度,不能模拟铰接端单独承受力偶的情况,且释放不同的自由度需要获得相对应的形如式(2-226)的方程。

2)采用主从节点法

在铰链连接处,由于各杆件的转角不同,使得一个节点的一个转角自由度无法描述多个杆件的不同转角。主从节点法采用增加节点提供转角自由度来自然模拟铰链连接:①给每个存在独立转角的杆件都设置一个节点;②各节点的平移自由度分配同一自由度编号,转角自由度分配各自不同的自由度编号。

主从节点法不改变单元分析过程,对相同自由度设置同一自由度编号、独立自由度设置不同的自由度编号,在单元刚度矩阵和单元荷载向量的组装过程中实现节点的复杂连接。由于并没有舍去连接处各杆件的独立自由度,因此各杆件在连接处的独立自由度上还可以单独承受荷载。

对于图2-23的铰接问题,如果在杆件 GH 的 H 端作用有一个力偶,则不能采用杆端力释放的方法模拟,而采用主从节点法模拟则不存在难度。

对于图2-23的铰接问题,采用梁单元模拟,根据主从节点法,可以按照图2-24进行节点编号,单元节点编号方案见表2-1,主从节点约束关系见表2-2。

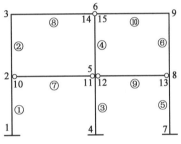

图 2-24 铰接问题的主从节点编号方法

铰接问题的节点编号方案   表 2-1

单元	1	2	3	4	5	6	7	8	9	10
节点1	1	2	4	5	7	8	10	3	12	15
节点2	2	3	5	6	8	9	11	14	13	9

铰接问题的主从节点信息(0 表示独立自由度)   表 2-2

从节点号	水平位移对应主节点	竖向位移对应主节点	转角对应主节点
10	2	2	0
11	5	5	0
12	5	5	0
13	8	8	0
14	6	6	0
15	6	6	0

杆件连接处存在多个水平位移或竖直位移的情况,可采用类似的方法处理。

编制程序时,对每个节点分配自由度的流程可参考图2-25。采用这种方法对从节点分配自由度编号时会启动主节点的自由度编号,自由度编号次序没有限制,一个从节点也可以是其他节点的主节点。

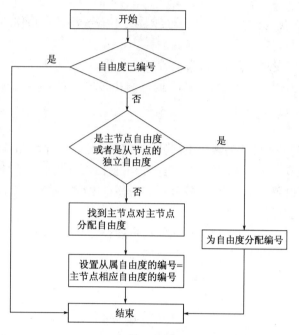

图 2-25 主从节点法中的每个自由度的编号方法

设节点类的整型成员变量 Array < int > m_DOF 用于记录节点各个自由度的编号,初始值设为 −1 表示还没有分配自由度;整型指针变量 m_pHostNode 用于记录节点的各自由度的主节点编号,m_pHostNode 为 NULL 表示该节点是主节点,没有从属信息,即全部自由度均为独立自由度,有从属信息时按节点自由度个数分配空间,成为一个数组型变量,每个元素存放该自由度对应的主节点编号,元素为 0 表示该自由度为独立自由度。基于这样的设计,考虑主从节点问题时,节点自由度的分配可采用下面的代码实现:

```
void Node_Fem::AssignDOF(int& iStart)
{//为自由度分配编号
    int nDOF = m_DOF.size();//节点的自由度个数
    for (int i = 0;i < nDOF; + +i)
    {//对自由度循环
        if (m_DOF[i] = = −1)
        {//还没有分配自由度编号
            if (m_pHostNode = = NULL || m_pHostNode[i] = =0)
            {//主节点或者从节点的独立自由度
                m_DOF[i] = iStart;//分配自由度编号
                + +iStart;
            }
            else
            {//从节点的从属自由度
```

Node_Fem * pNode = pStructure − >Find_Node(m_pHostNode[i]) ;//找主节点

pNode − >AssignDOF(iStart) ;//主节点分配自由度编号

m_DOF[i] = pNode − >m_DOF[i] ;//自由度编号与主节点的相同

　　　　　}

　　　　}

　　}

}

2.3.7　梁单元截面内力计算

　　梁单元截面上的内力计算是杆系结构有限元分析的重要分析内容。精确的内力分析方法是：在得到单元杆端受到的作用力（偶）以后，根据梁单元的内部荷载，利用截面法进行分析。

　　1）分析梁单元杆端受到的力（偶）

　　如图 2-26 所示为梁单元的某种可能受力图，X_i、Y_i、M_i 为单元在节点 i 处受到的力（偶），X_j、Y_j、M_j 为单元在节点 j 处受到的力（偶），$q(x)$ 代表单元内的非节点荷载。

　　对于如图 2-26 所示的单元，记 $\{F_{ij}\} = \begin{Bmatrix} X_i & Y_i & M_i & X_j & Y_j & M_j \end{Bmatrix}^{\mathrm{T}}$ 为单元在节点处受到的力（偶）组成的向量，$\{F_{eq}\}$ 为单元内各种非节点荷载（集中荷载、分布荷载、温度变化等）的等效节点荷载向量，则其虚功形式的平衡方程可表示为：

$$\delta \{d_e\}^{\mathrm{T}} [K_e] \{d_e\} = \delta \{d_e\}^{\mathrm{T}} \{F_{ij}\} + \delta \{d_e\}^{\mathrm{T}} \{F_{eq}\} \tag{2-230}$$

根据虚位移的任意性，得到：

$$[K_e] \{d_e\} = \{F_{ij}\} + \{F_{eq}\} \tag{2-231}$$

$$\{F_{ij}\} = [K_e] \{d_e\} - \{F_{eq}\} \tag{2-232}$$

上式表明：在已知单元节点位移的情况下，可先根据 $[K_e]\{d_e\}$ 得到与单元位移状态满足平衡条件的全部等效节点荷载；再扣除各种非节点荷载（集中荷载、分布荷载、温度变化等）引起的等效节点荷载，即可得到单元在节点处受到的力（偶）。

　　2）利用截面法分析梁单元的内力

　　在求得单元在节点处受到的力（偶）以后，可以很方便地采用截面法来分析单元在任意截面处的内力。不失一般性，可取节点 i 到 x 的梁段为研究对象（图 2-27），用 $N(x)$、$Q(x)$ 和 $M(x)$ 分别表示截面 x 上的轴力、剪力和弯矩。

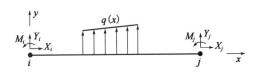

图 2-26　梁单元一般受力分析示意图

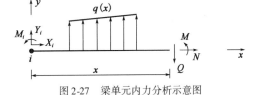

图 2-27　梁单元内力分析示意图

　　（1）杆端力对截面内力的影响

　　根据梁段平衡条件，可得到杆端力对截面内力的影响为：

$$\begin{cases} N(x) = - X_i \\ Q(x) = Y_i \\ M(x) = Y_i x - M_i \end{cases} \tag{2-233}$$

（2）各种典型单元荷载对截面内力的影响

①节点连线上的集中荷载

设 P_x 和 P_y 分别表示节点连线上 x_0 位置沿 x 轴和 y 轴的集中力，M 表示节点连线上 x_0 位置的集中力偶（图 2-28）。则集中荷载对截面内力的影响为：

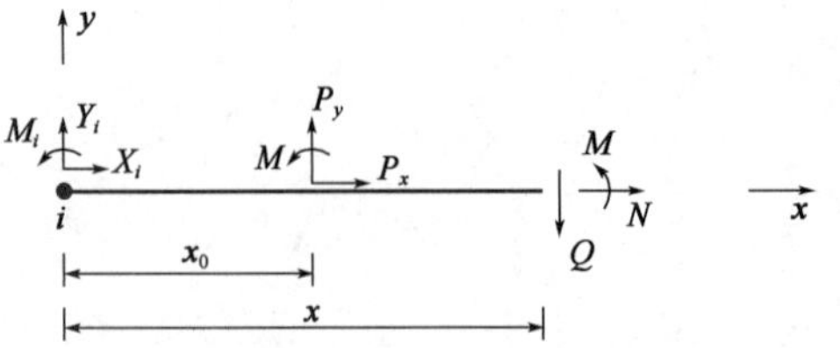

图 2-28 单元内集中荷载对内力的影响

$$\begin{cases} N(x) = 0 & ,x < x_0 \\ N(x) = -P_x & ,x \geqslant x_0 \end{cases} \tag{2-234}$$

$$\begin{cases} Q(x) = 0 & ,x < x_0 \\ Q(x) = P_y & ,x \geqslant x_0 \end{cases} \tag{2-235}$$

$$\begin{cases} M(x) = 0 & ,x < x_0 \\ M(x) = P_y(x - x_0) - M & ,x \geqslant x_0 \end{cases} \tag{2-236}$$

②作用于区间 $[x_1, x_2]$ 范围内节点连线上的 x 方向线性分布力

设 x_1 处的集度为 q_1、x_2 处的集度为 q_2，分布力可表达为：

$$q_x = \begin{cases} 0 & ,x < x_1 \\ q_1 + \dfrac{(q_2 - q_1)}{x_2 - x_1}(x - x_1) & ,x_1 \leqslant x \leqslant x_2 \\ 0 & ,x > x_2 \end{cases} \tag{2-237}$$

对截面内力的影响为：

$$\begin{cases} N(x) = 0 & ,x < x_1 \\ N(x) = -\displaystyle\int_{x_1}^{x} q_x \mathrm{d}x = -q_1(x - x_1) - \dfrac{q_2 - q_1}{2(x_2 - x_1)}(x - x_1)^2 & ,x_1 \leqslant x \leqslant x_2 \\ N(x) = -\displaystyle\int_{x_1}^{x_2} q_x \mathrm{d}x = -\dfrac{(q_2 + q_1)(x_2 - x_1)}{2} & ,x \geqslant x_2 \end{cases} \tag{2-238}$$

$$Q(x) = 0 \tag{2-239}$$

$$M(x) = 0 \tag{2-240}$$

③作用于区间 $[x_1, x_2]$ 范围内节点连线上的 y 方向线性分布力

设 x_1 处的集度为 q_1、x_2 处的集度为 q_2，分布荷载可表达为：

$$q_y(x) = \begin{cases} 0 & ,x < x_1 \\ q_1 + \dfrac{(q_2 - q_1)}{x_2 - x_1}(x - x_1) & ,x_1 \leqslant x \leqslant x_2 \\ 0 & ,x > x_2 \end{cases} \tag{2-241}$$

对截面内力的影响为：

$$N(x) = 0 \tag{2-242}$$

$$\begin{cases} Q(x) = 0 & ,x < x_1 \\ Q(x) = \int_{x_1}^{x} q_y \mathrm{d}x = q_1(x - x_1) + \dfrac{q_2 - q_1}{2(x_2 - x_1)}(x - x_1)^2 & ,x_1 \leqslant x \leqslant x_2 \\ Q(x) = \int_{x_1}^{x_2} q_y \mathrm{d}x = \dfrac{(q_2 + q_1)(x_2 - x_1)}{2} & ,x \geqslant x_2 \end{cases} \tag{2-243}$$

$$\begin{cases} M(x) = 0 & ,x < x_1 \\ M(x) = \int_{x_1}^{x} q_y(t)(x - t)\mathrm{d}t = \dfrac{(x - x_1)^2}{6(x_2 - x_1)}\left[q_1(3x_2 - x - 2x_1) + q_2(x - x_1)\right] & ,x_1 \leqslant x \leqslant x_2 \\ M(x) = \int_{x_1}^{x_2} q_y(t)(x - t)\mathrm{d}t = \dfrac{x_2 - x_1}{6}\left[q_1(3x - 2x_1 - x_2) + q_2(3x - x_1 - 2x_2)\right] & ,x \geqslant x_2 \end{cases}$$
$$\tag{2-244}$$

④作用于区间$[x_1,x_2]$范围内节点连线上的线性分布力偶

设x_1处的集度为m_1,x_2处的集度为m_2,分布力偶可表达为:

$$q_m = \begin{cases} 0 & ,x < x_1 \\ m_1 + \dfrac{(m_2 - m_1)}{x_2 - x_1}(x - x_1) & ,x_1 \leqslant x \leqslant x_2 \\ 0 & ,x > x_2 \end{cases} \tag{2-245}$$

对截面内力的影响为:

$$N(x) = 0 \tag{2-246}$$
$$Q(x) = 0 \tag{2-247}$$

$$\begin{cases} M(x) = 0 & ,x < x_1 \\ M(x) = -\int_{x_1}^{x} q_m \mathrm{d}x = -m_1(x - x_1) - \dfrac{m_2 - m_1}{2(x_2 - x_1)}(x - x_1)^2 & ,x_1 \leqslant x \leqslant x_2 \\ M(x) = -\int_{x_1}^{x_2} q_m \mathrm{d}x = -\dfrac{(m_2 + m_1)(x_2 - x_1)}{2} & ,x \geqslant x_2 \end{cases} \tag{2-248}$$

2.3.8 梁结构算例

1)静力荷载算例

对于如图 2-29 所示结构,各杆材料弹性模量为 $E = 2.0 \times 10^4 \mathrm{MPa}$,梁截面为矩形,高 0.2m,宽 0.3m,均布荷载 $q = 12\mathrm{N/m}$。求各节点的位移,并分析单元 2、3 的内力计算方法。

解:梁截面的面积为 $0.06\mathrm{m}^2$,轴惯性矩为 $2.0 \times 10^{-4}\mathrm{m}^4$。

由于节点 2、3 处为铰接,可把节点 2 作为主节点、节点 3 作为从节点,则结构的总体自由度向量为:

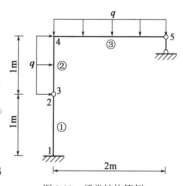

图 2-29 梁类结构算例

$$\{d\} = \{u_1 \quad v_1 \quad \theta_1 \quad u_2 \quad v_2 \quad \theta_2 \quad \theta_3 \quad u_4 \quad v_4 \quad \theta_4 \quad u_5 \quad v_5 \quad \theta_5\}^{\mathrm{T}} \tag{2-249}$$

初始化总刚矩阵为:

$$[k_s] = \begin{bmatrix}
0 & 0 & 0 & 0 & 0 & 0 & 0 & 0 & 0 & 0 & 0 & 0 & 0 \\
0 & 0 & 0 & 0 & 0 & 0 & 0 & 0 & 0 & 0 & 0 & 0 & 0 \\
0 & 0 & 0 & 0 & 0 & 0 & 0 & 0 & 0 & 0 & 0 & 0 & 0 \\
0 & 0 & 0 & 0 & 0 & 0 & 0 & 0 & 0 & 0 & 0 & 0 & 0 \\
0 & 0 & 0 & 0 & 0 & 0 & 0 & 0 & 0 & 0 & 0 & 0 & 0 \\
0 & 0 & 0 & 0 & 0 & 0 & 0 & 0 & 0 & 0 & 0 & 0 & 0 \\
0 & 0 & 0 & 0 & 0 & 0 & 0 & 0 & 0 & 0 & 0 & 0 & 0 \\
0 & 0 & 0 & 0 & 0 & 0 & 0 & 0 & 0 & 0 & 0 & 0 & 0 \\
0 & 0 & 0 & 0 & 0 & 0 & 0 & 0 & 0 & 0 & 0 & 0 & 0 \\
0 & 0 & 0 & 0 & 0 & 0 & 0 & 0 & 0 & 0 & 0 & 0 & 0 \\
0 & 0 & 0 & 0 & 0 & 0 & 0 & 0 & 0 & 0 & 0 & 0 & 0 \\
0 & 0 & 0 & 0 & 0 & 0 & 0 & 0 & 0 & 0 & 0 & 0 & 0 \\
0 & 0 & 0 & 0 & 0 & 0 & 0 & 0 & 0 & 0 & 0 & 0 & 0
\end{bmatrix} \tag{2-250}$$

(1)单元刚度矩阵计算与组装

①对于单元1:

节点取为1、2,单元的节点自由度向量取为 $\{u_1 \quad v_1 \quad \theta_1 \quad u_2 \quad v_2 \quad \theta_2\}^{\mathrm{T}}$,与整体坐标系 x 轴的夹角为 $\dfrac{\pi}{2}$。

单元坐标系下的单元刚度矩阵为:

$$[k_e^1] = 10^7 \times \begin{bmatrix}
120 & 0 & 0 & -120 & 0 & 0 \\
0 & 4.8 & 2.4 & 0 & -4.8 & 2.4 \\
0 & 2.4 & 1.6 & 0 & -2.4 & -0.8 \\
-120 & 0 & 0 & 120 & 0 & 0 \\
0 & -4.8 & -2.4 & 0 & 4.8 & -2.4 \\
0 & 2.4 & 0.8 & 0 & -2.4 & 1.6
\end{bmatrix} \tag{2-251}$$

变换到整体坐标系下后成为:

$$[k_s^1] = 10^7 \times \begin{bmatrix}
4.8 & 0 & -2.4 & -4.8 & 0 & -2.4 \\
0 & 120 & 0 & 0 & -120 & 0 \\
-2.4 & 0 & 1.6 & 2.4 & 0 & 0.8 \\
-4.8 & 0 & 2.4 & 4.8 & 0 & 2.4 \\
0 & -120 & 0 & 0 & 120 & 0 \\
-2.4 & 0 & 0.8 & 2.4 & 0 & 1.6
\end{bmatrix} \tag{2-252}$$

组装到总刚矩阵后,总刚矩阵成为:

$$
[k_s] = 10^7 \times
\begin{bmatrix}
4.8 & 0 & -2.4 & -4.8 & 0 & -2.4 & 0 & 0 & 0 & 0 & 0 & 0 \\
0 & 120 & 0 & 0 & -120 & 0 & 0 & 0 & 0 & 0 & 0 & 0 \\
-2.4 & 0 & 1.6 & 2.4 & 0 & 0.8 & 0 & 0 & 0 & 0 & 0 & 0 \\
-4.8 & 0 & 2.4 & 4.8 & 0 & 2.4 & 0 & 0 & 0 & 0 & 0 & 0 \\
0 & -120 & 0 & 0 & 120 & 0 & 0 & 0 & 0 & 0 & 0 & 0 \\
-2.4 & 0 & 0.8 & 2.4 & 0 & 1.6 & 0 & 0 & 0 & 0 & 0 & 0 \\
0 & 0 & 0 & 0 & 0 & 0 & 0 & 0 & 0 & 0 & 0 & 0 \\
0 & 0 & 0 & 0 & 0 & 0 & 0 & 0 & 0 & 0 & 0 & 0 \\
0 & 0 & 0 & 0 & 0 & 0 & 0 & 0 & 0 & 0 & 0 & 0 \\
0 & 0 & 0 & 0 & 0 & 0 & 0 & 0 & 0 & 0 & 0 & 0 \\
0 & 0 & 0 & 0 & 0 & 0 & 0 & 0 & 0 & 0 & 0 & 0 \\
0 & 0 & 0 & 0 & 0 & 0 & 0 & 0 & 0 & 0 & 0 & 0
\end{bmatrix}
$$

$$(2\text{-}253)$$

② 对于单元 2:

节点取为 3、4,由于节点 3 作为节点 2 的从节点,因此单元的节点自由度向量为 $\{u_2 \quad v_2 \quad \theta_3 \quad u_4 \quad v_4 \quad \theta_4\}^{\mathrm{T}}$,与整体坐标系 x 轴的夹角为 $\dfrac{\pi}{2}$。

由于单元 2 与单元 1 之间只相差一个平移,因此单元坐标系下的单元刚度矩阵与单元 1 的相同:

$$
[k_e^2] = 10^7 \times
\begin{bmatrix}
120 & 0 & 0 & -120 & 0 & 0 \\
0 & 4.8 & 2.4 & 0 & -4.8 & 2.4 \\
0 & 2.4 & 1.6 & 0 & -2.4 & 0.8 \\
-120 & 0 & 0 & 120 & 0 & 0 \\
0 & -4.8 & -2.4 & 0 & 4.8 & -2.4 \\
0 & 2.4 & 0.8 & 0 & -2.4 & 1.6
\end{bmatrix}
\qquad (2\text{-}254)
$$

变换到整体坐标系下后也与单元 1 的相同:

$$
[k_s^2] = 10^7 \times
\begin{bmatrix}
4.8 & 0 & -2.4 & -4.8 & 0 & -2.4 \\
0 & 120 & 0 & 0 & -120 & 0 \\
-2.4 & 0 & 1.6 & 2.4 & 0 & 0.8 \\
-4.8 & 0 & 2.4 & 4.8 & 0 & 2.4 \\
0 & -120 & 0 & 0 & 120 & 0 \\
-2.4 & 0 & 0.8 & 2.4 & 0 & 1.6
\end{bmatrix}
\qquad (2\text{-}255)
$$

组装到总刚矩阵后,总刚矩阵成为:

$$[k_s] = 10^7 \times \begin{bmatrix} 4.8 & 0 & -2.4 & -4.8 & 0 & -2.4 & 0 & 0 & 0 & 0 & 0 & 0 \\ 0 & 120 & 0 & 0 & -120 & 0 & 0 & 0 & 0 & 0 & 0 & 0 \\ -2.4 & 0 & 1.6 & 2.4 & 0 & 0.8 & 0 & 0 & 0 & 0 & 0 & 0 \\ -4.8 & 0 & 2.4 & 9.6 & 0 & 2.4 & -2.4 & -4.8 & 0 & -2.4 & 0 & 0 \\ 0 & -120 & 0 & 0 & 240 & 0 & 0 & 0 & -120 & 0 & 0 & 0 \\ -2.4 & 0 & 0.8 & 2.4 & 0 & 1.6 & 0 & 0 & 0 & 0 & 0 & 0 \\ 0 & 0 & 0 & -2.4 & 0 & 0 & 1.6 & 2.4 & 0 & 0.8 & 0 & 0 \\ 0 & 0 & 0 & -4.8 & 0 & 0 & 2.4 & 4.8 & 0 & 2.4 & 0 & 0 \\ 0 & 0 & 0 & 0 & -120 & 0 & 0 & 0 & 120 & 0 & 0 & 0 \\ 0 & 0 & 0 & -2.4 & 0 & 0 & 0.8 & 2.4 & 0 & 1.6 & 0 & 0 \\ 0 & 0 & 0 & 0 & 0 & 0 & 0 & 0 & 0 & 0 & 0 & 0 \\ 0 & 0 & 0 & 0 & 0 & 0 & 0 & 0 & 0 & 0 & 0 & 0 \end{bmatrix}$$

$$(2\text{-}256)$$

③对于单元 3:

节点取为 4、5,单元的节点自由度向量取为 $\{u_4 \quad v_4 \quad \theta_4 \quad u_5 \quad v_5 \quad \theta_5\}^T$,与整体坐标系 x 轴的夹角为 0。

单元坐标系和整体坐标系下的单元刚度矩阵均为:

$$[k_e^3] = [k_s^3] = 10^7 \times \begin{bmatrix} 60 & 0 & 0 & -60 & 0 & 0 \\ 0 & 0.6 & 0.6 & 0 & -0.6 & 0.6 \\ 0 & 0.6 & 0.8 & 0 & -0.6 & 0.4 \\ -60 & 0 & 0 & 60 & 0 & 0 \\ 0 & -0.6 & -0.6 & 0 & 0.6 & -0.6 \\ 0 & 0.6 & 0.4 & 0 & -0.6 & 0.8 \end{bmatrix} \qquad (2\text{-}257)$$

组装到总刚矩阵后,总刚矩阵成为:

$$[k_s] = 10^7 \times \begin{bmatrix} 4.8 & 0 & -2.4 & -4.8 & 0 & -2.4 & 0 & 0 & 0 & 0 & 0 & 0 & 0 \\ 0 & 120 & 0 & 0 & -120 & 0 & 0 & 0 & 0 & 0 & 0 & 0 & 0 \\ -2.4 & 0 & 1.6 & 2.4 & 0 & 0.8 & 0 & 0 & 0 & 0 & 0 & 0 & 0 \\ -4.8 & 0 & 2.4 & 9.6 & 0 & 2.4 & -2.4 & -4.8 & 0 & -2.4 & 0 & 0 & 0 \\ 0 & -120 & 0 & 0 & 240 & 0 & 0 & 0 & -120 & 0 & 0 & 0 & 0 \\ -2.4 & 0 & 0.8 & 2.4 & 0 & 1.6 & 0 & 0 & 0 & 0 & 0 & 0 & 0 \\ 0 & 0 & 0 & -2.4 & 0 & 0 & 1.6 & 2.4 & 0 & 0.8 & 0 & 0 & 0 \\ 0 & 0 & 0 & -4.8 & 0 & 0 & 2.4 & 64.8 & 0 & 2.4 & -60 & 0 & 0 \\ 0 & 0 & 0 & 0 & -120 & 0 & 0 & 0 & 120.6 & 0.6 & 0 & -0.6 & 0.6 \\ 0 & 0 & 0 & -2.4 & 0 & 0 & 0.8 & 2.4 & 0.6 & 2.4 & 0 & -0.6 & 0.4 \\ 0 & 0 & 0 & 0 & 0 & 0 & 0 & -60 & 0 & 0 & 60 & 0 & 0 \\ 0 & 0 & 0 & 0 & 0 & 0 & 0 & 0 & -0.6 & -0.6 & 0 & 0.6 & -0.6 \\ 0 & 0 & 0 & 0 & 0 & 0 & 0 & 0 & 0.6 & 0.4 & 0 & -0.6 & 0.8 \end{bmatrix}$$

$$(2\text{-}258)$$

（2）等效节点荷载计算与组装

初始化整体结构荷载向量：

$$\{F_{\mathrm{s}}\} = \{0\ 0\ 0\ 0\ 0\ 0\ 0\ 0\ 0\ 0\ 0\ 0\ 0\ 0\ 0\}^{\mathrm{T}} \tag{2-259}$$

单元 2 上的作用的均布荷载按单元等效节点力计算公式进行计算，可得到单元坐标系下的单元等效节点荷载：

$$\{F_{\mathrm{e}}^2\} = \int_0^L \left\{ \begin{matrix} 0 \\ N_2 \\ N_3 \\ 0 \\ N_5 \\ N_6 \end{matrix} \right\} q\mathrm{d}x = \left\{ \begin{matrix} 0 \\ -6 \\ -1 \\ 0 \\ -6 \\ 1 \end{matrix} \right\} \tag{2-260}$$

变换为整体坐标系下后成为：

$$\{F_{\mathrm{s}}^2\} = \left\{ \begin{matrix} 6 \\ 0 \\ -1 \\ 6 \\ 0 \\ 1 \end{matrix} \right\} \tag{2-261}$$

组装完成后，结构整体荷载向量成为：

$$\{F_{\mathrm{s}}\} = \{0\ 0\ 0\ \mathbf{6}\ 0\ 0\ -\mathbf{1}\ \mathbf{6}\ 0\ \mathbf{1}\ 0\ 0\ 0\ 0\}^{\mathrm{T}} \tag{2-262}$$

单元 3 上作用的均布荷载可按单元等效节点力计算公式进行计算，由于单元 3 的单元坐标系与整体坐标系方位一致，无需进行坐标变换，可以按照单元的节点位移向量直接组装为整体荷载向量。

单元等效节点荷载向量为：

$$\{F_{\mathrm{e}}^3\} = \{F_{\mathrm{s}}^3\} = \int_0^L \left\{ \begin{matrix} 0 \\ N_2 \\ N_3 \\ 0 \\ N_5 \\ N_6 \end{matrix} \right\} q\mathrm{d}x = \left\{ \begin{matrix} 0 \\ -12 \\ -4 \\ 0 \\ -12 \\ 4 \end{matrix} \right\} \tag{2-263}$$

组装完成后，结构整体荷载向量成为：

$$\{F_{\mathrm{s}}\} = \{0\ 0\ 0\ 6\ 0\ 0\ -1\ 6\ -\mathbf{12}\ -\mathbf{3}\ 0\ -\mathbf{12}\ \mathbf{4}\}^{\mathrm{T}} \tag{2-264}$$

（3）结构平衡方程求解

以 X_1、Y_1、M_1 表示节点 1 处的约束反力（偶），以 Y_5 表示节点 5 处的竖向约束反力，考虑约束条件后的结构整体平衡方程为：

$$
10^7 \times
\begin{bmatrix}
4.8 & 0 & -2.4 & -4.8 & 0 & -2.4 & 0 & 0 & 0 & 0 & 0 & 0 & 0 \\
0 & 120 & 0 & 0 & -120 & 0 & 0 & 0 & 0 & 0 & 0 & 0 & 0 \\
-2.4 & 0 & 1.6 & 2.4 & 0 & 0.8 & 0 & 0 & 0 & 0 & 0 & 0 & 0 \\
-4.8 & 0 & 2.4 & 9.6 & 0 & 2.4 & -2.4 & -4.8 & 0 & -2.4 & 0 & 0 & 0 \\
0 & -120 & 0 & 0 & 240 & 0 & 0 & 0 & -120 & 0 & 0 & 0 & 0 \\
-2.4 & 0 & 0.8 & 2.4 & 0 & 1.6 & 0 & 0 & 0 & 0 & 0 & 0 & 0 \\
0 & 0 & 0 & -2.4 & 0 & 0 & 1.6 & 2.4 & 0 & 0.8 & 0 & 0 & 0 \\
0 & 0 & 0 & -4.8 & 0 & 0 & 2.4 & 64.8 & 0 & 2.4 & -60 & 0 & 0 \\
0 & 0 & 0 & 0 & -120 & 0 & 0 & 0 & 120.6 & 0.6 & 0 & -0.6 & 0.6 \\
0 & 0 & 0 & -2.4 & 0 & 0 & 0.8 & 2.4 & 0.6 & 2.4 & 0 & -0.6 & 0.4 \\
0 & 0 & 0 & 0 & 0 & 0 & 0 & -60 & 0 & 0 & 60 & 0 & 0 \\
0 & 0 & 0 & 0 & 0 & 0 & 0 & 0 & -0.6 & -0.6 & 0 & 0.6 & -0.6 \\
0 & 0 & 0 & 0 & 0 & 0 & 0 & 0 & 0.6 & 0.4 & 0 & -0.6 & 0.8
\end{bmatrix}
\begin{Bmatrix}
-u_1 \\
-v_1 \\
\theta_1 \\
u_2 \\
v_2 \\
\theta_2 \\
\theta_3 \\
u_4 \\
v_4 \\
\theta_4 \\
u_5 \\
-v_5 \\
\theta_5
\end{Bmatrix}
=
\begin{Bmatrix}
X_1 \\
Y_1 \\
M_1 \\
6 \\
0 \\
0 \\
-1 \\
6 \\
-12 \\
-3 \\
0 \\
Y_5 - 12 \\
4
\end{Bmatrix}
$$

$$(2\text{-}265)$$

解得：

$$
\begin{Bmatrix}
u_1 \\
v_1 \\
\theta_1 \\
u_2 \\
v_2 \\
\theta_2 \\
\theta_3 \\
u_4 \\
v_4 \\
\theta_4 \\
u_5 \\
v_5 \\
\theta_5
\end{Bmatrix}
= 10^{-9} \times
\begin{Bmatrix}
0 \\
0 \\
0 \\
1000 \\
-7.5 \\
-1500 \\
-2992.5 \\
3617.5 \\
-15 \\
-1992.5 \\
3617.5 \\
0 \\
1507.5
\end{Bmatrix}
$$

$$(2\text{-}266)$$

（4）单元 3 的内力分析

利用单元 3 的单元刚度矩阵和节点位移，可计算得到单元 3 与节点位移满足平衡条件的全部等效节点荷载向量为：

$$
\{F_e\} = 10^7 \times
\begin{bmatrix}
60 & 0 & 0 & -60 & 0 & 0 \\
0 & 0.6 & 0.6 & 0 & -0.6 & 0.6 \\
0 & 0.6 & 0.8 & 0 & -0.6 & 0.4 \\
-60 & 0 & 0 & 60 & 0 & 0 \\
0 & -0.6 & -0.6 & 0 & 0.6 & -0.6 \\
0 & 0.6 & 0.4 & 0 & -0.6 & 0.8
\end{bmatrix}
\times 10^{-9} \times
\begin{Bmatrix}
3617.5 \\
-15 \\
-1992.5 \\
3617.5 \\
0 \\
1507.5
\end{Bmatrix}
=
\begin{Bmatrix}
0 \\
-3 \\
-10 \\
0 \\
3 \\
4
\end{Bmatrix}
$$

$$(2\text{-}267)$$

设单元 3 的受力图如图 2-30 所示。

单元 3 两端的作用力等于从上面 $\{F_e\}$ 中扣除单元上均布荷载引起的等效节点荷载 $\{F_e^3\}$：

$$\begin{Bmatrix} X_4 \\ Y_4 \\ M_4 \\ X_5 \\ Y_5 \\ M_5 \end{Bmatrix} = \begin{Bmatrix} 0 \\ -3 \\ -10 \\ 0 \\ 3 \\ 4 \end{Bmatrix} - \begin{Bmatrix} 0 \\ -12 \\ -4 \\ 0 \\ -12 \\ 4 \end{Bmatrix} = \begin{Bmatrix} 0 \\ 9 \\ -6 \\ 0 \\ 15 \\ 0 \end{Bmatrix} \qquad (2\text{-}268)$$

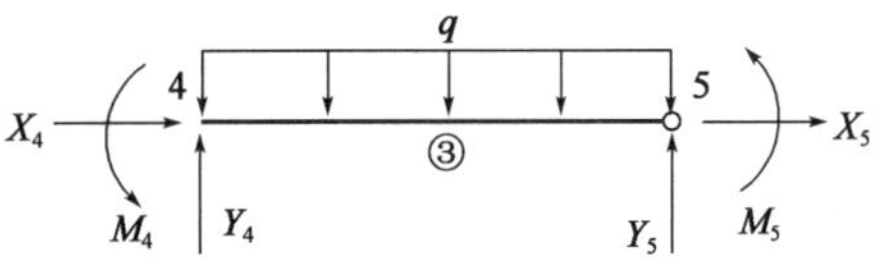

图 2-30 单元 3 的受力图

从上面结果可以看出，$X_5 = 0$、$M_5 = 0$ 与单元 3 在节点 5 处的约束状态相适应，杆端力与分布荷载满足单元的静力平衡条件。

利用杆端力，通过截面法很容易算得单元 3 在各截面处的内力。

（5）单元 2 的内力分析

根据式(2-266)的解，可得到单元 2 在整体坐标系下的位移为：

$$\begin{Bmatrix} u_3 \\ v_3 \\ \theta_3 \\ u_4 \\ v_4 \\ \theta_4 \end{Bmatrix} = \begin{Bmatrix} u_2 \\ v_2 \\ \theta_2 \\ u_4 \\ v_4 \\ \theta_4 \end{Bmatrix} = 10^{-9} \times \begin{Bmatrix} 1000 \\ -7.5 \\ -2992.5 \\ 3617.5 \\ -15 \\ -1992.5 \end{Bmatrix} \qquad (2\text{-}269)$$

转换到单元坐标系下的位移为：

$$\begin{Bmatrix} u'_3 \\ v'_3 \\ \theta'_3 \\ u'_4 \\ v'_4 \\ \theta'_4 \end{Bmatrix} = \begin{Bmatrix} v_3 \\ -u_3 \\ \theta_3 \\ v_4 \\ -u_4 \\ \theta_4 \end{Bmatrix} = 10^{-9} \times \begin{Bmatrix} -7.5 \\ -1000 \\ -2992.5 \\ -15 \\ -3617.5 \\ -1992.5 \end{Bmatrix} \qquad (2\text{-}270)$$

利用单元 2 在单元坐标系下的单元刚度矩阵，可计算得到单元坐标系下单元 2 的全部等效节点荷载为：

$$\{F_e\} = 10^7 \times \begin{bmatrix} 120 & 0 & 0 & -120 & 0 & 0 \\ 0 & 4.8 & 2.4 & 0 & -4.8 & 2.4 \\ 0 & 2.4 & 1.6 & 0 & -2.4 & 0.8 \\ -120 & 0 & 0 & 120 & 0 & 0 \\ 0 & -4.8 & -2.4 & 0 & 4.8 & -2.4 \\ 0 & 2.4 & 0.8 & 0 & -2.4 & 1.6 \end{bmatrix} \times 10^{-9} \times \begin{Bmatrix} -7.5 \\ -1000 \\ -2992.5 \\ -15 \\ -3617.5 \\ -1992.5 \end{Bmatrix} = \begin{Bmatrix} 9 \\ 6 \\ -1 \\ -9 \\ -6 \\ 7 \end{Bmatrix}$$

$$(2\text{-}271)$$

单元 2 在单元坐标系下的受力图如图 2-31 所示(图中,各力的上标表示单元号,下标表示作用的节点位置)。

图 2-31 单元 2 在单元坐标系下的受力图

单元 2 两端的作用力等于从式(2-271)的 $\{F_e\}$ 中扣除式(2-260)的 $\{F_e^2\}$(均布荷载引起的单元坐标系下的等效节点荷载):

$$
\begin{Bmatrix} X_3^2 \\ Y_3^2 \\ M_3^2 \\ X_4^2 \\ Y_4^2 \\ M_4^2 \end{Bmatrix} = \begin{Bmatrix} 9 \\ 6 \\ -1 \\ -9 \\ -6 \\ 7 \end{Bmatrix} - \begin{Bmatrix} 0 \\ -6 \\ -1 \\ 0 \\ -6 \\ 1 \end{Bmatrix} = \begin{Bmatrix} 9 \\ 12 \\ 0 \\ -9 \\ 0 \\ 6 \end{Bmatrix} \tag{2-272}
$$

上面结果中,$M_3^2 = 0$ 反映了单元 2 在节点 3 处的铰接约束,杆端力与分布荷载满足单元 2 的静力平衡条件;与图 2-30 对比可以发现:单元 2 和单元 3 在节点 4 处的杆端作用力满足作用力与反作用力关系。

利用杆端作用力,通过截面法很容易算得单元 2 在各截面处的内力。

2)温度荷载算例

如图 2-32 所示,梁一端固定,一端铰支。杆材料弹性模量为 $E = 2.0 \times 10^4$ MPa,热膨胀系数为 $\alpha = 1.0 \times 10^{-5}$/℃,梁截面为矩形,高 0.2m,宽 0.3m(面积为 0.06m²,轴惯性矩为 2.0×10^{-4} m⁴),沿梁高度方向具有温度梯度 10℃/m。求梁端的位移、反力。

解:划分为 1 个单元,设单元(整体)坐标系下节点 1 处的约束反力(偶)为 X_1、Y_1、M_1,节点 2 处的竖向约束反力为 Y_2,即单元的受力图如图 2-33 所示。

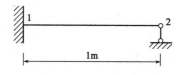

图 2-32 有温度梯度的梁结构   图 2-33 梁单元的受力图

温度变化的等效节点荷载为:

$$
\{F^T\} = EI_z\alpha \begin{Bmatrix} 0 \\ \dfrac{T_{yi} - T_{yj}}{L} \\ T_{yi} \\ 0 \\ -\dfrac{T_{yi} - T_{yj}}{L} \\ -T_{yj} \end{Bmatrix} = \begin{Bmatrix} 0 \\ 0 \\ 400 \\ 0 \\ 0 \\ -400 \end{Bmatrix} \tag{2-273}
$$

则考虑约束条件后的单元平衡方程为:

$$\begin{bmatrix} \dfrac{EA}{L} & 0 & 0 & -\dfrac{EA}{L} & 0 & 0 \\[2mm] 0 & \dfrac{12\,EI_z}{L^3} & \dfrac{6\,EI_z}{L^2} & 0 & -\dfrac{12\,EI_z}{L^3} & \dfrac{6\,EI_z}{L^2} \\[2mm] 0 & \dfrac{6\,EI_z}{L^2} & \dfrac{4\,EI_z}{L} & 0 & -\dfrac{6\,EI_z}{L^2} & \dfrac{2\,EI_z}{L} \\[2mm] -\dfrac{EA}{L} & 0 & 0 & \dfrac{EA}{L} & 0 & 0 \\[2mm] 0 & -\dfrac{12\,EI_z}{L^3} & -\dfrac{6\,EI_z}{L^2} & 0 & \dfrac{12\,EI_z}{L^3} & -\dfrac{6\,EI_z}{L^2} \\[2mm] 0 & \dfrac{6\,EI_z}{L^2} & \dfrac{2\,EI_z}{L} & 0 & -\dfrac{6\,EI_z}{L^2} & \dfrac{4\,EI_z}{L} \end{bmatrix} \begin{Bmatrix} 0 \\ 0 \\ 0 \\ u_2 \\ 0 \\ \theta_2 \end{Bmatrix} = \begin{Bmatrix} X_1 \\ Y_1 \\ M_1 + 400 \\ 0 \\ Y_2 \\ -400 \end{Bmatrix} \qquad (2\text{-}274)$$

解得:

$$\begin{cases} u_2 = 0 \\ \theta_2 = -2.5 \times 10^{-5} \end{cases} \qquad (2\text{-}275)$$

$$\begin{cases} X_1 = 0 \\ Y_1 = 600\text{N} \\ M_1 = -600\text{N} \cdot \text{m} \\ Y_2 = -600\text{N} \end{cases} \qquad (2\text{-}276)$$

2.4　习题

2-1　对于一直线桁架单元设置 3 个节点,设两端节点为 i、j,中点节点为 k,在单元局部坐标系下推导位移插值模式 $u'(x') = N_i(x')u'_i + N_j(x')u'_j + N_k(x')u'_k$ 中的插值多项式 $N_i(x')$、$N_j(x')$ 和 $N_k(x')$。

2-2　对于单元变形能 $U = \dfrac{1}{2}\{d'_e\}^{\mathrm{T}}[K'_e]\{d'_e\}$ 和单元刚度矩阵 $[K'_e] = \dfrac{EA}{L}\begin{bmatrix} 1 & -1 \\ -1 & 1 \end{bmatrix}$,验证当 $\{d'_e\} = \{a \quad b\}^{\mathrm{T}}$ 时,$U \geqslant 0$。

2-3　设 $[S] = \begin{bmatrix} \cos\alpha & \sin\alpha & 0 & 0 \\ 0 & 0 & \cos\alpha & \sin\alpha \end{bmatrix}$,证明:

(1)桁架单元在平面坐标下的单元刚度矩阵 $[K_e]$ 与单元坐标系下的单元刚度矩阵 $[K'_e]$ 存在关系:$[K_e] = [S]^{\mathrm{T}}[K'_e][S]$。

(2)桁架单元在平面坐标下的节点荷载向量 $\{F_e\}$ 与单元坐标系下的节点荷载向量 $\{F'_e\}$ 存在关系:$\{F_e\} = [S]^{\mathrm{T}}\{F'_e\}$。

2-4　推导空间 2 节点桁架单元的单元刚度矩阵。

2-5　推导平面 3 节点桁架单元的位移模式,应变、应力计算公式和单元刚度矩阵。

2-6　说明平面桁架单元、空间桁架单元、平面梁单元的独立刚体位移个数和独立变形状态个数。

2-7　建立平面 3 节点梁单元的位移模式和单元刚度矩阵。

2-8　说明有限元中结构整体刚度矩阵的性质。

2-9　对于题 2-9 图中的平面桁架结构由 6 根杆件组成，$a = 2\text{m}$、$P = 50\text{kN}$。各杆件的材料弹性模量均为 200GPa，水平和竖直杆件的截面积为 $A = 0.01\text{m}^2$，斜杆的截面积为 $\sqrt{2}A$。计算各单元的单元刚度矩阵，组装为整体刚度矩阵，求出各节点的位移和各杆的轴力。

2-10　对于题 2-10 图中的悬臂梁，利用一个梁单元计算悬臂端的位移。

2-11　对于如题 2-11 图所示的结构，利用一个梁单元计算 B 处的挠度。

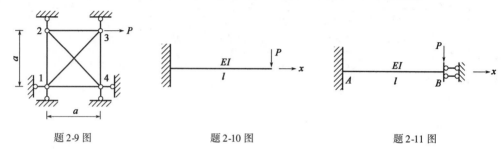

题 2-9 图　　　　　　　题 2-10 图　　　　　　　题 2-11 图

2-12　结构尺寸如题 2-12 图所示，$M = 90\text{N} \cdot \text{m}$，$P = 60\text{N}$。分别取 AB 杆、BC 杆为一个梁单元，取 AC 杆、AD 杆、CD 杆为桁架单元。

（1）按主从节点法设置节点，分配自由度。

（2）用 0 和 x（表示非零元素）表示出总刚矩阵中非零元素的状态。

（3）计算 M 和 P 的等效节点荷载，并组装为结构荷载向量。

2-13　对于题 2-13 图的结构，已知 AB 杆竖直，BC 杆水平，长度均为 2m。荷载 $P = 10\text{N}$ 作用在 AB 杆的中点 D，均布荷载 $q = 5\text{N/m}$。各部分的截面积为 $A = 0.006\text{m}^2$，惯性矩为 $I_z = 2.0 \times 10^{-8}\text{m}^4$，材料弹性模量为 $E = 200\text{GPa}$。对此结构，划分为 AB、BC 两个梁单元。

（1）计算 P 和 q 对于两个单元的等效节点荷载。

（2）计算两个单元的单元刚度矩阵，并组装为结构总刚矩阵。

（3）写出结构总体平衡方程。

（4）求解 A、B 两点的位移。

（5）画出结构的内力图。

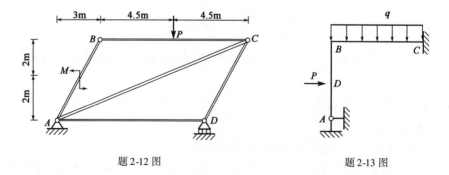

题 2-12 图　　　　　　　　　　题 2-13 图

第3章 弹性力学平面问题的有限单元法

3.1 引言

弹性力学平面问题可分为两种问题:平面应力问题和平面应变问题。对于平面问题,通常选取厚度方向为 z 方向,在分析平面内建立 xy 坐标系。

1)平面应力问题

典型情况:几何形状为薄片,外力平行于薄片平面且沿厚度方向不变,在薄片的两表面不受外力作用。

对于平面应力问题,应力分量为:

$$\begin{cases} \sigma_x = \sigma_x(x,y) \\ \sigma_y = \sigma_y(x,y) \\ \sigma_z = 0 \\ \tau_{yz} = 0 \\ \tau_{zx} = 0 \\ \tau_{xy} = \tau_{xy}(x,y) \end{cases} \tag{3-1}$$

根据 Hooke 定律,应变分量为:

$$\begin{cases} \varepsilon_x = \dfrac{1}{E}\left[\sigma_x - \mu(\sigma_y + \sigma_z)\right] = \dfrac{1}{E}(\sigma_x - \mu\sigma_y) \\[2mm] \varepsilon_y = \dfrac{1}{E}\left[\sigma_y - \mu(\sigma_x + \sigma_z)\right] = \dfrac{1}{E}(\sigma_y - \mu\sigma_x) \\[2mm] \varepsilon_z = \dfrac{1}{E}\left[\sigma_z - \mu(\sigma_x + \sigma_y)\right] = \dfrac{-\mu}{E}(\sigma_x + \sigma_y) \\[2mm] \gamma_{yz} = \dfrac{\tau_{yz}}{G} = 0 \\[2mm] \gamma_{zx} = \dfrac{\tau_{zx}}{G} = 0 \\[2mm] \gamma_{xy} = \dfrac{\tau_{xy}}{G} \end{cases} \tag{3-2}$$

上述应力应变关系的矩阵形式为：

$$\begin{Bmatrix} \varepsilon_x \\ \varepsilon_y \\ \gamma_{xy} \end{Bmatrix} = \frac{1}{E} \begin{bmatrix} 1 & -\mu & 0 \\ -\mu & 1 & 0 \\ 0 & 0 & 2(1+\mu) \end{bmatrix} \begin{Bmatrix} \sigma_x \\ \sigma_y \\ \tau_{xy} \end{Bmatrix} \tag{3-3}$$

$$\begin{Bmatrix} \sigma_x \\ \sigma_y \\ \tau_{xy} \end{Bmatrix} = \frac{E}{1-\mu^2} \begin{bmatrix} 1 & \mu & 0 \\ \mu & 1 & 0 \\ 0 & 0 & \dfrac{1-\mu}{2} \end{bmatrix} \begin{Bmatrix} \varepsilon_x \\ \varepsilon_y \\ \gamma_{xy} \end{Bmatrix} \tag{3-4}$$

2）平面应变问题

典型情况：几何形状沿长度方向不变，外力平行于横截面且沿长度方向不变，在长度方向的两端受固定约束。比如压力管道、水坝等。

平面应变问题的位移分量为：

$$\begin{cases} u = u(x,y) \\ v = v(x,y) \\ w = 0 \end{cases} \tag{3-5}$$

于是应变分量为：

$$\begin{cases} \varepsilon_x = \dfrac{\partial u}{\partial x} \\[2mm] \varepsilon_y = \dfrac{\partial v}{\partial y} \\[2mm] \varepsilon_z = \dfrac{\partial w}{\partial z} = 0 \\[2mm] \gamma_{yz} = \dfrac{\partial v}{\partial z} + \dfrac{\partial w}{\partial y} = 0 \\[2mm] \gamma_{zx} = \dfrac{\partial w}{\partial x} + \dfrac{\partial u}{\partial z} = 0 \\[2mm] \gamma_{xy} = \dfrac{\partial u}{\partial y} + \dfrac{\partial v}{\partial x} \end{cases} \tag{3-6}$$

根据 Hooke 定律，可得应力为：

$$\begin{Bmatrix} \sigma_x \\ \sigma_y \\ \tau_{xy} \end{Bmatrix} = \frac{E}{(1+\mu)(1-2\mu)} \begin{bmatrix} 1-\mu & \mu & 0 \\ \mu & 1-\mu & 0 \\ 0 & 0 & \dfrac{1-2\mu}{2} \end{bmatrix} \begin{Bmatrix} \varepsilon_x \\ \varepsilon_y \\ \gamma_{xy} \end{Bmatrix} \tag{3-7}$$

根据空间问题的本构关系，由 $\varepsilon_z = 0$ 可得：

$$\varepsilon_z = \frac{1}{E}[\sigma_z - \mu(\sigma_x + \sigma_y)] = 0 \tag{3-8}$$

$$\sigma_z = \mu(\sigma_x + \sigma_y) = \frac{E\mu}{(1+\mu)(1-2\mu)}(\varepsilon_x + \varepsilon_y) \tag{3-9}$$

如果取：$E_1 = \dfrac{E}{1-\mu^2}$、$\mu_1 = \dfrac{\mu}{1-\mu}$，可得：

$$\begin{Bmatrix} \sigma_x \\ \sigma_y \\ \tau_{xy} \end{Bmatrix} = \frac{E_1}{1-\mu_1^2} \begin{bmatrix} 1 & \mu_1 & 0 \\ \mu_1 & 1 & 0 \\ 0 & 0 & \dfrac{1-\mu_1}{2} \end{bmatrix} \begin{Bmatrix} \varepsilon_x \\ \varepsilon_y \\ \gamma_{xy} \end{Bmatrix} \tag{3-10}$$

3）平面问题的统一表示

可以将平面应力和平面应变的应力应变关系统一记为：

$$\begin{Bmatrix} \sigma_x \\ \sigma_y \\ \tau_{xy} \end{Bmatrix} = \begin{bmatrix} D \end{bmatrix} \begin{Bmatrix} \varepsilon_x \\ \varepsilon_y \\ \gamma_{xy} \end{Bmatrix} \tag{3-11}$$

对于平面应力：

$$\begin{bmatrix} D \end{bmatrix} = \frac{E}{1-\mu^2} \begin{bmatrix} 1 & \mu & 0 \\ \mu & 1 & 0 \\ 0 & 0 & \dfrac{1-\mu}{2} \end{bmatrix} \tag{3-12}$$

对于平面应变：

$$\begin{bmatrix} D \end{bmatrix} = \frac{E}{(1+\mu)(1-2\mu)} \begin{bmatrix} 1-\mu & \mu & 0 \\ \mu & 1-\mu & 0 \\ 0 & 0 & \dfrac{1-2\mu}{2} \end{bmatrix} \tag{3-13}$$

3.2　平面三角形 3 节点单元

3.2.1　位移模式分析

如图 3-1 所示，设三角形 3 节点单元的各节点坐标分别为：(x_1, y_1)、(x_2, y_2)、(x_3, y_3)；各节点位移分别为：(u_1, v_1)、(u_2, v_2)、(u_3, v_3)。这里节点编号的顺序约定按逆时针方向。

对于单元内任一点(x, y)，设其位移为：

$$u = a_1 + a_2 x + a_3 y \tag{3-14}$$

$$v = b_1 + b_2 x + b_3 y \tag{3-15}$$

根据位移 u 的节点位移条件，有：

$$\begin{cases} a_1 + a_2 x_1 + a_3 y_1 = u_1 \\ a_1 + a_2 x_2 + a_3 y_2 = u_2 \\ a_1 + a_2 x_3 + a_3 y_3 = u_3 \end{cases} \tag{3-16a}$$

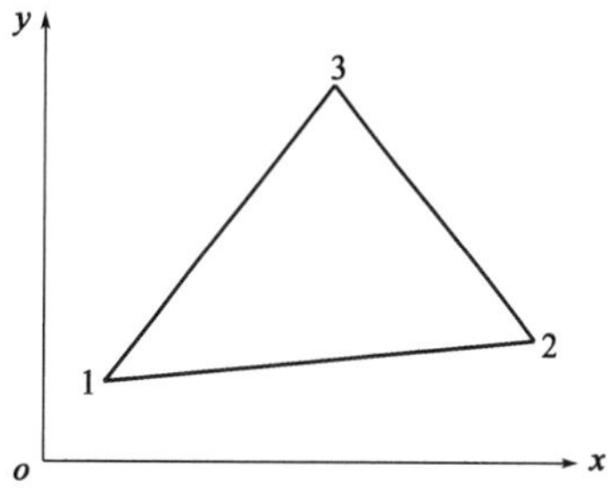

图 3-1　三角形 3 节点单元示意图

用矩阵形式可表示为：

$$
\begin{bmatrix} 1 & x_1 & y_1 \\ 1 & x_2 & y_2 \\ 1 & x_3 & y_3 \end{bmatrix} \begin{Bmatrix} a_1 \\ a_2 \\ a_3 \end{Bmatrix} = \begin{Bmatrix} u_1 \\ u_2 \\ u_3 \end{Bmatrix} \tag{3-16b}
$$

解得：

$$
\begin{Bmatrix} a_1 \\ a_2 \\ a_3 \end{Bmatrix} = \begin{bmatrix} 1 & x_1 & y_1 \\ 1 & x_2 & y_2 \\ 1 & x_3 & y_3 \end{bmatrix}^{-1} \begin{Bmatrix} u_1 \\ u_2 \\ u_3 \end{Bmatrix} = \frac{1}{\begin{vmatrix} 1 & x_1 & y_1 \\ 1 & x_2 & y_2 \\ 1 & x_3 & y_3 \end{vmatrix}} \begin{bmatrix} x_2 y_3 - x_3 y_2 & x_3 y_1 - x_1 y_3 & x_1 y_2 - x_2 y_1 \\ y_2 - y_3 & y_3 - y_1 & y_1 - y_2 \\ x_3 - x_2 & x_1 - x_3 & x_2 - x_1 \end{bmatrix} \begin{Bmatrix} u_1 \\ u_2 \\ u_3 \end{Bmatrix}
$$

$$\tag{3-17}$$

将式(3-17)代入式(3-14)，有：

$$
u = a_1 + a_2 x + a_3 y = \begin{Bmatrix} 1 & x & y \end{Bmatrix} \begin{Bmatrix} a_1 \\ a_2 \\ a_3 \end{Bmatrix}
$$

$$
= \begin{Bmatrix} 1 & x & y \end{Bmatrix} \frac{1}{\begin{vmatrix} 1 & x_1 & y_1 \\ 1 & x_2 & y_2 \\ 1 & x_3 & y_3 \end{vmatrix}} \begin{bmatrix} x_2 y_3 - x_3 y_2 & x_3 y_1 - x_1 y_3 & x_1 y_2 - x_2 y_1 \\ y_2 - y_3 & y_3 - y_1 & y_1 - y_2 \\ x_3 - x_2 & x_1 - x_3 & x_2 - x_1 \end{bmatrix} \begin{Bmatrix} u_1 \\ u_2 \\ u_3 \end{Bmatrix}
$$

$$
= \frac{1}{\begin{vmatrix} 1 & x_1 & y_1 \\ 1 & x_2 & y_2 \\ 1 & x_3 & y_3 \end{vmatrix}} \begin{Bmatrix} 1 & x & y \end{Bmatrix} \begin{bmatrix} x_2 y_3 - x_3 y_2 & x_3 y_1 - x_1 y_3 & x_1 y_2 - x_2 y_1 \\ y_2 - y_3 & y_3 - y_1 & y_1 - y_2 \\ x_3 - x_2 & x_1 - x_3 & x_2 - x_1 \end{bmatrix} \begin{Bmatrix} u_1 \\ u_2 \\ u_3 \end{Bmatrix}
$$

$$
= \begin{Bmatrix} N_1(x,y) & N_2(x,y) & N_3(x,y) \end{Bmatrix} \begin{Bmatrix} u_1 \\ u_2 \\ u_3 \end{Bmatrix}
$$

$$
= N_1(x,y) u_1 + N_2(x,y) u_2 + N_3(x,y) u_3
$$

$$
= \sum_i N_i(x,y) u_i \tag{3-18}
$$

其中，$N_1(x,y)$、$N_2(x,y)$、$N_3(x,y)$ 称为形函数（简记为 N_1、N_2、N_3）。

采用同样的推导方法可以得到：

$$v = \{N_1 \quad N_2 \quad N_3\}\begin{Bmatrix} v_1 \\ v_2 \\ v_3 \end{Bmatrix} = N_1 v_1 + N_2 v_2 + N_3 v_3 = \sum_i N_i v_i \qquad (3\text{-}19)$$

于是可得单元内任一点(x,y)处的位移计算方法——位移插值模式：

$$\begin{Bmatrix} u \\ v \end{Bmatrix} = \begin{bmatrix} N_1 & 0 & N_2 & 0 & N_3 & 0 \\ 0 & N_1 & 0 & N_2 & 0 & N_3 \end{bmatrix}\begin{Bmatrix} u_1 \\ v_1 \\ u_2 \\ v_2 \\ u_3 \\ v_3 \end{Bmatrix} = [N]\{d_e\} \qquad (3\text{-}20)$$

其中，$[N] = \begin{bmatrix} N_1 & 0 & N_2 & 0 & N_3 & 0 \\ 0 & N_1 & 0 & N_2 & 0 & N_3 \end{bmatrix}$ 为形函数矩阵，$\{d_e\} = \begin{Bmatrix} u_1 \\ v_1 \\ u_2 \\ v_2 \\ u_3 \\ v_3 \end{Bmatrix}$ 为单元节点位移

向量。

各形函数 N_1、N_2、N_3 的具体计算方法为：

$$N_1 = \frac{1}{\begin{vmatrix} 1 & x_1 & y_1 \\ 1 & x_2 & y_2 \\ 1 & x_3 & y_3 \end{vmatrix}}\{1 \quad x \quad y\}\begin{Bmatrix} x_2 y_3 - x_3 y_2 \\ y_2 - y_3 \\ x_3 - x_2 \end{Bmatrix}$$

$$= \frac{1}{\begin{vmatrix} 1 & x_1 & y_1 \\ 1 & x_2 & y_2 \\ 1 & x_3 & y_3 \end{vmatrix}}[x_2 y_3 - x_3 y_2 + x(y_2 - y_3) + y(x_3 - x_2)]$$

$$= \frac{1}{\begin{vmatrix} 1 & x_1 & y_1 \\ 1 & x_2 & y_2 \\ 1 & x_3 & y_3 \end{vmatrix}}\begin{vmatrix} 1 & x & y \\ 1 & x_2 & y_2 \\ 1 & x_3 & y_3 \end{vmatrix} \qquad (3\text{-}21)$$

$$N_2 = \frac{1}{\begin{vmatrix} 1 & x_1 & y_1 \\ 1 & x_2 & y_2 \\ 1 & x_3 & y_3 \end{vmatrix}} \{ 1 \quad x \quad y \} \begin{Bmatrix} x_3 y_1 - x_1 y_3 \\ y_3 - y_1 \\ x_1 - x_3 \end{Bmatrix}$$

$$= \frac{1}{\begin{vmatrix} 1 & x_1 & y_1 \\ 1 & x_2 & y_2 \\ 1 & x_3 & y_3 \end{vmatrix}} \left[x_3 y_1 - x_1 y_3 + x(y_3 - y_1) + y(x_1 - x_3) \right]$$

$$= \frac{1}{\begin{vmatrix} 1 & x_1 & y_1 \\ 1 & x_2 & y_2 \\ 1 & x_3 & y_3 \end{vmatrix}} \begin{vmatrix} 1 & x_1 & y_1 \\ 1 & x & y \\ 1 & x_3 & y_3 \end{vmatrix} \tag{3-22}$$

$$N_3 = \frac{1}{\begin{vmatrix} 1 & x_1 & y_1 \\ 1 & x_2 & y_2 \\ 1 & x_3 & y_3 \end{vmatrix}} \{ 1 \quad x \quad y \} \begin{Bmatrix} x_1 y_2 - x_2 y_1 \\ y_1 - y_2 \\ x_2 - x_1 \end{Bmatrix}$$

$$= \frac{1}{\begin{vmatrix} 1 & x_1 & y_1 \\ 1 & x_2 & y_2 \\ 1 & x_3 & y_3 \end{vmatrix}} \left[x_1 y_2 - x_2 y_1 + x(y_1 - y_2) + y(x_2 - x_1) \right]$$

$$= \frac{1}{\begin{vmatrix} 1 & x_1 & y_1 \\ 1 & x_2 & y_2 \\ 1 & x_3 & y_3 \end{vmatrix}} \begin{vmatrix} 1 & x_1 & y_1 \\ 1 & x_2 & y_2 \\ 1 & x & y \end{vmatrix} \tag{3-23}$$

3.2.2　形函数的基本性质

由形函数的计算公式(3-21)、式(3-22)和式(3-23)可得出形函数的如下性质：

(1)节点 i 处，形函数 $N_i = 1$、$N_{j|j \neq i} = 0$，即：

在节点 1 处，$N_1 = 1$、$N_2 = 0$、$N_3 = 0$；

在节点 2 处，$N_1 = 0$、$N_2 = 1$、$N_3 = 0$；

在节点 3 处，$N_1 = 0$、$N_2 = 0$、$N_3 = 1$。

(2)对于单元的一条边，不在该边上的节点的形函数等于 0；利用形函数插值时，只有该边上的节点实际参与插值。

例如：在 23 边上，以 t 为参数(在节点 2 处取 0，在节点 3 处取 1)，将该边的参数方程：

$$\begin{cases} x = (1 - t)x_2 + tx_3 \\ y = (1 - t)y_2 + ty_3 \end{cases} \tag{3-24}$$

代入 N_1、N_2、N_3，可得：

$$\begin{cases} N_1 = 0 \\ N_2 = 1 - t \\ N_3 = t \end{cases} \tag{3-25}$$

于是，在 23 边上，位移插值退化为由节点 2、节点 3 的位移线性插值：

$$u = N_1 u_1 + N_2 u_2 + N_3 u_3 = N_2 u_2 + N_3 u_3 = (1 - t)u_2 + tu_3 \tag{3-26}$$

$$v = N_1 v_1 + N_2 v_2 + N_3 v_3 = N_2 v_2 + N_3 v_3 = (1 - t)v_2 + tv_3 \tag{3-27}$$

上述性质对于单元边界位移的连续性具有重要意义。比如，对于图 3-2 平面三角形 3 节点单元①、②的公共边 25，由于节点 1 和节点 6 的形函数在该边上都为 0，因此该边上的位移由节点 2、节点 5 的位移按线性插值确定，保证了在该边上两单元的位移具有连续性，不会出现材料挤入和开裂的情况。

（3）对于任意点 (x, y)，有：

$$N_1 + N_2 + N_3 = 1 \tag{3-28}$$

3.2.3 形函数的几何意义

1）三角形面积计算

对于图 3-3 所示三角形，12 边和 13 边的矢量可表示为：

$$\vec{r}_{12} = (x_2 - x_1)\vec{i} + (y_2 - y_1)\vec{j} \tag{3-29}$$

$$\vec{r}_{13} = (x_3 - x_1)\vec{i} + (y_3 - y_1)\vec{j} \tag{3-30}$$

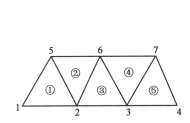

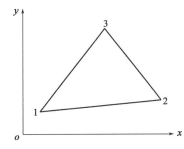

图 3-2 多个三角形 3 节点单元组成的网格   图 3-3 三角形 3 节点单元的面积分析

三角形 △123 的面积矢量（大小等于面积、方向按右手法则垂直于三角形平面的矢量）为：

$$\vec{A}_{123} = \frac{1}{2}\vec{r}_{12} \times \vec{r}_{13} = \frac{1}{2}\begin{vmatrix} \vec{i} & \vec{j} & \vec{k} \\ x_2 - x_1 & y_2 - y_1 & 0 \\ x_3 - x_1 & y_3 - y_1 & 0 \end{vmatrix}$$

$$= \frac{1}{2}\begin{vmatrix} x_2 - x_1 & y_2 - y_1 \\ x_3 - x_1 & y_3 - y_1 \end{vmatrix}\vec{k} = \frac{1}{2}\begin{vmatrix} 1 & x_1 & y_1 \\ 1 & x_2 & y_2 \\ 1 & x_3 & y_3 \end{vmatrix}\vec{k} \tag{3-31}$$

即

$$A_{123} = \frac{1}{2}\begin{vmatrix} 1 & x_1 & y_1 \\ 1 & x_2 & y_2 \\ 1 & x_3 & y_3 \end{vmatrix} \tag{3-32}$$

2)三角形 3 节点单元的面积坐标

如图 3-4 所示,三角形内一点 P 将三角形划分为 3 个小三角形,各小三角形的面积可表示为:

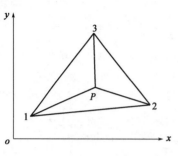

图 3-4 三角形 3 节点单元的面积坐标

$$A_{P23} = \frac{1}{2} \begin{vmatrix} 1 & x & y \\ 1 & x_2 & y_2 \\ 1 & x_3 & y_3 \end{vmatrix} \tag{3-33}$$

$$A_{1P3} = \frac{1}{2} \begin{vmatrix} 1 & x_1 & y_1 \\ 1 & x & y \\ 1 & x_3 & y_3 \end{vmatrix} \tag{3-34}$$

$$A_{12P} = \frac{1}{2} \begin{vmatrix} 1 & x_1 & y_1 \\ 1 & x_2 & y_2 \\ 1 & x & y \end{vmatrix} \tag{3-35}$$

将各小三角形面积与大三角形面积的比值定义为面积坐标 L_1、L_2、L_3:

$$L_1 = \frac{A_{P23}}{A_{123}} = \frac{1}{\begin{vmatrix} 1 & x_1 & y_1 \\ 1 & x_2 & y_2 \\ 1 & x_3 & y_3 \end{vmatrix}} \begin{vmatrix} 1 & x & y \\ 1 & x_2 & y_2 \\ 1 & x_3 & y_3 \end{vmatrix} \tag{3-36}$$

$$L_2 = \frac{A_{1P3}}{A_{123}} = \frac{1}{\begin{vmatrix} 1 & x_1 & y_1 \\ 1 & x_2 & y_2 \\ 1 & x_3 & y_3 \end{vmatrix}} \begin{vmatrix} 1 & x_1 & y_1 \\ 1 & x & y \\ 1 & x_3 & y_3 \end{vmatrix} \tag{3-37}$$

$$L_3 = \frac{A_{12P}}{A_{123}} = \frac{1}{\begin{vmatrix} 1 & x_1 & y_1 \\ 1 & x_2 & y_2 \\ 1 & x_3 & y_3 \end{vmatrix}} \begin{vmatrix} 1 & x_1 & y_1 \\ 1 & x_2 & y_2 \\ 1 & x & y \end{vmatrix} \tag{3-38}$$

很显然,3 个面积坐标与三角形 3 节点单元的形函数完全相同,即 $L_1 = N_1$、$L_2 = N_2$、$L_3 = N_3$。

由面积关系很容易得出形函数的基本性质:

(1)在节点 i 处,形函数 $N_i = 1$、$N_{j|j \neq i} = 0$。

(2)在单元的边上,不在该边上的节点的形函数为 0。

当 P 点位于 12 边时, $A_{12P} = 0$, $N_3 = 0$;

当 P 点位于 23 边时, $A_{P23} = 0$, $N_1 = 0$;

当 P 点位于 13 边时, $A_{1P3} = 0$, $N_2 = 0$。

(3) $N_1 + N_2 + N_3 = 1$ 。

(4)在三角形单元内部,$0 \leqslant N_i \leqslant 1$;在三角形单元的外部,必有一个形函数小于 0。

（5）对于三角形 3 节点单元，$\int_A N_1 \mathrm{d}A = \int_A N_2 \mathrm{d}A = \int_A N_3 \mathrm{d}A = \dfrac{A}{3}$。

证： 引入坐标变换，如图 3-5 所示：

$$\begin{cases} x = L_1 x_1 + L_2 x_2 + L_3 x_3 = (1 - L_2 - L_3)x_1 + L_2 x_2 + L_3 x_3 \\ y = L_1 y_1 + L_2 y_2 + L_3 y_3 = (1 - L_2 - L_3)y_1 + L_2 y_2 + L_3 y_3 \end{cases} \tag{3-39}$$

可以将 xy 坐标系下的任意三角形变换为 $L_2 L_3$ 坐标系下的等腰直角三角形。

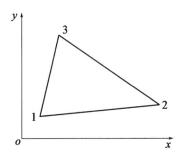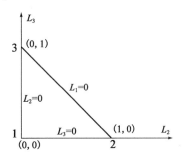

图 3-5 三角形 3 节点单元的坐标变换

在 xy 坐标系下，三角形内任一点的矢径可描述为：

$$\vec{r} = x\,\vec{i} + y\,\vec{j}$$
$$= \left[(1 - L_2 - L_3)x_1 + L_2 x_2 + L_3 x_3\right]\vec{i} + \left[(1 - L_2 - L_3)y_1 + L_2 y_2 + L_3 y_3\right]\vec{j} \tag{3-40}$$

沿 L_2 方向的微元矢径为：

$$\mathrm{d}\vec{r}_2 = (x_2 - x_1)\mathrm{d}L_2\,\vec{i} + (y_2 - y_1)\mathrm{d}L_2\,\vec{j} \tag{3-41}$$

沿 L_3 方向的微元矢径为：

$$\mathrm{d}\vec{r}_3 = (x_3 - x_1)\mathrm{d}L_3\,\vec{i} + (y_3 - y_1)\mathrm{d}L_3\,\vec{j} \tag{3-42}$$

则 xy 坐标系下的面积微元矢量可表示为：

$$\mathrm{d}\vec{A} = \mathrm{d}\vec{r}_2 \times \mathrm{d}\vec{r}_3$$

$$= \begin{vmatrix} \vec{i} & \vec{j} & \vec{k} \\ (x_2 - x_1)\mathrm{d}L_2 & (y_2 - y_1)\mathrm{d}L_2 & 0 \\ (x_3 - x_1)\mathrm{d}L_3 & (y_3 - y_1)\mathrm{d}L_3 & 0 \end{vmatrix}$$

$$= \begin{vmatrix} x_2 - x_1 & y_2 - y_1 \\ x_3 - x_1 & y_3 - y_1 \end{vmatrix} \mathrm{d}L_2\,\mathrm{d}L_3\,\vec{k}$$

$$= \begin{vmatrix} 1 & x_1 & y_1 \\ 1 & x_2 & y_2 \\ 1 & x_3 & y_3 \end{vmatrix} \mathrm{d}L_2\mathrm{d}L_3\,\vec{k}$$

$$= 2A\mathrm{d}L_2\mathrm{d}L_3\,\vec{k} \tag{3-43}$$

即有：

$$\mathrm{d}A = 2A\mathrm{d}L_2\mathrm{d}L_3 \tag{3-44}$$

于是有：

$$\int_A N_1 \mathrm{d}A = \int_A L_1 \mathrm{d}A = \int_A (1 - L_2 - L_3) \mathrm{d}A$$

$$= 2A \int_0^1 \int_0^{1-L_3} (1 - L_2 - L_3) \mathrm{d}L_2 \mathrm{d}L_3$$

$$= 2A \int_0^1 \left[(1 - L_3) L_2 \big|_0^{1-L_3} - \frac{1}{2} L_2^{\ 2} \big|_0^{1-L_3} \right] \mathrm{d}L_3$$

$$= A \int_0^1 (1 - L_3)^2 \mathrm{d}L_3$$

$$= -\frac{A}{3} (1 - L_3)^3 \big|_0^1$$

$$= \frac{A}{3} \tag{3-45}$$

$$\int_A N_2 \mathrm{d}A = \int_A L_2 \mathrm{d}A$$

$$= 2A \int_0^1 \int_0^{1-L_3} L_2 \mathrm{d}L_2 \mathrm{d}L_3$$

$$= A \int_0^1 L_2^2 \big|_0^{1-L_3} \,] \mathrm{d}L_3$$

$$= A \int_0^1 (1 - L_3)^2 \mathrm{d}L_3$$

$$= -\frac{A}{3} (1 - L_3)^3 \big|_0^1$$

$$= \frac{A}{3} \tag{3-46}$$

$$\int_A N_3 \mathrm{d}A = \int_A L_3 \mathrm{d}A$$

$$= 2A \int_0^1 \int_0^{1-L_3} L_3 \mathrm{d}L_2 \mathrm{d}L_3$$

$$= 2A \int_0^1 L_3 (1 - L_3) \mathrm{d}L_3$$

$$= 2A \int_0^1 (L_3 - L_3^{\ 2}) \mathrm{d}L_3$$

$$= 2A \left(\frac{1}{2} - \frac{1}{3} \right)$$

$$= \frac{A}{3} \tag{3-47}$$

3.2.4 应变、应力计算方法

由位移插值模式 $u = N_1 u_1 + N_2 u_2 + N_3 u_3$、$v = N_1 v_1 + N_2 v_2 + N_3 v_3$，可得：

$$\varepsilon_x = \frac{\partial u}{\partial x} = \frac{\partial N_1}{\partial x} u_1 + \frac{\partial N_2}{\partial x} u_2 + \frac{\partial N_3}{\partial x} u_3 \tag{3-48}$$

$$\varepsilon_y = \frac{\partial v}{\partial y} = \frac{\partial N_1}{\partial y}v_1 + \frac{\partial N_2}{\partial y}v_2 + \frac{\partial N_3}{\partial y}v_3 \tag{3-49}$$

$$\gamma_{xy} = \frac{\partial u}{\partial y} + \frac{\partial v}{\partial x} = \frac{\partial N_1}{\partial y}u_1 + \frac{\partial N_2}{\partial y}u_2 + \frac{\partial N_3}{\partial y}u_3 + \frac{\partial N_1}{\partial x}v_1 + \frac{\partial N_2}{\partial x}v_2 + \frac{\partial N_3}{\partial x}v_3 \tag{3-50}$$

矩阵形式为：

$$\begin{Bmatrix} \varepsilon_x \\ \varepsilon_y \\ \gamma_{xy} \end{Bmatrix} = \begin{bmatrix} \dfrac{\partial N_1}{\partial x} & 0 & \dfrac{\partial N_2}{\partial x} & 0 & \dfrac{\partial N_3}{\partial x} & 0 \\ 0 & \dfrac{\partial N_1}{\partial y} & 0 & \dfrac{\partial N_2}{\partial y} & 0 & \dfrac{\partial N_3}{\partial y} \\ \dfrac{\partial N_1}{\partial y} & \dfrac{\partial N_1}{\partial x} & \dfrac{\partial N_2}{\partial y} & \dfrac{\partial N_2}{\partial x} & \dfrac{\partial N_3}{\partial y} & \dfrac{\partial N_3}{\partial x} \end{bmatrix} \begin{Bmatrix} u_1 \\ v_1 \\ u_2 \\ v_2 \\ u_3 \\ v_3 \end{Bmatrix} = [B]\{d_e\} \tag{3-51}$$

其中，$[B] = \begin{bmatrix} \dfrac{\partial N_1}{\partial x} & 0 & \dfrac{\partial N_2}{\partial x} & 0 & \dfrac{\partial N_3}{\partial x} & 0 \\ 0 & \dfrac{\partial N_1}{\partial y} & 0 & \dfrac{\partial N_2}{\partial y} & 0 & \dfrac{\partial N_3}{\partial y} \\ \dfrac{\partial N_1}{\partial y} & \dfrac{\partial N_1}{\partial x} & \dfrac{\partial N_2}{\partial y} & \dfrac{\partial N_2}{\partial x} & \dfrac{\partial N_3}{\partial y} & \dfrac{\partial N_2}{\partial x} \end{bmatrix}$ 称为应变位移矩阵。

应力为：

$$\begin{Bmatrix} \sigma_x \\ \sigma_y \\ \tau_{xy} \end{Bmatrix} = [D] \begin{Bmatrix} \varepsilon_x \\ \varepsilon_y \\ \gamma_{xy} \end{Bmatrix} = [D][B]\{d_e\} \tag{3-52}$$

对于平面三角形 3 节点单元，由于 $N_i(i=1,2,3)$ 是 x、y 的一次多项式，$\dfrac{\partial N_i}{\partial x}$、$\dfrac{\partial N_i}{\partial y}$ 均为与位置坐标 (x,y) 无关的常数，$[B]$ 矩阵也是与位置坐标 (x,y) 无关的常矩阵。于是，在单元内各点计算得到的应变、应力均相等，平面三角形 3 节点单元也称为常应变（应力）单元。

单元内应变、应力为常量，单元之间的应变、应力呈现不连续的阶跃式变化，对于非均匀应变的描述能力差。只有单元划分得足够细小，才可能满足工程精度的要求。由于这个原因，在计算实践中，常应变三角形单元通常很少使用。

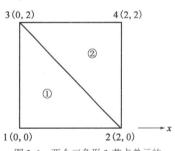

图 3-6　两个三角形 3 节点单元的应变连续性问题（单位:m）

【例 3-1】 边长为 2m 的正方形划分为两个三角形 3 节点单元（图 3-6），设各节点的位移分别为 $u_i(i=1,\cdots,4)$、$v_i(i=1,\cdots,4)$，计算单元①、②的应变。

解：对于单元①，各节点的形函数为：

$$\begin{cases} N_1 = 1 - 0.5x - 0.5y \\ N_2 = 0.5x \\ N_3 = 0.5y \end{cases} \tag{3-53}$$

$$\begin{cases} N_{1,x} = -0.5 \\ N_{2,x} = 0.5 \\ N_{3,x} = 0 \end{cases} \tag{3-54}$$

$$\begin{cases} N_{1,y} = -0.5 \\ N_{2,y} = 0 \\ N_{3,y} = 0.5 \end{cases} \tag{3-55}$$

$$\begin{cases} \varepsilon_x = N_{1,x} u_1 + N_{2,x} u_2 + N_{3,x} u_3 = 0.5(u_2 - u_1) \\ \varepsilon_y = N_{1,y} v_1 + N_{2,y} v_2 + N_{3,y} v_3 = 0.5(v_3 - v_1) \\ \gamma_{xy} = N_{1,y} u_1 + N_{2,y} u_2 + N_{3,y} u_3 + N_{1,x} v_1 + N_{2,x} v_2 + N_{3,x} v_3 = 0.5(-u_1 + u_3 - v_1 + v_2) \end{cases} \tag{3-56}$$

对于单元②,各节点的形函数为:

$$\begin{cases} N_2 = 1 - 0.5y \\ N_4 = -1 + 0.5x + 0.5y \\ N_3 = 1 - 0.5x \end{cases} \tag{3-57}$$

$$\begin{cases} N_{2,x} = 0 \\ N_{4,x} = 0.5 \\ N_{3,x} = -0.5 \end{cases} \tag{3-58}$$

$$\begin{cases} N_{2,y} = -0.5 \\ N_{4,y} = 0.5 \\ N_{3,y} = 0 \end{cases} \tag{3-59}$$

$$\begin{cases} \varepsilon_x = N_{2,x} u_2 + N_{4,x} u_4 + N_{3,x} u_3 = 0.5(u_4 - u_3) \\ \varepsilon_y = N_{2,y} v_2 + N_{4,y} v_4 + N_{3,y} v_3 = 0.5(v_4 - v_2) \\ \gamma_{xy} = N_{2,y} u_2 + N_{4,y} u_4 + N_{3,y} u_3 + N_{2,x} v_2 + N_{4,x} v_4 + N_{3,x} v_3 = 0.5(-u_2 + u_4 + v_4 - v_3) \end{cases} \tag{3-60}$$

根据式(3-56)和式(3-60)可以看出,两个单元在各自单元内为常数,在单元连接的边界处不连续。

3.2.5　单元刚度矩阵及等效节点荷载向量

下面利用变形体虚功原理推导单元刚度矩阵和等效节点力计算方法。

变形体虚功原理(虚位移原理)表述为:弹性体平衡的必要与充分条件是,对于任意的、满足位移边界条件和协调条件的虚位移,外力在虚位移上所做的总虚功等于弹性体的虚变形能。

1)单元刚度矩阵

设单元节点虚位移向量为 $\delta\{d_e\}$,单元内任一点的虚位移为:

$$\begin{Bmatrix} \delta u \\ \delta v \end{Bmatrix} = [N]\delta\{d_e\} \tag{3-61}$$

虚应变为:

$$\begin{Bmatrix} \delta\varepsilon_x \\ \delta\varepsilon_y \\ \delta\gamma_{xy} \end{Bmatrix} = [B]\delta\{d_e\} \tag{3-62}$$

虚变形能为:

$$\delta U = \int_V (\sigma_x\delta\varepsilon_x + \sigma_y\delta\varepsilon_y + \sigma_z\delta\varepsilon_z + \tau_{yz}\delta\gamma_{yz} + \tau_{zx}\delta\gamma_{zx} + \tau_{xy}\delta\gamma_{xy})\,\mathrm{d}V$$

$$= \int_V (\sigma_x\delta\varepsilon_x + \sigma_y\delta\varepsilon_y + \tau_{xy}\delta\gamma_{xy})\,\mathrm{d}V$$

$$= \int_V \{\delta\varepsilon_x \quad \delta\varepsilon_y \quad \delta\gamma_{xy}\} \begin{Bmatrix} \sigma_x \\ \sigma_y \\ \tau_{xy} \end{Bmatrix} \mathrm{d}V$$

$$= \int_V \delta\{d_e\}^{\mathrm{T}}[B]^{\mathrm{T}}[D][B]\{d_e\}\,\mathrm{d}V$$

$$= \delta\{d_e\}^{\mathrm{T}}\int_V [B]^{\mathrm{T}}[D][B]\,\mathrm{d}V\{d_e\}$$

$$= \delta\{d_e\}^{\mathrm{T}}[K_e]\{d_e\} \tag{3-63}$$

式中,$[K_e] = \int_V [B]^{\mathrm{T}}[D][B]\mathrm{d}V$ 称为单元刚度矩阵,由于 $[D]$ 的对称性,$[K_e]$ 为对称矩阵。

类似于虚变形能的推导方法,同理可得单元的弹性变形能为:

$$U = \int_V \frac{1}{2}(\sigma_x\varepsilon_x + \sigma_y\varepsilon_y + \sigma_z\varepsilon_z + \tau_{yz}\gamma_{yz} + \tau_{zx}\gamma_{zx} + \tau_{xy}\gamma_{xy})\,\mathrm{d}V = \frac{1}{2}\{d_e\}^{\mathrm{T}}[K_e]\{d_e\} \tag{3-64}$$

上述计算公式没有引入位移边界条件,因此单元可以发生任意的刚体位移。对于单元的刚体位移(不产生变形的位移),$U = 0$;对于任意的非刚体位移(产生变形的位移),$U > 0$;因此 $[K_e]$ 具有半正定的性质。

对于三角形 3 节点单元,$[B]$ 为常矩阵,因此有:

$$[K_e] = \int_V [B]^{\mathrm{T}}[D][B]\mathrm{d}V = [B]^{\mathrm{T}}[D][B]Ah \tag{3-65}$$

式中:A——三角形单元的面积;

h——单元厚度。

2)等效节点荷载向量

对于单元内集中力 $\begin{Bmatrix} P_x \\ P_y \end{Bmatrix}$(包括节点力)、单位体积分布力 $\begin{Bmatrix} f_x \\ f_y \end{Bmatrix}$ 和单元边界表面 S 上的单位面积分布力 $\begin{Bmatrix} q_x \\ q_y \end{Bmatrix}$,总虚功为:

$$\delta W = \{\delta u \quad \delta v\} \begin{Bmatrix} P_x \\ P_y \end{Bmatrix} + \int_V \{\delta u \quad \delta v\} \begin{Bmatrix} f_x \\ f_y \end{Bmatrix} \mathrm{d}V + \int_S \{\delta u \quad \delta v\} \begin{Bmatrix} q_x \\ q_y \end{Bmatrix} \mathrm{d}S$$

$$= \delta \{d_e\}^\mathrm{T} [N]^\mathrm{T} \begin{Bmatrix} P_x \\ P_y \end{Bmatrix} + \int_V \delta \{d_e\}^\mathrm{T} [N]^\mathrm{T} \begin{Bmatrix} f_x \\ f_y \end{Bmatrix} \mathrm{d}V + \int_S \delta \{d_e\}^\mathrm{T} [N]^\mathrm{T} \begin{Bmatrix} q_x \\ q_y \end{Bmatrix} \mathrm{d}S$$

$$= \delta \{d_e\}^\mathrm{T} [N]^\mathrm{T} \begin{Bmatrix} P_x \\ P_y \end{Bmatrix} + \delta \{d_e\}^\mathrm{T} \int_V [N]^\mathrm{T} \begin{Bmatrix} f_x \\ f_y \end{Bmatrix} \mathrm{d}V + \delta \{d_e\}^\mathrm{T} \int_S [N]^\mathrm{T} \begin{Bmatrix} q_x \\ q_y \end{Bmatrix} \mathrm{d}S$$

$$= \delta \{d_e\}^\mathrm{T} \left([N]^\mathrm{T} \begin{Bmatrix} P_x \\ P_y \end{Bmatrix} + \int_V [N]^\mathrm{T} \begin{Bmatrix} f_x \\ f_y \end{Bmatrix} \mathrm{d}V + \int_S [N]^\mathrm{T} \begin{Bmatrix} q_x \\ q_y \end{Bmatrix} \mathrm{d}S \right)$$

$$= \delta \{d_e\}^\mathrm{T} \{F_e\} \tag{3-66}$$

式中：$\{F_e\}$——三种荷载对应的等效节点荷载，

$$\{F_e\} = [N]^\mathrm{T} \begin{Bmatrix} P_x \\ P_y \end{Bmatrix} + \int_V [N]^\mathrm{T} \begin{Bmatrix} f_x \\ f_y \end{Bmatrix} \mathrm{d}V + \int_S [N]^\mathrm{T} \begin{Bmatrix} q_x \\ q_y \end{Bmatrix} \mathrm{d}S \tag{3-67a}$$

设单元厚度为 h，等效节点荷载还可表示为：

$$\{F_e\} = [N]^\mathrm{T} \begin{Bmatrix} P_x \\ P_y \end{Bmatrix} + h\int_A [N]^\mathrm{T} \begin{Bmatrix} f_x \\ f_y \end{Bmatrix} \mathrm{d}A + h\int_l [N]^\mathrm{T} \begin{Bmatrix} q_x \\ q_y \end{Bmatrix} \mathrm{d}l \tag{3-67b}$$

（1）当 $\begin{Bmatrix} f_x \\ f_y \end{Bmatrix}$ 在单元内为常数时，有：

$$\int_V [N]^\mathrm{T} \begin{Bmatrix} f_x \\ f_y \end{Bmatrix} \mathrm{d}V = h\int_A [N]^\mathrm{T} \mathrm{d}A \begin{Bmatrix} f_x \\ f_y \end{Bmatrix} = h\int_A \begin{bmatrix} N_1 & 0 \\ 0 & N_1 \\ N_2 & 0 \\ 0 & N_2 \\ N_3 & 0 \\ 0 & N_3 \end{bmatrix}^\mathrm{T} \mathrm{d}A \begin{Bmatrix} f_x \\ f_y \end{Bmatrix} = \frac{Ah}{3} \begin{Bmatrix} f_x \\ f_y \\ f_x \\ f_y \\ f_x \\ f_y \end{Bmatrix} \tag{3-68}$$

（2）当 $\begin{Bmatrix} q_x \\ q_y \end{Bmatrix}$ 在边上为常数时，有：

①在 12 边上，沿节点 1→节点 2 的方向建立局部坐标 x'，各形函数可表示为：

$$N_1 = 1 - \frac{x'}{L_{12}}, N_2 = \frac{x'}{L_{12}}, N_3 = 0 \tag{3-69}$$

式中：L_{12}——12 边的长度。

$$\int_S [N]^T \begin{Bmatrix} q_x \\ q_y \end{Bmatrix} \mathrm{d}S = h\int_0^{L_{12}} \begin{bmatrix} 1 - \dfrac{x'}{L_{12}} & 0 \\ 0 & 1 - \dfrac{x'}{L_{12}} \\ \dfrac{x'}{L_{12}} & 0 \\ 0 & \dfrac{x'}{L_{12}} \\ 0 & 0 \\ 0 & 0 \end{bmatrix}^T \mathrm{d}x' \begin{Bmatrix} q_x \\ q_y \end{Bmatrix} = \frac{h\,L_{12}}{2} \begin{Bmatrix} q_x \\ q_y \\ q_x \\ q_y \\ 0 \\ 0 \end{Bmatrix} \tag{3-70}$$

②在 23 边上,记 L_{23} 为 23 边的长度,类似有:

$$\int_S [N]^T \begin{Bmatrix} q_x \\ q_y \end{Bmatrix} \mathrm{d}S = \frac{h\,L_{23}}{2} \begin{Bmatrix} 0 \\ 0 \\ q_x \\ q_y \\ q_x \\ q_y \end{Bmatrix} \tag{3-71}$$

③在 13 边上,记 L_{13} 为 13 边的长度,有:

$$\int_S [N]^T \begin{Bmatrix} q_x \\ q_y \end{Bmatrix} \mathrm{d}S = \frac{h\,L_{13}}{2} \begin{Bmatrix} q_x \\ q_y \\ 0 \\ 0 \\ q_x \\ q_y \end{Bmatrix} \tag{3-72}$$

3)单元平衡方程

由变形体虚功原理有:

$$\delta U = \delta \{d_e\}^T [K_e] \{d_e\} \tag{3-73}$$

$$\delta W = \delta \{d_e\}^T \{F_e\} \tag{3-74}$$

$$\delta \{d_e\}^T [K_e] \{d_e\} = \delta \{d_e\}^T \{F_e\} \tag{3-75}$$

由虚位移的任意性有:

$$[K_e] \{d_e\} = \{F_e\} \tag{3-76}$$

上式为对于单元的单元平衡方程。

【例 3-2】 某三角形 3 节点单元,3 个节点的坐标分别为 $(0,0)$,$(3,0)$,$(0,4)$。作用在单元内的点 $(1,1)$ 处作用有一个大小等于 10N、方向沿 x 轴正向的集中力 P。求该集中力的等效节点荷载。

解:(1)形函数及形函数矩阵计算

根据面积比或形函数公式,可计算得到各形函数为:

$$N_1 = \frac{5}{12}, N_2 = \frac{4}{12}, N_3 = \frac{3}{12} \tag{3-77}$$

形函数矩阵为:

$$[N] = \frac{1}{12}\begin{bmatrix} 5 & 0 & 4 & 0 & 3 & 0 \\ 0 & 5 & 0 & 4 & 0 & 3 \end{bmatrix} \tag{3-78}$$

(2)等效节点荷载计算

$$\{F_e\} = [N]^T \begin{Bmatrix} P_x \\ P_y \end{Bmatrix} = \frac{1}{12}\begin{bmatrix} 5 & 0 \\ 0 & 5 \\ 4 & 0 \\ 0 & 4 \\ 3 & 0 \\ 0 & 3 \end{bmatrix} \begin{Bmatrix} 10 \\ 0 \end{Bmatrix} = \frac{5}{6}\begin{Bmatrix} 5 \\ 0 \\ 4 \\ 0 \\ 3 \\ 0 \end{Bmatrix} \tag{3-79}$$

【例3-3】 如图3-7所示三角形3节点单元,设13边的长度为3m,在13边作用有如图所示的分布荷载,求该分布荷载的等效节点荷载。

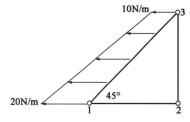

图3-7 三角形单元边上作用分布荷载

解:(1)形函数及形函数矩阵计算

在13边上,节点2的形函数 $N_2 = 0$,设 t 为节点1到节点3的位置参数,在节点1处取0,在节点3处取1,则在13边上有:

$$N_1 = 1 - t \ 、 N_3 = t \tag{3-80}$$

$$[N] = \begin{bmatrix} 1-t & 0 & 0 & 0 & t & 0 \\ 0 & 1-t & 0 & 0 & 0 & t \end{bmatrix} \tag{3-81}$$

(2)分布荷载的参数表示

在13边上,$q_y = 0$,设 $q_x = a + bt$,由:

$$t = 0, q_x = -20 \tag{3-82}$$

$$t = 1, q_x = -10 \tag{3-83}$$

可求得:

$$\begin{cases} a = -20 \\ b = 10 \end{cases} \tag{3-84}$$

于是有:

$$\begin{Bmatrix} q_x \\ q_y \end{Bmatrix} = \begin{Bmatrix} 10t - 20 \\ 0 \end{Bmatrix} \tag{3-85}$$

另外,由于 q_x 在边上为一次函数,也可直接根据形函数插值建立分布函数:

$$\begin{Bmatrix} q_x \\ q_y \end{Bmatrix} = \begin{Bmatrix} -20N_1 - 10N_3 \\ 0 \end{Bmatrix} = \begin{Bmatrix} -20(1-t) - 10t \\ 0 \end{Bmatrix} = \begin{Bmatrix} 10t - 20 \\ 0 \end{Bmatrix} \tag{3-86}$$

（3）等效节点荷载计算

$$\{F_e\} = \int_l [N]^T \begin{Bmatrix} q_x \\ q_y \end{Bmatrix} dx = l_{13} \int_0^1 [N]^T \begin{Bmatrix} q_x \\ q_y \end{Bmatrix} dt$$

$$= 3 \int_0^1 \begin{bmatrix} 1-t & 0 \\ 0 & 1-t \\ 0 & 0 \\ 0 & 0 \\ t & 0 \\ 0 & t \end{bmatrix} \begin{Bmatrix} 10t-20 \\ 0 \end{Bmatrix} dt = 3 \int_0^1 \begin{Bmatrix} (1-t)(10t-20) \\ 0 \\ 0 \\ 0 \\ t(10t-20) \\ 0 \end{Bmatrix} dt$$

$$= 3 \begin{Bmatrix} -\dfrac{25}{3} \\ 0 \\ 0 \\ 0 \\ -\dfrac{20}{3} \\ 0 \end{Bmatrix} = \begin{Bmatrix} -25 \\ 0 \\ 0 \\ 0 \\ -20 \\ 0 \end{Bmatrix} \tag{3-87}$$

3.2.6 完整算例

一个三角形薄板厚 $h = 0.1\,\mathrm{m}$，在下底面承受 $q = 10\mathrm{N/m^2}$ 的均布荷载，材料弹性模量为 $E = 200\mathrm{GPa}$，泊松比为 $\mu = 0$。求如图 3-8 所示网格下各节点位移和约束反力。

解： 以节点 1 为坐标原点，节点 1→3 方向为 x 方向，节点 1→6 方向为 y 方向，建立一个整体坐标系，可得到各节点坐标。

（1）按节点顺序对各自由度排序，取结构整体自由度向量为：

$$\{d\} = \{u_1 \quad v_1 \quad u_2 \quad v_2 \quad u_3 \quad v_3 \quad u_4 \quad v_4 \quad u_5 \quad v_5 \quad u_6 \quad v_6\}^T \tag{3-88}$$

初始化总刚矩阵为：

$$[K_s] = \begin{bmatrix} 0 & 0 & 0 & 0 & 0 & 0 & 0 & 0 & 0 & 0 & 0 & 0 \\ 0 & 0 & 0 & 0 & 0 & 0 & 0 & 0 & 0 & 0 & 0 & 0 \\ 0 & 0 & 0 & 0 & 0 & 0 & 0 & 0 & 0 & 0 & 0 & 0 \\ 0 & 0 & 0 & 0 & 0 & 0 & 0 & 0 & 0 & 0 & 0 & 0 \\ 0 & 0 & 0 & 0 & 0 & 0 & 0 & 0 & 0 & 0 & 0 & 0 \\ 0 & 0 & 0 & 0 & 0 & 0 & 0 & 0 & 0 & 0 & 0 & 0 \\ 0 & 0 & 0 & 0 & 0 & 0 & 0 & 0 & 0 & 0 & 0 & 0 \\ 0 & 0 & 0 & 0 & 0 & 0 & 0 & 0 & 0 & 0 & 0 & 0 \\ 0 & 0 & 0 & 0 & 0 & 0 & 0 & 0 & 0 & 0 & 0 & 0 \\ 0 & 0 & 0 & 0 & 0 & 0 & 0 & 0 & 0 & 0 & 0 & 0 \\ 0 & 0 & 0 & 0 & 0 & 0 & 0 & 0 & 0 & 0 & 0 & 0 \\ 0 & 0 & 0 & 0 & 0 & 0 & 0 & 0 & 0 & 0 & 0 & 0 \end{bmatrix} \tag{3-89}$$

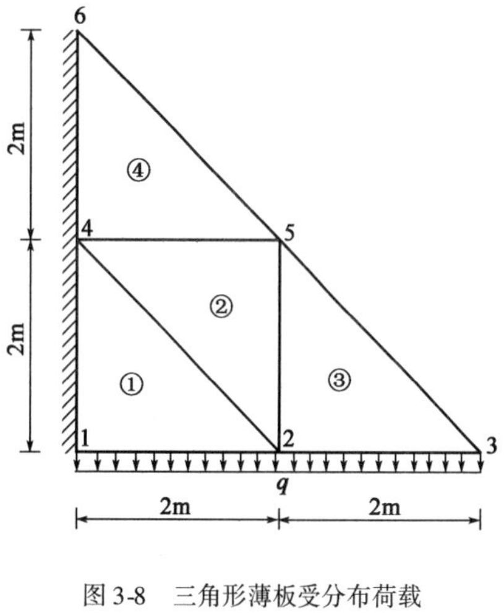

图 3-8 三角形薄板受分布荷载

（2）计算单元①的单元刚度矩阵，组装到总刚矩阵。

对于单元①，设节点顺序为1、2、4，则有：

$$2A = \begin{vmatrix} 1 & 0 & 0 \\ 1 & 2 & 0 \\ 1 & 0 & 2 \end{vmatrix} = 4 \tag{3-90}$$

$$N_1 = \frac{1}{4}\begin{vmatrix} 1 & x & y \\ 1 & 2 & 0 \\ 1 & 0 & 2 \end{vmatrix} = 1 - 0.5x - 0.5y \tag{3-91}$$

$$N_2 = \frac{1}{4}\begin{vmatrix} 1 & 0 & 0 \\ 1 & x & y \\ 1 & 0 & 2 \end{vmatrix} = 0.5x \tag{3-92}$$

$$N_3 = \frac{1}{4}\begin{vmatrix} 1 & 0 & 0 \\ 1 & 2 & 0 \\ 1 & x & y \end{vmatrix} = 0.5y \tag{3-93}$$

$$\frac{\partial N_1}{\partial x} = -0.5, \frac{\partial N_1}{\partial y} = -0.5, \frac{\partial N_2}{\partial x} = 0.5, \frac{\partial N_2}{\partial y} = 0, \frac{\partial N_3}{\partial x} = 0, \frac{\partial N_3}{\partial y} = 0.5 \tag{3-94}$$

$$[B] = \begin{bmatrix} \frac{\partial N_1}{\partial x} & 0 & \frac{\partial N_2}{\partial x} & 0 & \frac{\partial N_3}{\partial x} & 0 \\ 0 & \frac{\partial N_1}{\partial y} & 0 & \frac{\partial N_2}{\partial y} & 0 & \frac{\partial N_3}{\partial y} \\ \frac{\partial N_1}{\partial y} & \frac{\partial N_1}{\partial x} & \frac{\partial N_2}{\partial y} & \frac{\partial N_2}{\partial x} & \frac{\partial N_3}{\partial y} & \frac{\partial N_2}{\partial x} \end{bmatrix} = 0.5\begin{bmatrix} -1 & 0 & 1 & 0 & 0 & 0 \\ 0 & -1 & 0 & 0 & 0 & 1 \\ -1 & -1 & 0 & 1 & 1 & 0 \end{bmatrix} \tag{3-95}$$

$$[D] = \frac{E}{1-\mu^2}\begin{bmatrix} 1 & \mu & 0 \\ \mu & 1 & 0 \\ 0 & 0 & \frac{1-\mu}{2} \end{bmatrix} = 2.0 \times 10^{11}\begin{bmatrix} 1 & 0 & 0 \\ 0 & 1 & 0 \\ 0 & 0 & 0.5 \end{bmatrix} \tag{3-96}$$

单元刚度矩阵为：

$$[K_e] = \int_V [B]^T[D][B]dV = [B]^T[D][B]Ah = 10^9 \times \begin{bmatrix} 15 & 5 & -10 & -5 & -5 & 0 \\ 5 & 15 & 0 & -5 & -5 & -10 \\ -10 & 0 & 10 & 0 & 0 & 0 \\ -5 & -5 & 0 & 5 & 5 & 0 \\ -5 & -5 & 0 & 5 & 5 & 0 \\ 0 & -10 & 0 & 0 & 0 & 10 \end{bmatrix} \tag{3-97}$$

组装到总刚后，总刚成为：

$$[K_s] = 10^9 \times \begin{bmatrix} 15 & 5 & -10 & -5 & 0 & 0 & -5 & 0 & 0 & 0 & 0 & 0 \\ 5 & 15 & 0 & -5 & 0 & 0 & -5 & -10 & 0 & 0 & 0 & 0 \\ -10 & 0 & 10 & 0 & 0 & 0 & 0 & 0 & 0 & 0 & 0 & 0 \\ -5 & -5 & 0 & 5 & 0 & 0 & 5 & 0 & 0 & 0 & 0 & 0 \\ 0 & 0 & 0 & 0 & 0 & 0 & 0 & 0 & 0 & 0 & 0 & 0 \\ 0 & 0 & 0 & 0 & 0 & 0 & 0 & 0 & 0 & 0 & 0 & 0 \\ -5 & -5 & 0 & 5 & 0 & 0 & 5 & 0 & 0 & 0 & 0 & 0 \\ 0 & -10 & 0 & 0 & 0 & 0 & 0 & 10 & 0 & 0 & 0 & 0 \\ 0 & 0 & 0 & 0 & 0 & 0 & 0 & 0 & 0 & 0 & 0 & 0 \\ 0 & 0 & 0 & 0 & 0 & 0 & 0 & 0 & 0 & 0 & 0 & 0 \\ 0 & 0 & 0 & 0 & 0 & 0 & 0 & 0 & 0 & 0 & 0 & 0 \\ 0 & 0 & 0 & 0 & 0 & 0 & 0 & 0 & 0 & 0 & 0 & 0 \end{bmatrix} \tag{3-98}$$

（3）计算单元②的单元刚度矩阵，组装到总刚矩阵。

对于单元②，设节点顺序为2、5、4，则有：

$$2A = \begin{vmatrix} 1 & 2 & 0 \\ 1 & 2 & 2 \\ 1 & 0 & 2 \end{vmatrix} = 4 \tag{3-99}$$

$$N_1 = \frac{1}{4} \begin{vmatrix} 1 & x & y \\ 1 & 2 & 2 \\ 1 & 0 & 2 \end{vmatrix} = 1 - 0.5y \tag{3-100}$$

$$N_2 = \frac{1}{4} \begin{vmatrix} 1 & 2 & 0 \\ 1 & x & y \\ 1 & 0 & 2 \end{vmatrix} = -1 + 0.5x + 0.5y \tag{3-101}$$

$$N_3 = \frac{1}{4} \begin{vmatrix} 1 & 2 & 0 \\ 1 & 2 & 2 \\ 1 & x & y \end{vmatrix} = 1 - 0.5x \tag{3-102}$$

$$\frac{\partial N_1}{\partial x} = 0, \frac{\partial N_1}{\partial y} = -0.5, \frac{\partial N_2}{\partial x} = 0.5, \frac{\partial N_2}{\partial y} = 0.5, \frac{\partial N_3}{\partial x} = -0.5, \frac{\partial N_3}{\partial y} = 0 \tag{3-103}$$

$$[B] = \begin{bmatrix} \dfrac{\partial N_1}{\partial x} & 0 & \dfrac{\partial N_2}{\partial x} & 0 & \dfrac{\partial N_3}{\partial x} & 0 \\ 0 & \dfrac{\partial N_1}{\partial y} & 0 & \dfrac{\partial N_2}{\partial y} & 0 & \dfrac{\partial N_3}{\partial y} \\ \dfrac{\partial N_1}{\partial y} & \dfrac{\partial N_1}{\partial x} & \dfrac{\partial N_2}{\partial y} & \dfrac{\partial N_2}{\partial x} & \dfrac{\partial N_3}{\partial y} & \dfrac{\partial N_2}{\partial x} \end{bmatrix} = 0.5 \begin{bmatrix} 0 & 0 & 1 & 0 & -1 & 0 \\ 0 & -1 & 0 & 1 & 0 & 0 \\ -1 & 0 & 1 & 1 & 0 & -1 \end{bmatrix}$$

$$\tag{3-104}$$

$$[D] = \frac{E}{(1-\mu^2)} \begin{bmatrix} 1 & \mu & 0 \\ \mu & 1 & 0 \\ 0 & 0 & \frac{1-\mu}{2} \end{bmatrix} = 2.0 \times 10^{11} \begin{bmatrix} 1 & 0 & 0 \\ 0 & 1 & 0 \\ 0 & 0 & 0.5 \end{bmatrix} \tag{3-105}$$

单元刚度矩阵为：

$$[K_e] = \int_V [B]^T [D][B] dV = [B]^T [D][B] Ah = 10^9 \times \begin{bmatrix} 5 & 0 & -5 & -5 & 0 & 5 \\ 0 & 10 & 0 & -10 & 0 & 0 \\ -5 & 0 & 15 & 5 & -10 & -5 \\ -5 & -10 & 5 & 15 & 0 & -5 \\ 0 & 0 & -10 & 0 & 10 & 0 \\ 5 & 0 & -5 & -5 & 0 & 5 \end{bmatrix}$$

$$\tag{3-106}$$

组装到总刚后，总刚成为：

$$[K_s] = 10^9 \times \begin{bmatrix} 15 & 5 & -10 & -5 & 0 & 0 & -5 & 0 & 0 & 0 & 0 & 0 \\ 5 & 15 & 0 & -5 & 0 & 0 & -5 & -10 & 0 & 0 & 0 & 0 \\ -10 & 0 & \mathbf{15} & 0 & 0 & 0 & 0 & \mathbf{5} & -5 & -5 & 0 & 0 \\ -5 & -5 & 0 & \mathbf{15} & 0 & 0 & 5 & 0 & 0 & -\mathbf{10} & 0 & 0 \\ 0 & 0 & 0 & 0 & 0 & 0 & 0 & 0 & 0 & 0 & 0 & 0 \\ 0 & 0 & 0 & 0 & 0 & 0 & 0 & 0 & 0 & 0 & 0 & 0 \\ -5 & -5 & 0 & 5 & 0 & 0 & \mathbf{15} & 0 & -\mathbf{10} & 0 & 0 & 0 \\ 0 & -10 & \mathbf{5} & 0 & 0 & 0 & 0 & \mathbf{15} & -5 & -5 & 0 & 0 \\ 0 & 0 & -\mathbf{5} & 0 & 0 & 0 & -\mathbf{10} & -5 & \mathbf{15} & \mathbf{5} & 0 & 0 \\ 0 & 0 & -\mathbf{5} & -\mathbf{10} & 0 & 0 & 0 & -5 & \mathbf{5} & \mathbf{15} & 0 & 0 \\ 0 & 0 & 0 & 0 & 0 & 0 & 0 & 0 & 0 & 0 & 0 & 0 \\ 0 & 0 & 0 & 0 & 0 & 0 & 0 & 0 & 0 & 0 & 0 & 0 \end{bmatrix}$$

$$\tag{3-107}$$

（4）计算单元③的单元刚度矩阵，组装到总刚矩阵。

对于单元③，设节点顺序为 2、3、5，由于与单元①比较，只相差一个平移，因此其单元刚度矩阵与单元①相同：

$$[K_e] = 10^9 \times \begin{bmatrix} 15 & 5 & -10 & -5 & -5 & 0 \\ 5 & 15 & 0 & -5 & -5 & -10 \\ -10 & 0 & 10 & 0 & 0 & 0 \\ -5 & -5 & 0 & 5 & 5 & 0 \\ -5 & -5 & 0 & 5 & 5 & 0 \\ 0 & -10 & 0 & 0 & 0 & 10 \end{bmatrix} \tag{3-108}$$

组装到总刚后，总刚成为：

$$[K_s] = 10^9 \times \begin{bmatrix} 15 & 5 & -10 & -5 & 0 & 0 & -5 & 0 & 0 & 0 & 0 & 0 \\ 5 & 15 & 0 & -5 & 0 & 0 & -5 & -10 & 0 & 0 & 0 & 0 \\ -10 & 0 & \mathbf{30} & \mathbf{5} & -10 & -5 & 0 & 5 & -10 & -5 & 0 & 0 \\ -5 & -5 & \mathbf{5} & \mathbf{30} & 0 & -5 & 5 & 0 & -5 & -20 & 0 & 0 \\ 0 & 0 & -10 & 0 & 10 & 0 & 0 & 0 & 0 & 0 & 0 & 0 \\ 0 & 0 & -5 & -5 & 0 & 5 & 0 & 0 & 5 & 0 & 0 & 0 \\ -5 & -5 & 0 & 5 & 0 & 0 & 15 & 0 & -10 & 0 & 0 & 0 \\ 0 & -10 & 5 & 0 & 0 & 0 & 0 & 15 & -5 & -5 & 0 & 0 \\ 0 & 0 & -10 & -5 & 0 & 5 & -10 & -5 & \mathbf{20} & 5 & 0 & 0 \\ 0 & 0 & -5 & -20 & 0 & 0 & 0 & -5 & 5 & \mathbf{25} & 0 & 0 \\ 0 & 0 & 0 & 0 & 0 & 0 & 0 & 0 & 0 & 0 & 0 & 0 \\ 0 & 0 & 0 & 0 & 0 & 0 & 0 & 0 & 0 & 0 & 0 & 0 \end{bmatrix}$$

(3-109)

（5）计算单元④的单元刚度矩阵,组装到总刚矩阵。

对于单元④,设节点顺序为4、5、6,由于与单元①比较,只相差一个平移,因此其单元刚度矩阵与单元①相同:

$$[K_e] = 10^9 \times \begin{bmatrix} 15 & 5 & -10 & -5 & -5 & 0 \\ 5 & 15 & 0 & -5 & -5 & -10 \\ -10 & 0 & 10 & 0 & 0 & 0 \\ -5 & -5 & 0 & 5 & 5 & 0 \\ -5 & -5 & 0 & 5 & 5 & 0 \\ 0 & -10 & 0 & 0 & 0 & 10 \end{bmatrix}$$

(3-110)

组装到总刚后,总刚成为:

$$[K_s] = 10^9 \times \begin{bmatrix} 15 & 5 & -10 & -5 & 0 & 0 & -5 & 0 & 0 & 0 & 0 & 0 \\ 5 & 15 & 0 & -5 & 0 & 0 & -5 & -10 & 0 & 0 & 0 & 0 \\ -10 & 0 & 30 & 5 & -10 & -5 & 0 & 5 & -10 & -5 & 0 & 0 \\ -5 & -5 & 5 & 30 & 0 & -5 & 5 & 0 & -5 & -20 & 0 & 0 \\ 0 & 0 & -10 & 0 & 10 & 0 & 0 & 0 & 0 & 0 & 0 & 0 \\ 0 & 0 & -5 & -5 & 0 & 5 & 0 & 0 & 5 & 0 & 0 & 0 \\ -5 & -5 & 0 & 5 & 0 & 0 & \mathbf{30} & \mathbf{5} & -20 & -5 & -5 & 0 \\ 0 & -10 & 5 & 0 & 0 & 0 & \mathbf{5} & \mathbf{30} & -5 & -10 & -5 & -10 \\ 0 & 0 & -10 & -5 & 0 & 5 & -20 & -5 & \mathbf{30} & 5 & 0 & 0 \\ 0 & 0 & -5 & -20 & 0 & 0 & -5 & -10 & 5 & \mathbf{30} & 5 & 0 \\ 0 & 0 & 0 & 0 & 0 & 0 & -5 & -5 & 0 & 5 & 5 & 0 \\ 0 & 0 & 0 & 0 & 0 & 0 & -10 & 0 & 0 & 0 & 0 & \mathbf{10} \end{bmatrix}$$

(3-111)

(6)计算单元①、③边上的等效节点荷载,并组装到整体节点荷载向量。

对于单元①,根据节点顺序 1、2、4,荷载所在边为单元的 12 边,以 L_{12} 表示该边的长度,按式(3-70)可得其等效节点荷载向量为:

$$\int_S [N]^T \begin{Bmatrix} q_x \\ q_y \end{Bmatrix} dS = \frac{h\,L_{12}}{2} \begin{Bmatrix} q_x \\ q_y \\ q_x \\ q_y \\ 0 \\ 0 \end{Bmatrix} = \frac{0.1 \times 2}{2} \begin{Bmatrix} 0 \\ -10 \\ 0 \\ -10 \\ 0 \\ 0 \end{Bmatrix} = \begin{Bmatrix} 0 \\ -1 \\ 0 \\ -1 \\ 0 \\ 0 \end{Bmatrix} \tag{3-112}$$

对于单元③,根据节点顺序 2、3、5,荷载所在边为单元的 12 边,以 L_{23} 表示该边的长度,按式(3-70)可得其等效节点荷载向量为:

$$\int_S [N]^T \begin{Bmatrix} q_x \\ q_y \end{Bmatrix} dS = \frac{h\,L_{23}}{2} \begin{Bmatrix} q_x \\ q_y \\ q_x \\ q_y \\ 0 \\ 0 \end{Bmatrix} = \frac{0.1 \times 2}{2} \begin{Bmatrix} 0 \\ -10 \\ 0 \\ -10 \\ 0 \\ 0 \end{Bmatrix} = \begin{Bmatrix} 0 \\ -1 \\ 0 \\ -1 \\ 0 \\ 0 \end{Bmatrix} \tag{3-113}$$

组装到整体节点荷载向量后,整体节点荷载向量为:

$$\{F\} = \{0 \quad -1 \quad 0 \quad -2 \quad 0 \quad -1 \quad 0 \quad 0 \quad 0 \quad 0 \quad 0 \quad 0\}^T \tag{3-114}$$

以 X_i、Y_i($i=1,4,6$)表示约束对节点 1、4、6 提供的水平和竖向约束力,则整体结构完全的节点荷载向量为:

$$\{F\} = \{X_1 \quad Y_1-1 \quad 0 \quad -2 \quad 0 \quad -1 \quad X_4 \quad Y_4 \quad 0 \quad 0 \quad X_6 \quad Y_6\}^T \tag{3-115}$$

(7)考虑约束条件后,结构的整体平衡方程为:

$$10^9 \begin{bmatrix} 15 & 5 & -10 & -5 & 0 & 0 & -5 & 0 & 0 & 0 & 0 & 0 \\ 5 & 15 & 0 & -5 & 0 & 0 & -5 & -10 & 0 & 0 & 0 & 0 \\ -10 & 0 & 30 & 5 & -10 & -5 & 0 & 5 & -10 & -5 & 0 & 0 \\ -5 & -5 & 5 & 30 & 0 & -5 & 5 & 0 & -5 & -20 & 0 & 0 \\ 0 & 0 & -10 & 0 & 10 & 0 & 0 & 0 & 0 & 0 & 0 & 0 \\ 0 & 0 & -5 & -5 & 0 & 5 & 0 & 0 & 5 & 0 & 0 & 0 \\ -5 & -5 & 0 & 5 & 0 & 0 & 30 & 5 & -20 & -5 & -5 & 0 \\ 0 & -10 & 5 & 0 & 0 & 0 & 5 & 30 & -5 & -10 & -5 & -10 \\ 0 & 0 & -10 & -5 & 0 & 5 & -20 & -5 & 30 & 5 & 0 & 0 \\ 0 & 0 & -5 & -20 & 0 & 0 & -5 & -10 & 5 & 30 & 5 & 0 \\ 0 & 0 & 0 & 0 & 0 & 0 & -5 & -5 & 0 & 5 & 5 & 0 \\ 0 & 0 & 0 & 0 & 0 & 0 & 0 & -10 & 0 & 0 & 0 & 10 \end{bmatrix} \begin{Bmatrix} \bar{u}_1 \\ \bar{v}_1 \\ u_2 \\ v_2 \\ u_3 \\ v_3 \\ \bar{u}_4 \\ \bar{v}_4 \\ u_5 \\ v_5 \\ \bar{u}_6 \\ \bar{v}_6 \end{Bmatrix} = \begin{Bmatrix} X_1 \\ Y_1-1 \\ 0 \\ -2 \\ 0 \\ -1 \\ X_4 \\ Y_4 \\ 0 \\ 0 \\ X_6 \\ Y_6 \end{Bmatrix}$$

$$\tag{3-116}$$

解得：

$$10^{-10}\begin{Bmatrix} u_1 \\ v_1 \\ u_2 \\ v_2 \\ u_3 \\ v_3 \\ u_4 \\ v_4 \\ u_5 \\ v_5 \\ u_6 \\ v_6 \end{Bmatrix} = 10^{-10}\begin{Bmatrix} 0 \\ 0 \\ -1.253 \\ -3.108 \\ -1.253 \\ -6.988 \\ 0 \\ 0 \\ 0.6265 \\ -2.386 \\ 0 \\ 0 \end{Bmatrix} \qquad (3\text{-}117)$$

$$\begin{Bmatrix} X_1 \\ Y_1 \\ X_4 \\ Y_4 \\ X_6 \\ Y_6 \end{Bmatrix} = \begin{Bmatrix} 2.807 \\ 2.554 \\ -1.614 \\ 1.446 \\ -1.193 \\ 0 \end{Bmatrix} \qquad (3\text{-}118)$$

思考：各单元的应变、应力如何计算？

3.3 平面三角形 6 节点单元

平面三角形 3 节点单元内应变、应力均为常数，对非均匀应力场的描述能力差。增加单元节点提高位移插值多项式的阶次可改善单元的精度，其中平面三角形 6 节点单元就是一种常用的单元(图 3-9)。

对于 6 节点单元，由于每个位移分量可由 6 个节点的相应位移分量来进行插值，因此可引入含 6 个参数的多项式来近似模拟实际的位移场。

设各节点位移为 $(u_i, v_i)(i = 1, 6)$，对于单元内任一点(x, y)，其位移可假设为：

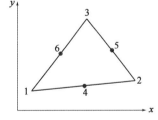

图 3-9 平面三角形 6 节点单元

$$u = a_1 + a_2 x + a_3 y + a_4 x^2 + a_5 xy + a_6 y^2 = \{1 \quad x \quad y \quad x^2 \quad xy \quad y^2\}\begin{Bmatrix} a_1 \\ a_2 \\ a_3 \\ a_4 \\ a_5 \\ a_6 \end{Bmatrix} \qquad (3\text{-}119)$$

$$v = b_1 + b_2x + b_3y + b_4x^2 + b_5xy + b_6y^2 = \{1 \quad x \quad y \quad x^2 \quad xy \quad y^2\} \begin{Bmatrix} b_1 \\ b_2 \\ b_3 \\ b_4 \\ b_5 \\ b_6 \end{Bmatrix} \quad (3\text{-}120)$$

根据位移 u 的节点位移条件,有:

$$\begin{bmatrix} 1 & x_1 & y_1 & x_1^2 & x_1y_1 & y_1^2 \\ 1 & x_2 & y_2 & x_2^2 & x_2y_2 & y_2^2 \\ 1 & x_3 & y_3 & x_3^2 & x_3y_3 & y_3^2 \\ 1 & x_4 & y_4 & x_4^2 & x_4y_4 & y_4^2 \\ 1 & x_5 & y_5 & x_5^2 & x_5y_5 & y_5^2 \\ 1 & x_6 & y_6 & x_6^2 & x_6y_6 & y_6^2 \end{bmatrix} \begin{Bmatrix} a_1 \\ a_2 \\ a_3 \\ a_4 \\ a_5 \\ a_6 \end{Bmatrix} = \begin{Bmatrix} u_1 \\ u_2 \\ u_3 \\ u_4 \\ u_5 \\ u_6 \end{Bmatrix} \quad (3\text{-}121)$$

$$\begin{Bmatrix} a_1 \\ a_2 \\ a_3 \\ a_4 \\ a_5 \\ a_6 \end{Bmatrix} = \begin{bmatrix} 1 & x_1 & y_1 & x_1^2 & x_1y_1 & y_1^2 \\ 1 & x_2 & y_2 & x_2^2 & x_2y_2 & y_2^2 \\ 1 & x_3 & y_3 & x_3^2 & x_3y_3 & y_3^2 \\ 1 & x_4 & y_4 & x_4^2 & x_4y_4 & y_4^2 \\ 1 & x_5 & y_5 & x_5^2 & x_5y_5 & y_5^2 \\ 1 & x_6 & y_6 & x_6^2 & x_6y_6 & y_6^2 \end{bmatrix}^{-1} \begin{Bmatrix} u_1 \\ u_2 \\ u_3 \\ u_4 \\ u_5 \\ u_6 \end{Bmatrix} \quad (3\text{-}122)$$

$$u = \{1 \quad x \quad y \quad x^2 \quad xy \quad y^2\} \begin{bmatrix} 1 & x_1 & y_1 & x_1^2 & x_1y_1 & y_1^2 \\ 1 & x_2 & y_2 & x_2^2 & x_2y_2 & y_2^2 \\ 1 & x_3 & y_3 & x_3^2 & x_3y_3 & y_3^2 \\ 1 & x_4 & y_4 & x_4^2 & x_4y_4 & y_4^2 \\ 1 & x_5 & y_5 & x_5^2 & x_5y_5 & y_5^2 \\ 1 & x_6 & y_6 & x_6^2 & x_6y_6 & y_6^2 \end{bmatrix}^{-1} \begin{Bmatrix} u_1 \\ u_2 \\ u_3 \\ u_4 \\ u_5 \\ u_6 \end{Bmatrix} \quad (3\text{-}123)$$

如果能将上式整理为:

$$u = \{N_1 \quad N_2 \quad N_3 \quad N_4 \quad N_5 \quad N_6\} \begin{Bmatrix} u_1 \\ u_2 \\ u_3 \\ u_4 \\ u_5 \\ u_6 \end{Bmatrix}$$

$$= N_1u_1 + N_2u_2 + N_3u_3 + N_4u_4 + N_5u_5 + N_6u_6$$
$$= \sum_i N_iu_i \quad (3\text{-}124)$$

则可得到三角形 6 节点单元的形函数 N_i。但是由于其中逆矩阵的形式难以表达,按上面过程难以得到 N_i 的显式表达,必须采取另外的方法来建立各节点的形函数。

如图 3-10 所示,三角形 3 节点单元既可用 (x, y) 坐标表达,也可用面积坐标表达,两种坐标之间具有一一对应关系。

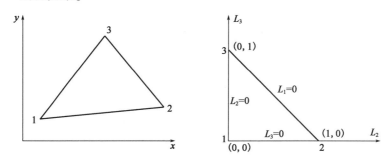

图 3-10　平面三角形 3 节点单元的坐标变换

事实上,该一一对应关系为:

$$\begin{cases} x = (1 - L_2 - L_3)x_1 + L_2 x_2 + L_3 x_3 \\ y = (1 - L_2 - L_3)y_1 + L_2 y_2 + L_3 y_3 \end{cases} \quad (3\text{-}125a)$$

用形函数表示为:

$$\begin{cases} x = N_1 x_1 + N_2 x_2 + N_3 x_3 = \sum_i N_i x_i \\ y = N_1 y_1 + N_2 y_2 + N_3 y_3 = \sum_i N_i y_i \end{cases} \quad (3\text{-}125b)$$

上式表明平面三角形 3 节点单元的坐标插值与位移插值采用了相同的插值方法。

三角形 6 节点单元的形函数可以在面积坐标系下根据形函数应该满足的条件采用逐个增加节点的方法得到。

(1)4 节点单元的形函数

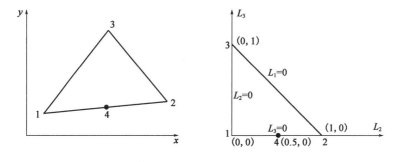

图 3-11　平面三角形 4 节点单元的面积坐标表示

如图 3-11 所示,在局部坐标系的 12 边中点增加节点 4,节点 4 的形函数 N_4 需要满足在 23 边和 13 边为 0(该两边的方程 $L_1 = 0$、$L_2 = 0$ 的乘积 $L_1 L_2$ 可同时满足此条件),在节点 4 为 1(对 $L_1 L_2$ 增加比例系数 4 可满足此条件),于是得到节点 4 的形函数为:

$$N_4 = 4L_1 L_2 = 4(1 - L_2 - L_3)L_2 \quad (3\text{-}126)$$

另外,由于 N_1、N_2 在节点 4 处不为 0,还要对 N_1、N_2 进行修改,使之在节点 4 处为 0。设 $N_1 =$

$L_1 + c_1N_4$，将节点 4 的面积坐标代入，可得 $c_1 = -\dfrac{1}{2}$。

$$N_1 = L_1 - \frac{1}{2}N_4 = 1 - L_2 - L_3 - \frac{1}{2}N_4 \tag{3-127}$$

同理：

$$N_2 = L_2 - \frac{1}{2}N_4 \tag{3-128}$$

节点 3 的形函数不必调整：

$$N_3 = L_3 \tag{3-129}$$

（2）5 节点单元的形函数

在 4 节点单元基础上，再在局部坐标系的 23 边中点增加节点 5（图 3-12），节点 5 的形函数 N_5 必须满足在 12 边和 13 边为 0，在节点 5 为 1；由于 N_2、N_3 在节点 5 处不为 0，还要对 N_2、N_3 进行修改，使之在节点 5 处为 0：

$$N_4 = 4L_1L_2 = 4(1 - L_2 - L_3)L_2 \tag{3-130}$$

$$N_5 = 4L_2L_3 \tag{3-131}$$

$$N_1 = L_1 - \frac{1}{2}N_4 = 1 - L_2 - L_3 - \frac{1}{2}N_4 \tag{3-132}$$

$$N_2 = L_2 - \frac{1}{2}N_4 - \frac{1}{2}N_5 \tag{3-133}$$

$$N_3 = L_3 - \frac{1}{2}N_5 \tag{3-134}$$

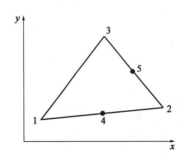 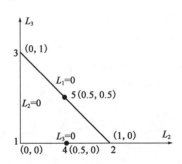

图 3-12　平面三角形 5 节点单元的面积坐标表示

（3）6 节点单元的形函数

再在局部坐标系的 13 边中点增加节点 6（图 3-13），节点 6 的形函数 N_6 必须满足在 12 边和 23 边为 0，在节点 6 为 1；另外 N_1、N_3 在节点 6 处不为 0，需要对 N_1、N_3 进行修改，使之在节点 6 处为 0：

$$N_4 = 4L_1L_2 = 4(1 - L_2 - L_3)L_2 \tag{3-135}$$

$$N_5 = 4L_2L_3 \tag{3-136}$$

$$N_6 = 4L_1L_3 = 4(1 - L_2 - L_3)L_3 \tag{3-137}$$

$$N_1 = L_1 - \frac{1}{2}N_4 - \frac{1}{2}N_6 = L_1(2L_1 - 1) = (1 - L_2 - L_3)(1 - 2L_2 - 2L_3) \tag{3-138}$$

$$N_2 = L_2 - \frac{1}{2}N_4 - \frac{1}{2}N_5 = L_2(2L_2 - 1) \tag{3-139}$$

$$N_3 = L_3 - \frac{1}{2}N_5 - \frac{1}{2}N_6 = L_3(2L_3 - 1) \tag{3-140}$$

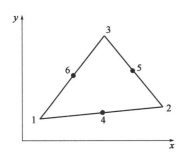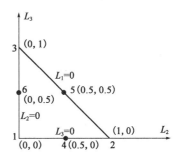

图 3-13　平面三角形 6 节点单元的面积坐标表示

上面各步建立的形函数很显然满足形函数的基本性质。基于上述形函数,可建立如下的坐标变换和位移变换:

$$\begin{cases} x = \sum_i N_i(L_2, L_3)x_i \\ y = \sum_i N_i(L_2, L_3)y_i \end{cases} \tag{3-141}$$

$$\begin{cases} u = \sum_i N_i(L_2, L_3)u_i \\ v = \sum_i N_i(L_2, L_3)v_i \end{cases} \tag{3-142}$$

在上面的变换中,用于单元几何形状和场函数的变换中,所用的节点参数个数和插值函数完全相同,这种变换称为等参变换,采用等参变换的单元称为等参元。

3.4　平面四边形 4 节点单元

对于四边形单元(图 3-14),通过如下坐标映射,可将任意四边形转化为局部坐标系下的正方形:

$$\begin{cases} x = \sum_i N_i(c, s)x_i \\ y = \sum_i N_i(c, s)y_i \end{cases} \tag{3-143}$$

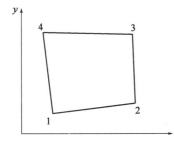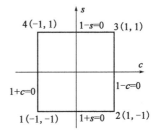

图 3-14　平面四边形 4 节点单元的面积坐标表示

其中各节点的形函数为：

$$N_1 = \frac{1}{4}(1-c)(1-s) \tag{3-144}$$

$$N_2 = \frac{1}{4}(1+c)(1-s) \tag{3-145}$$

$$N_3 = \frac{1}{4}(1+c)(1+s) \tag{3-146}$$

$$N_4 = \frac{1}{4}(1-c)(1+s) \tag{3-147}$$

可以看出，N_1 是 23 边和 34 边直线方程的乘积，其系数使得 N_1 在节点 1 处取值为 1，其他形函数具有类似的特点；某节点的形函数为除去该节点所在的边后，剩余各边直线方程的连乘积除以该连乘积在本节点处的取值，即

$$N_i = \prod_j \frac{f_j^i(c,s)}{f_j^i(c_i,s_i)} \tag{3-148}$$

式中：$f_j^i(c,s)$ ——除去节点 i 后某一条节点连线方程；

$f_j^i(c_i,s_i)$ ——该方程在节点 i 处的取值。

3.5 平面四边形变节点单元

不失一般性，以在局部坐标系的 12 边中点增加节点 5 为例进行说明（图 3-15），由于节点 5 应在除 12 边以外的其他边取值 0，因此可将 23 边、34 边和 14 边的直线方程进行连乘来进行组合，系数使得该连乘积在节点 5 处取 1（或者说，将该连乘积再除以连乘积在节点 5 处的值），于是有：

$$N_5 = \frac{1}{2}(1-c^2)(1-s) \tag{3-149}$$

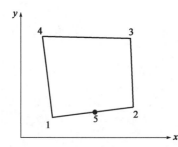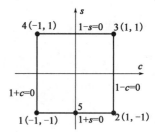

图 3-15　平面四边形 5 节点单元的面积坐标表示

增加节点 5 以后，原来的节点 3、节点 4 的形函数在节点 5 处仍然取 0，无需修改；但是节点 1、节点 2 的原来形函数在节点 5 处取值为 $\frac{1}{2}$，不为 0，需要修改为：

$$N_1 = \frac{1}{4}(1-c)(1-s) - \frac{1}{2}N_5 \tag{3-150}$$

$$N_2 = \frac{1}{4}(1+c)(1-s) - \frac{1}{2}N_5 \tag{3-151}$$

设数组 m_Nodes 记录了各节点的编号,此类单元的形函数计算方法可采用如下 C++ 程序段实现:

```cpp
void Shape_Quad(double c, double s, int * m_Nodes, double N[8])
{
    N[0] = (1 - c) * (1 - s)/4;//节点 1 形函数
    N[1] = (1 + c) * (1 - s)/4;//节点 2 形函数
    N[2] = (1 + c) * (1 + s)/4;//节点 3 形函数
    N[3] = (1 - c) * (1 + s)/4;//节点 4 形函数

    for (int i = 4; i < 8; ++i) N[i] = 0;//节点 5 - 8 的形函数初始化为 0

    if (m_Nodes[4] > 0)
    {//节点 5 存在
        N[4] = (1 - c * c) * (1 - s)/2;//节点 5 形函数
        N[0] -= N[4]/2;//修改节点 1 形函数
        N[1] -= N[4]/2;//修改节点 2 形函数
    }

    if (m_Nodes[5] > 0)
    {//节点 6 存在
        N[5] = (1 + c) * (1 - s * s)/2;//节点 6 形函数
        N[1] -= N[5]/2;//修改节点 2 形函数
        N[2] -= N[5]/2;//修改节点 3 形函数
    }

    if (m_Nodes[6] > 0)
    {//节点 7 存在
        N[6] = (1 - c * c) * (1 + s)/2;//节点 7 形函数
        N[2] -= N[6]/2;//修改节点 3 形函数
        N[3] -= N[6]/2;//修改节点 4 形函数
    }

    if (m_Nodes[7] > 0)
    {//节点 8 存在
        N[7] = (1 - c) * (1 - s * s)/2;//节点 8 形函数
        N[0] -= N[7]/2;//修改节点 1 形函数
        N[3] -= N[7]/2;//修改节点 4 形函数
    }
}
```

各形函数对局部坐标 c、s 的偏导数也可按类似方法实现。

3.6 平面四边形 8 节点单元

对于四边形 8 节点单元(图 3-16),各节点的形函数为:

$$N_1 = \frac{1}{4}(1 - c)(1 - s)(-c - s - 1) \tag{3-152}$$

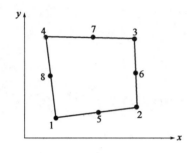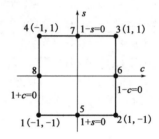

图 3-16 平面四边形 8 节点单元的面积坐标表示

上式中,$1 - c = 0$ 为节点 1、3、6 所在边的直线方程,$1 - s = 0$ 为节点 3、4、7 所在边的直线方程,$-c - s - 1 = 0$ 为节点 5、8 连线的直线方程。下面各形函数也可按此方法理解。

$$N_2 = \frac{1}{4}(1 + c)(1 - s)(c - s - 1) \tag{3-153}$$

$$N_3 = \frac{1}{4}(1 + c)(1 + s)(c + s - 1) \tag{3-154}$$

$$N_4 = \frac{1}{4}(1 - c)(1 + s)(-c + s - 1) \tag{3-155}$$

$$N_5 = \frac{1}{2}(1 - c^2)(1 - s) \tag{3-156}$$

$$N_6 = \frac{1}{2}(1 + c)(1 - s^2) \tag{3-157}$$

$$N_7 = \frac{1}{2}(1 - c^2)(1 + s) \tag{3-158}$$

$$N_8 = \frac{1}{2}(1 - c)(1 - s^2) \tag{3-159}$$

3.7 插值函数的选择

由前面各种单元的形函数可以看出,单元节点多,用于多项式的待定参数就可以增加,多项式的阶次就可以得到提高。在选择多项式插值基函数的时候,一般有如下原则:

(1)对于位移模式,由于常数项反映了刚体位移,因此多项式中必须要有常数项。

(2)对于位移模式,一次项能反映单元的常应变(应变不随坐标变化的应变部分),如果缺失一次项,就不能反映均匀应变。

(3)位移插值模式应该为单元的力学性质提供构架不变性,也就是说,由插值方式表示的场不依赖于坐标系的选择。

基函数 $x^k y^l$ 是 $k+l$ 次多项式,对于特定的正整数 n,如果多项式中包含所有的 $x^k y^l (k+l \leqslant n)$ 项,该多项式称为 n 次完全多项式。由于完全多项式具有坐标变换的阶次不变性,因此插值方式最好以完全多项式形式表现。

各阶次的完全多项式表现为一个帕斯卡三角形:

不完全多项式不具有坐标变换的阶次不变性,例如 xy 沿 $y = \mathrm{const}$ 的方向表现为 x 的一次,沿 $x = \mathrm{const}$ 的方向表现为 y 的一次。不完全多项式在某些方向会导致插值阶次的降低,使得有限元计算结果的精度下降。

如果由于节点数少不能实现完全多项式,插值方式也不能单独照顾某个坐标方向。例如,在平面情况下,如果有 x^2 作为基函数,那 y^2 也应该成为基函数;如果二次项只能取一项,则必须选 xy 作为基函数。多项式的基函数如图 3-17 所示。

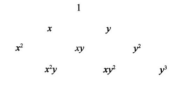

图 3-17 多项式的基函数

3.8 平面等参单元有限元列式

由于各种等参元的坐标变换和位移插值模式具有统一的表达形式,所以各种等参元的有限元列式可以统一推导。在下面的推导中,设等参元的节点个数为 n。

3.8.1 坐标变换

以上各类平面等参单元,坐标变换可统一为:

$$\begin{cases} x = \sum_i N_i(c,s) x_i \\ y = \sum_i N_i(c,s) y_i \end{cases} \tag{3-160}$$

上面变换建立了整体坐标 (x,y) 与局部坐标 (c,s) 之间的一一对应关系:

$$\begin{cases} x = x(c,s) \\ y = y(c,s) \end{cases} \tag{3-161}$$

和

$$\begin{cases} c = c(x,y) \\ s = s(x,y) \end{cases} \tag{3-162}$$

在后续计算中,需要用到 $\frac{\partial x}{\partial c}$、$\frac{\partial x}{\partial s}$、$\frac{\partial y}{\partial c}$、$\frac{\partial y}{\partial s}$ 以及 $\frac{\partial c}{\partial x}$、$\frac{\partial c}{\partial y}$、$\frac{\partial s}{\partial x}$、$\frac{\partial s}{\partial y}$,各偏导数的计算方法为:

$$\frac{\partial x}{\partial c} = \sum_i \frac{\partial N_i}{\partial c} x_i \tag{3-163}$$

$$\frac{\partial x}{\partial s} = \sum_i \frac{\partial N_i}{\partial s} x_i \tag{3-164}$$

$$\frac{\partial y}{\partial c} = \sum_i \frac{\partial N_i}{\partial c} y_i \tag{3-165}$$

$$\frac{\partial y}{\partial s} = \sum_i \frac{\partial N_i}{\partial s} y_i \tag{3-166}$$

上述各项也可统一为一个 Jacob 矩阵 $[J]$ 进行计算：

$$[J] = \begin{bmatrix} \dfrac{\partial x}{\partial c} & \dfrac{\partial y}{\partial c} \\[2mm] \dfrac{\partial x}{\partial s} & \dfrac{\partial y}{\partial s} \end{bmatrix} = \begin{bmatrix} \dfrac{\partial N_1}{\partial c} & \cdots & \dfrac{\partial N_n}{\partial c} \\[2mm] \dfrac{\partial N_1}{\partial s} & \cdots & \dfrac{\partial N_n}{\partial s} \end{bmatrix} \begin{bmatrix} x_1 & y_1 \\ \vdots & \vdots \\ x_n & y_n \end{bmatrix} \tag{3-167}$$

利用任意函数 $f(x,y)$ 对局部坐标 (c,s) 的导数计算方法：

$$\begin{Bmatrix} \dfrac{\partial f}{\partial c} \\[2mm] \dfrac{\partial f}{\partial s} \end{Bmatrix} = \begin{bmatrix} \dfrac{\partial x}{\partial c} & \dfrac{\partial y}{\partial c} \\[2mm] \dfrac{\partial x}{\partial s} & \dfrac{\partial y}{\partial s} \end{bmatrix} \begin{Bmatrix} \dfrac{\partial f}{\partial x} \\[2mm] \dfrac{\partial f}{\partial y} \end{Bmatrix} \tag{3-168}$$

分别取 $f(x,y)$ 为 c、s，可得整体坐标 (x,y) 与局部坐标 (c,s) 之间的导数变换关系：

$$\begin{bmatrix} \dfrac{\partial c}{\partial c} & \dfrac{\partial s}{\partial c} \\[2mm] \dfrac{\partial c}{\partial s} & \dfrac{\partial s}{\partial s} \end{bmatrix} = \begin{bmatrix} \dfrac{\partial x}{\partial c} & \dfrac{\partial y}{\partial c} \\[2mm] \dfrac{\partial x}{\partial s} & \dfrac{\partial y}{\partial s} \end{bmatrix} \begin{bmatrix} \dfrac{\partial c}{\partial x} & \dfrac{\partial s}{\partial x} \\[2mm] \dfrac{\partial c}{\partial y} & \dfrac{\partial s}{\partial y} \end{bmatrix} = \begin{bmatrix} 1 & 0 \\ 0 & 1 \end{bmatrix} \tag{3-169}$$

于是有：

$$\begin{bmatrix} \dfrac{\partial c}{\partial x} & \dfrac{\partial s}{\partial x} \\[2mm] \dfrac{\partial c}{\partial y} & \dfrac{\partial s}{\partial y} \end{bmatrix} = \begin{bmatrix} \dfrac{\partial x}{\partial c} & \dfrac{\partial y}{\partial c} \\[2mm] \dfrac{\partial x}{\partial s} & \dfrac{\partial y}{\partial s} \end{bmatrix}^{-1} = [J]^{-1} \tag{3-170}$$

上面公式提供了偏导数 $\dfrac{\partial c}{\partial x}$、$\dfrac{\partial c}{\partial y}$、$\dfrac{\partial s}{\partial x}$、$\dfrac{\partial s}{\partial y}$ 的计算方法。

3.8.2 位移模式

平面等参单元的位移插值模式为：

$$\begin{cases} u = \sum_i N_i u_i \\[2mm] v = \sum_i N_i v_i \end{cases} \tag{3-171}$$

矩阵形式为：

$$\begin{Bmatrix} u \\ v \end{Bmatrix} = \begin{bmatrix} N_1 & 0 & \cdots & N_n & 0 \\ 0 & N_1 & \cdots & 0 & N_n \end{bmatrix} \begin{Bmatrix} u_1 \\ v_1 \\ \vdots \\ u_n \\ v_n \end{Bmatrix} = [N]\{d_e\} \tag{3-172}$$

其中，$[N] = \begin{bmatrix} N_1 & 0 & \cdots & N_n & 0 \\ 0 & N_1 & \cdots & 0 & N_n \end{bmatrix}$ 为形函数矩阵，$\{d_e\} = \begin{Bmatrix} u_1 \\ v_1 \\ \vdots \\ u_n \\ v_n \end{Bmatrix}$ 为单元节点位移

向量。

3.8.3 应变、应力计算方法

根据位移插值模式可得应变的计算方法为：

$$\varepsilon_x = \frac{\partial u}{\partial x} = \sum_i \frac{\partial N_i}{\partial x} u_i \tag{3-173}$$

$$\varepsilon_y = \frac{\partial v}{\partial y} = \sum_i \frac{\partial N_i}{\partial y} v_i \tag{3-174}$$

$$\gamma_{xy} = \frac{\partial u}{\partial y} + \frac{\partial v}{\partial x} = \sum_i \frac{\partial N_i}{\partial y} u_i + \sum_i \frac{\partial N_i}{\partial x} v_i \tag{3-175}$$

矩阵形式为：

$$\begin{Bmatrix} \varepsilon_x \\ \varepsilon_y \\ \gamma_{xy} \end{Bmatrix} = \begin{bmatrix} \dfrac{\partial N_1}{\partial x} & 0 & \cdots & \dfrac{\partial N_n}{\partial x} & 0 \\[2mm] 0 & \dfrac{\partial N_1}{\partial y} & \cdots & 0 & \dfrac{\partial N_n}{\partial y} \\[2mm] \dfrac{\partial N_1}{\partial y} & \dfrac{\partial N_1}{\partial x} & \cdots & \dfrac{\partial N_n}{\partial y} & \dfrac{\partial N_n}{\partial x} \end{bmatrix} \begin{Bmatrix} u_1 \\ v_1 \\ \vdots \\ u_n \\ v_n \end{Bmatrix} = [B]\{d_e\} \tag{3-176}$$

式中：$[B]$——应变位移矩阵 $[B] = \begin{bmatrix} \dfrac{\partial N_1}{\partial x} & 0 & \cdots & \dfrac{\partial N_n}{\partial x} & 0 \\[2mm] 0 & \dfrac{\partial N_1}{\partial y} & \cdots & 0 & \dfrac{\partial N_n}{\partial y} \\[2mm] \dfrac{\partial N_1}{\partial y} & \dfrac{\partial N_1}{\partial x} & \cdots & \dfrac{\partial N_n}{\partial y} & \dfrac{\partial N_n}{\partial x} \end{bmatrix}$。

在 $[B]$ 矩阵的计算中，用到了各形函数对整体坐标 (x,y) 的偏导数，由于形函数是以局部坐标的形式给出的，因此需要用下面的方法计算：

$$\frac{\partial N_i}{\partial x} = \frac{\partial N_i}{\partial c} \frac{\partial c}{\partial x} + \frac{\partial N_i}{\partial s} \frac{\partial s}{\partial x} \tag{3-177}$$

$$\frac{\partial N_i}{\partial y} = \frac{\partial N_i}{\partial c} \frac{\partial c}{\partial y} + \frac{\partial N_i}{\partial s} \frac{\partial s}{\partial y} \tag{3-178}$$

应力计算由 Hooke 定律得到：

$$\begin{Bmatrix} \sigma_x \\ \sigma_y \\ \tau_{xy} \end{Bmatrix} = [D] \begin{Bmatrix} \varepsilon_x \\ \varepsilon_y \\ \gamma_{xy} \end{Bmatrix} = [D][B]\{d_e\} \tag{3-179}$$

3.8.4 单元刚度矩阵

1）单元刚度矩阵的推导

根据单元虚变形能的计算可得单元刚度矩阵的计算方法。

设单元节点虚位移向量为 $\delta\{d_e\}$，单元内任一点的虚位移为：

$$\left\{\begin{matrix} \delta u \\ \delta v \end{matrix}\right\} = [N]\delta\{d_e\} \tag{3-180}$$

虚应变为：

$$\left\{\begin{matrix} \delta\varepsilon_x \\ \delta\varepsilon_y \\ \delta\gamma_{xy} \end{matrix}\right\} = [B]\delta\{d_e\} \tag{3-181}$$

虚变形能为：

$$\begin{aligned} \delta U &= \int_V (\sigma_x\delta\varepsilon_x + \sigma_y\delta\varepsilon_y + \sigma_z\delta\varepsilon_z + \tau_{yz}\delta\gamma_{yz} + \tau_{zx}\delta\gamma_{zx} + \tau_{xy}\delta\gamma_{xy})\,\mathrm{d}V \\ &= \int_V (\sigma_x\delta\varepsilon_x + \sigma_y\delta\varepsilon_y + \tau_{xy}\delta\gamma_{xy})\,\mathrm{d}V \\ &= \int_V \{\delta\varepsilon_x \quad \delta\varepsilon_y \quad \delta\gamma_{xy}\}\left\{\begin{matrix} \sigma_x \\ \sigma_y \\ \tau_{xy} \end{matrix}\right\}\,\mathrm{d}V \\ &= \int_V \delta\{d_e\}^{\mathrm{T}}[B]^{\mathrm{T}}[D][B]\{d_e\}\,\mathrm{d}V \\ &= \delta\{d_e\}^{\mathrm{T}}\int_V [B]^{\mathrm{T}}[D][B]\,\mathrm{d}V\{d_e\} \\ &= \delta\{d_e\}^{\mathrm{T}}[K_e]\{d_e\} \end{aligned} \tag{3-182}$$

式中：$[K_e]$ ——单元刚度矩阵，

$$[K_e] = \int_V [B]^{\mathrm{T}}[D][B]\,\mathrm{d}V = h\int_A [B]^{\mathrm{T}}[D][B]\,\mathrm{d}A \tag{3-183}$$

2）单元刚度矩阵的性质

（1）对称性

由于弹性矩阵 $[D]$ 的对称性，可知 $[K_e]$ 为对称矩阵。

（2）半正定性

单元的弹性变形能为：

$$U = \int_V \frac{1}{2}(\sigma_x\varepsilon_x + \sigma_y\varepsilon_y + \sigma_z\varepsilon_z + \tau_{yz}\gamma_{yz} + \tau_{zx}\gamma_{zx} + \tau_{xy}\gamma_{xy})\,\mathrm{d}V = \frac{1}{2}\{d_e\}^{\mathrm{T}}[K_e]\{d_e\}$$

$$\tag{3-184}$$

上述计算公式没有引入位移边界条件，因此单元可以发生任意的刚体位移。对于单元的刚体位移（不产生变形的位移），变性能 $U = 0$，对于任意的非刚体位移（产生变形的位移），$U > 0$，因此 $[K_e]$ 具有半正定的特点。

3.8.5　等效节点荷载计算方法

对于单元内集中力 $\left\{\begin{matrix} P_x \\ P_y \end{matrix}\right\}$（包括节点力）、单位体积分布力 $\left\{\begin{matrix} f_x \\ f_y \end{matrix}\right\}$ 和单元边界表面 S 的单位

面积分布力 $\begin{Bmatrix} q_x \\ q_y \end{Bmatrix}$，总虚功为：

$$\delta W = \{\delta u \quad \delta v\} \begin{Bmatrix} P_x \\ P_y \end{Bmatrix} + \int_V \{\delta u \quad \delta v\} \begin{Bmatrix} f_x \\ f_y \end{Bmatrix} \mathrm{d}V + \int_S \{\delta u \quad \delta v\} \begin{Bmatrix} q_x \\ q_y \end{Bmatrix} \mathrm{d}S$$

$$= \delta \{d_e\}^T [N]^T \begin{Bmatrix} P_x \\ P_y \end{Bmatrix} + \int_V \delta \{d_e\}^T [N]^T \begin{Bmatrix} f_x \\ f_y \end{Bmatrix} \mathrm{d}V + \int_S \delta \{d_e\}^T [N]^T \begin{Bmatrix} q_x \\ q_y \end{Bmatrix} \mathrm{d}S$$

$$= \delta \{d_e\}^T [N]^T \begin{Bmatrix} P_x \\ P_y \end{Bmatrix} + \delta \{d_e\}^T \int_V [N]^T \begin{Bmatrix} f_x \\ f_y \end{Bmatrix} \mathrm{d}V + \delta \{d_e\}^T \int_S [N]^T \begin{Bmatrix} q_x \\ q_y \end{Bmatrix} \mathrm{d}S$$

$$= \delta \{d_e\}^T \left([N]^T \begin{Bmatrix} P_x \\ P_y \end{Bmatrix} + \int_V [N]^T \begin{Bmatrix} f_x \\ f_y \end{Bmatrix} \mathrm{d}V + \int_S [N]^T \begin{Bmatrix} q_x \\ q_y \end{Bmatrix} \mathrm{d}S \right)$$

$$= \delta \{d_e\}^T \{F_e\} \tag{3-185}$$

式中：$\{F_e\}$——三种荷载对应的等效节点荷载，

$$\{F_e\} = [N]^T \begin{Bmatrix} P_x \\ P_y \end{Bmatrix} + \int_V [N]^T \begin{Bmatrix} f_x \\ f_y \end{Bmatrix} \mathrm{d}V + \int_S [N]^T \begin{Bmatrix} q_x \\ q_y \end{Bmatrix} \mathrm{d}S \tag{3-186}$$

【例 3-4】　设一矩形 8 节点单元，263 边的长度为 4m，作用有如图 3-18 所示的分布荷载，求该荷载的等效节点荷载。

解：(1) 形函数及形函数矩阵计算

在 263 边上，节点 1、5、7、4、8 的形函数值均为零。

$$N_2 = \frac{1}{2}(1-s)(-s) \tag{3-187}$$

$$N_3 = \frac{1}{2}(1+s)s \tag{3-188}$$

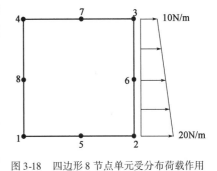

图 3-18　四边形 8 节点单元受分布荷载作用

$$N_6 = 1 - s^2 \tag{3-189}$$

$$[N] = \begin{bmatrix} 0 & 0 & N_2 & 0 & N_3 & 0 & 0 & 0 & 0 & 0 & N_6 & 0 & 0 & 0 & 0 & 0 \\ 0 & 0 & 0 & N_2 & 0 & N_3 & 0 & 0 & 0 & 0 & 0 & N_6 & 0 & 0 & 0 & 0 \end{bmatrix} \tag{3-190}$$

(2) 分布荷载的参数表示

$$\begin{Bmatrix} q_x \\ q_y \end{Bmatrix} = \begin{Bmatrix} 20N_2 + 15N_6 + 10N_3 \\ 0 \end{Bmatrix} = \begin{Bmatrix} 15 - 5s \\ 0 \end{Bmatrix} \tag{3-191}$$

(3) 边长的微分变换

设 2 点 y 坐标为 0、6 点的 y 坐标为 2、3 点的 y 坐标为 4，则有：

$$y = N_2 \times 0 + N_6 \times 2 + N_3 \times 4 = 2 + 2s \tag{3-192}$$

$$\mathrm{d}y = 2\mathrm{d}s \tag{3-193}$$

（4）等效节点荷载计算

$$\{F_e\} = \int_l [N]^T \begin{Bmatrix} q_x \\ q_y \end{Bmatrix} dy = \int_{-1}^{1} [N]^T \begin{Bmatrix} q_x \\ q_y \end{Bmatrix} 2ds$$

$$= 2\int_{-1}^{1} \begin{bmatrix} 0 & 0 \\ 0 & 0 \\ N_2 & 0 \\ 0 & N_2 \\ N_3 & 0 \\ 0 & N_3 \\ 0 & 0 \\ 0 & 0 \\ 0 & 0 \\ 0 & 0 \\ N_6 & 0 \\ 0 & N_6 \\ 0 & 0 \\ 0 & 0 \\ 0 & 0 \\ 0 & 0 \end{bmatrix} \begin{Bmatrix} 15-5s \\ 0 \end{Bmatrix} ds = 2\int_{-1}^{1} \begin{Bmatrix} 0 \\ 0 \\ N_2(15-5s) \\ 0 \\ N_3(15-5s) \\ 0 \\ 0 \\ 0 \\ 0 \\ 0 \\ N_6(15-5s) \\ 0 \\ 0 \\ 0 \\ 0 \\ 0 \end{Bmatrix} ds = \frac{1}{3} \begin{Bmatrix} 0 \\ 0 \\ 40 \\ 0 \\ 20 \\ 0 \\ 0 \\ 0 \\ 0 \\ 0 \\ 120 \\ 0 \\ 0 \\ 0 \\ 0 \\ 0 \end{Bmatrix} \qquad (3\text{-}194)$$

3.8.6　平面等参单元的数值积分方法

平面等参单元的单元刚度矩阵需要在平面单元面上通过面积分计算,等效节点荷载的计算也需要在平面单元面上进行面积分和在单元边界进行线积分。当单元形状简单,例如直边三角形单元、平行四边形单元且边中节点间隔均匀时,面积分和线积分可实现精确积分。对于一般几何形状单元,由于坐标变换后被积函数的复杂性,要得到其精确积分非常困难,必须通过数值积分方法实现。下面讨论平面等参单元上的数值积分方法。

1）一维 Gauss 数值积分

设定积分为：

$$I = \int_a^b f(x)\, dx \qquad (3\text{-}195)$$

通过变换 $x = \dfrac{a+b}{2} + \dfrac{b-a}{2}t$ 将 $x \in [a,b]$ 的积分转化为 $t \in [-1,1]$ 区间的积分：

$$I = \int_a^b f(x)\, dx = \frac{b-a}{2}\int_{-1}^{1} f\left(\frac{a+b}{2} + \frac{b-a}{2}t\right) dt = \frac{b-a}{2}\int_{-1}^{1} g(t)\, dt \qquad (3\text{-}196)$$

根据 Gauss 积分点进行插值积分,有:

$$\int_{-1}^{1} g(t)\,\mathrm{d}t = \sum_{i=1}^{n} w_i g(t_i) + \frac{2^{2n+1}(n!)^4}{(2n+1)\left[(2n)!\right]^3} g^{(2n)}(\theta), \quad -1 < \theta < 1 \qquad (3\text{-}197)$$

式中:n——积分点个数;

$\quad t_i$——积分点坐标;

$\quad w_i$——与积分点 t_i 对应的权系数;

$\quad g(t_i)$——被积函数在积分点处的值。

由 Gauss 求积公式可知:当 g 为 $2n-1$ 次多项式时,$g^{(2n)}=0$,n 个积分点的数值积分可获得其精确积分的结果。另外,对于:

$$\int_{-1}^{1} g(t)\,\mathrm{d}t = \sum_{i=1}^{n} w_i g(t_i) \qquad (3\text{-}198)$$

取 $g(t)=1$,可得到:

$$\sum_{i=1}^{n} w_i = 2 \qquad (3\text{-}199)$$

即 Gauss 积分法的各积分点权系数之和等于 2。

n 个积分点的坐标是 Legendre 多项式 $P_n(t) = \dfrac{1}{2^n n!}\dfrac{d^n}{dt^n}\left[(t^2-1)^n\right]$ 在区间 $[-1,1]$ 中的 n 个零点。

积分点 t_i 处的权系数为:

$$w_i = \frac{2(1-t_i^2)}{\left[nP_{n-1}(t_i)\right]^2} \qquad (3\text{-}200)$$

求 Gauss 积分点的坐标和权系数的 Matlab 程序段如下:

```
function [x,w] = lrd(n)
% 求 Gauss 积分点的坐标和权系数
syms t
if n == 1
    Pn1 = 1;% 0 次 Legendre 多项式
end
if n > 1
    fn1 = (t^2 - 1)^(n - 1)/(2^(n - 1) * factorial(n - 1));
    Pn1 = diff(fn1,n - 1);% n - 1 次 Legendre 多项式
end
fn = (t^2 - 1)^n/(2^n * factorial(n));
Pn = diff(fn,n);% n 次 Legendre 多项式
x = simple(solve(Pn))% n 次 Legendre 多项式的根,积分点
vfn1 = subs(Pn1,t,x);%% n - 1 次 Legendre 多项式在 x 处的值
w = simple(2 * (1 - x.^2)./(n * vfn1).^2)% 积分点的权系数
% double(x)% 积分点坐标数值
% double(w)% 积分点权系数数值
```

常用的低阶 Gauss 积分点坐标和权系数如表 3-1 所示。

常用积分点坐标及权系数　　　　　　　　　　　　　　　　表 3-1

点　数	积分点坐标[−1,1]	积分点权系数
1	0	2
2	$\pm\dfrac{\sqrt{3}}{3}$	1
3	0 $\pm\dfrac{\sqrt{15}}{5}$	$\dfrac{8}{9}$ $\dfrac{5}{9}$
4	$\pm\sqrt{\dfrac{15-2\sqrt{30}}{35}}$ $\pm\sqrt{\dfrac{15+2\sqrt{30}}{35}}$	$\dfrac{18+\sqrt{30}}{36}$ $\dfrac{18-\sqrt{30}}{36}$
5	0 $\pm\sqrt{\dfrac{35-2\sqrt{70}}{63}}$ $\pm\sqrt{\dfrac{35+2\sqrt{70}}{63}}$	$\dfrac{128}{225}$ $\dfrac{322+13\sqrt{70}}{900}$ $\dfrac{322-13\sqrt{70}}{900}$

【例 3-5】　对于 $\int_{1}^{5} x^2 \mathrm{d}x$，利用 3 个 Gauss 积分点进行数值积分。

解：令 $x = 2t + 3$，满足：$t = -1$ 时 $x = 1$，$t = 1$ 时 $x = 5$，$\mathrm{d}x = 2\mathrm{d}t$

$$\int_{1}^{5} x^2 \mathrm{d}x = \int_{-1}^{1} (2t+3)^2 2\mathrm{d}t$$

$$= 2\int_{-1}^{1} (2t+3)^2 \mathrm{d}t$$

$$= 2\left\{ \frac{5}{9} \times \left[2\times\left(-\frac{\sqrt{15}}{5}\right)+3 \right]^2 + \frac{8}{9} \times [2\times 0+3]^2 + \frac{5}{9} \times \left[2\times\left(\frac{\sqrt{15}}{5}\right)+3 \right]^2 \right\}$$

$$= \frac{124}{3} \tag{3-201}$$

利用 3 点 Gauss 积分求定积分 $\int_{a}^{b} f(x)\mathrm{d}x$ 的示例程序如下：

```
double Get_Int( double a,double b,double ( * fun)( double))
{//[a,b]:积分区间,fun(x):被积函数
    double s15 = sqrt(15.0)/5;
    double t[ ] = { − s15,0,s15};//积分点位置
    double w[ ] = {5.0/9,8.0/9,5.0/9};//权系数
    double s = 0;
```

```
for (int i = 0; i < 3; + + i)
{
    double xi = (a + b)/2 + (b - a)/2 * t[i];
    s + = w[i] * fun(xi);
}
return s * (b - a)/2;
}
```

2）二维 Gauss 数值积分

对于定积分 $I = \int_{y_1}^{y_2} \int_{x_1}^{x_2} f(x,y)\,\mathrm{d}x\mathrm{d}y$，利用变换 $x = \dfrac{x_1 + x_2}{2} + \dfrac{x_2 - x_1}{2}c$ 和 $y = \dfrac{y_1 + y_2}{2} + \dfrac{y_2 - y_1}{2}s$，可得：

$$
\begin{aligned}
I &= \int_{y_1}^{y_2} \int_{x_1}^{x_2} f(x,y)\,\mathrm{d}x\mathrm{d}y \\
&= \frac{x_2 - x_1}{2} \times \frac{y_2 - y_1}{2} \int_{-1}^{1} \int_{-1}^{1} f[x(c),y(s)]\,\mathrm{d}c\mathrm{d}s \\
&= \frac{x_2 - x_1}{2} \times \frac{y_2 - y_1}{2} \int_{-1}^{1} \int_{-1}^{1} g(c,s)\,\mathrm{d}c\mathrm{d}s
\end{aligned}
\tag{3-202}
$$

又：

$$
\int_{-1}^{1} \int_{-1}^{1} g(c,s)\,\mathrm{d}c\mathrm{d}s = \int_{-1}^{1} \left[\int_{-1}^{1} g(c,s)\,\mathrm{d}c \right] \mathrm{d}s
\tag{3-203}
$$

记 $h(s) = \int_{-1}^{1} g(c,s)\,\mathrm{d}c$，利用一维数值积分方法，有：

$$
\int_{-1}^{1} \int_{-1}^{1} g(c,s)\,\mathrm{d}c\mathrm{d}s = \int_{-1}^{1} h(s)\,\mathrm{d}s = \sum_{j=1}^{n} w_j h(s_j)
\tag{3-204}
$$

将数值积分 $h(s_j) = \int_{-1}^{1} g(c,s_j)\,\mathrm{d}c = \sum_{i=1}^{n} w_i g(c_i,s_j)$ 代入上式，可得：

$$
\int_{-1}^{1} \int_{-1}^{1} g(c,s)\,\mathrm{d}c\mathrm{d}s = \sum_{j=1}^{n} \left[w_j \sum_{i=1}^{n} w_i g(c_i,s_j) \right] = \sum_{i=1}^{n} \sum_{j=1}^{n} w_i w_j g(c_i,s_j)
\tag{3-205}
$$

在有限元中，常用的是如图 3-19 所示的 $2 \times 2(n=2)$ 和 $3 \times 3(n=3)$ Gauss 积分。

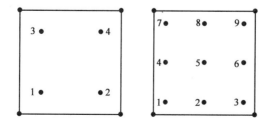

图 3-19　平面四边形单元的积分点位置示意图

【例3-6】 采用 3×3 的 Gauss 积分方法计算 $\int_{-1}^{1} \int_{-1}^{1} \cos(cs)\,\mathrm{d}c\mathrm{d}s$。

解：

$$\int_{-1}^{1} \int_{-1}^{1} \cos(cs)\,\mathrm{d}c\mathrm{d}s$$

$$= \cos\left[\left(-\frac{\sqrt{15}}{5}\right) \times \left(-\frac{\sqrt{15}}{5}\right)\right] \times \frac{5}{9} \times \frac{5}{9} + \cos\left[\left(-\frac{\sqrt{15}}{5}\right) \times 0\right] \times \frac{5}{9} \times \frac{8}{9} + \cos\left[\left(-\frac{\sqrt{15}}{5}\right) \times \frac{\sqrt{15}}{5}\right] \times \frac{5}{9} \times \frac{5}{9} +$$

$$\cos\left[0 \times \left(-\frac{\sqrt{15}}{5}\right)\right] \times \frac{8}{9} \times \frac{5}{9} + \cos(0 \times 0) \times \frac{8}{9} \times \frac{8}{9} + \cos\left(0 \times \frac{\sqrt{15}}{5}\right) \times \frac{8}{9} \times \frac{5}{9} +$$

$$\cos\left[\frac{\sqrt{15}}{5} \times \left(-\frac{\sqrt{15}}{5}\right)\right] \times \frac{5}{9} \times \frac{5}{9} + \cos\left(\frac{\sqrt{15}}{5} \times 0\right) \times \frac{5}{9} \times \frac{8}{9} + \cos\left(\frac{\sqrt{15}}{5} \times \frac{\sqrt{15}}{5}\right) \times \frac{5}{9} \times \frac{5}{9}$$

$$= 3.784365$$

$$(3\text{-}206)$$

$\int_{-1}^{1} \int_{-1}^{1} \cos(cs)\,\mathrm{d}c\mathrm{d}s$ 的精确积分结果为 3.784332，数值积分的误差只有 8.7×10^{-6}。

利用 3×3 Gauss 积分对矩形区域 $[x1, y1] - [x2, y2]$ 求数值积分的示例程序如下：

```
double Get_Int(double x1,double x2,double y1,double y2,double ( * fun)(double,double))
{// [x1,y1] – [x2,y2]:矩形区域,fun(x,y):被积函数
    double s15 = sqrt(15.0)/5;
    double t[ ] = { – s15,0,s15};//一维 Gauss 积分的积分点位置
    double w[ ] = {5.0/9,8.0/9,5.0/9};//一维 Gauss 积分的积分点权系数
    double s = 0;
    for (int i = 0;i < 3; + + i)
    {
        double x = (x1 + x2)/2 + (x2 – x1)/2 * t[i];
        for (int j = 0;j < 3; + + j)
        {
            double y = (y1 + y2)/2 + (y2 – y1)/2 * t[j];
            s + = w[i] * w[j] * fun(x,y);
        }
    }
    return s * (x2 – x1)/2 * (y2 – y1)/2;
}
```

也可将 9 个积分点按一维数组的方式进行循环来计算数值积分：

```
double Get_Int(double x1,double x2,double y1,double y2,double ( * fun)(double,double))
{//计算任意 fun(x,y)在[x1,y1] – [x2,y2]矩形区域上的数值积分
    double s15 = sqrt(15.0)/5;
    double t[ ] = { – s15,0,s15};
    double w[ ] = {5.0/9,8.0/9,5.0/9};
    //生成 9 个积分点的坐标和权系数
    double x[9],y[9],wij[9];
    int k = 0;
```

```
for ( int i = 0 ; i < 3 ; + + i )
{
    for ( int j = 0 ; j < 3 ; + + j )
    {
        x[ k ] = ( x1 + x2 )/2 + ( x2 - x1 )/2 * t[ i ] ;
        y[ k ] = ( y1 + y2 )/2 + ( y2 - y1 )/2 * t[ j ] ;
        wij[ k ] = w[ i ] * w[ j ] ;
        + + k ;
    }
}
//对 9 个积分点循环,求和得到数值积分
double s = 0 ;
for ( int i = 0 ; i < 9 ; + + i )
{
    s + = wij[ i ] * fun( x[ i ] , y[ i ] ) ;
}
return s * ( x2 - x1 )/2 * ( y2 - y1 )/2 ;
}
```

3)三维 Gauss 数值积分

$$I = \int_{-1}^{1} \int_{-1}^{1} \int_{-1}^{1} f(c,s,t) \mathrm{d}c \mathrm{d}s \mathrm{d}t = \sum_{i=1}^{n} \sum_{j=1}^{n} \sum_{k=1}^{n} w_i w_j w_k f(c_i,s_j,t_k) \tag{3-207}$$

在有限元中,常用的是 $2 \times 2 \times 2 (n=2)$ 和 $3 \times 3 \times 3 (n=3)$ 的 Gauss 积分。

4)平面四边形单元的面积分

如图 3-20 所示,对于平面四边形单元,根据 (x,y) 坐标与 (c,s) 坐标的映射关系,在 xy 平面内一点的矢径可表示为:

$$\vec{r} = x(c,s) \vec{i} + y(c,s) \vec{j} \tag{3-208}$$

沿 c 方向的线元为:

$$\mathrm{d}\vec{r}_c = \frac{\partial x}{\partial c} \mathrm{d}c \vec{i} + \frac{\partial y}{\partial c} \mathrm{d}c \vec{j} \tag{3-209}$$

沿 s 方向的线元为:

$$\mathrm{d}\vec{r}_s = \frac{\partial x}{\partial s} \mathrm{d}s \vec{i} + \frac{\partial y}{\partial s} \mathrm{d}s \vec{j} \tag{3-210}$$

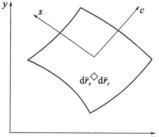

图 3-20 平面四边形单元的
微分面积示意图

因为面积分与面积微元的选取方法无关,因此可选取由线元 $\mathrm{d}\vec{r}_c$ 和 $\mathrm{d}\vec{r}_s$ 形成的平行四边形微元来作为面积微元,该微元的面积矢量为:

$$\mathrm{d}\vec{A} = \mathrm{d}\vec{r}_c \times \mathrm{d}\vec{r}_s = \begin{vmatrix} \vec{i} & \vec{j} & \vec{k} \\ \frac{\partial x}{\partial c}\mathrm{d}c & \frac{\partial y}{\partial c}\mathrm{d}c & 0 \\ \frac{\partial x}{\partial s}\mathrm{d}s & \frac{\partial y}{\partial s}\mathrm{d}s & 0 \end{vmatrix} = \begin{vmatrix} \frac{\partial x}{\partial c}\mathrm{d}c & \frac{\partial y}{\partial c}\mathrm{d}c \\ \frac{\partial x}{\partial s}\mathrm{d}s & \frac{\partial y}{\partial s}\mathrm{d}s \end{vmatrix} \vec{k} = \begin{vmatrix} \frac{\partial x}{\partial c} & \frac{\partial y}{\partial c} \\ \frac{\partial x}{\partial s} & \frac{\partial y}{\partial s} \end{vmatrix} \mathrm{d}c\mathrm{d}s \vec{k} = |J|\mathrm{d}c\mathrm{d}s \vec{k}$$

$$\tag{3-211}$$

因此有：

$$\mathrm{d}A = |J|\ \mathrm{d}c\mathrm{d}s \tag{3-212}$$

式中：$|J|$——整体坐标(x,y)与局部坐标(c,s)之间坐标变换的 Jacob 矩阵的行列式值：

$$|J| = \begin{vmatrix} \dfrac{\partial x}{\partial c} & \dfrac{\partial y}{\partial c} \\[2mm] \dfrac{\partial x}{\partial s} & \dfrac{\partial y}{\partial s} \end{vmatrix} = \begin{vmatrix} \dfrac{\partial x}{\partial c} & \dfrac{\partial x}{\partial s} \\[2mm] \dfrac{\partial y}{\partial c} & \dfrac{\partial y}{\partial s} \end{vmatrix} \tag{3-213}$$

由面积微元的变换关系可得：

$$\int_A f(x,y)\mathrm{d}A = \int_A f[x(c,s),y(c,s)]\ |J|\ \mathrm{d}c\mathrm{d}s = \int_{-1}^1 \int_{-1}^1 f[x(c,s),y(c,s)]\ |J|\ \mathrm{d}c\mathrm{d}s \tag{3-214}$$

5）平面三角形单元的面积分

对于三角形单元(图 3-21)，由于 3 个面积坐标满足 $L_1 + L_2 + L_3 = 1$ 的关系，只有两个独立，可取 L_2、L_3 作为独立变量，从而建立如下变换：

$$\begin{cases} x = x(L_2,L_3) \\ y = y(L_2,L_3) \end{cases} \tag{3-215}$$

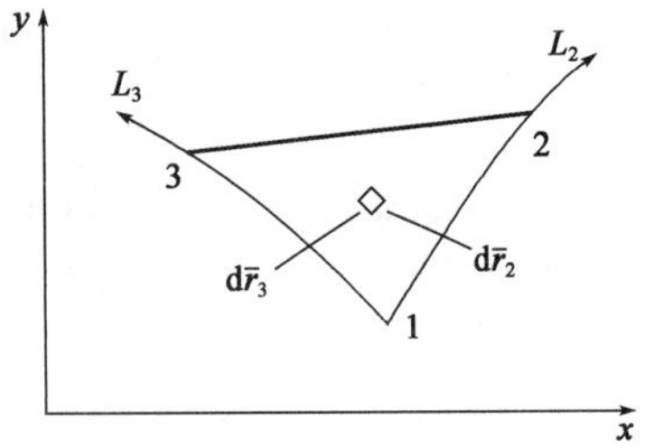

在 xy 平面内一点的矢径可表示为：

$$\vec{r} = x(L_2,L_3)\ \vec{i} + y(L_2,L_3)\ \vec{j} \tag{3-216}$$

沿 L_2 方向的线元为：

$$\mathrm{d}\vec{r}_2 = \frac{\partial x}{\partial L_2}\mathrm{d}L_2\ \vec{i} + \frac{\partial y}{\partial L_2}\mathrm{d}L_2\ \vec{j} \tag{3-217}$$

沿 L_3 方向的线元为：

$$\mathrm{d}\vec{r}_3 = \frac{\partial x}{\partial L_3}\mathrm{d}L_3\ \vec{i} + \frac{\partial y}{\partial L_3}\mathrm{d}L_3\ \vec{j} \tag{3-218}$$

图 3-21　平面三角形单元的微分面积示意图

因为面积分与面积微元的选取方法无关，因此可选取由线元 $\mathrm{d}\vec{r}_2$ 和 $\mathrm{d}\vec{r}_3$ 形成的平行四边形微元来作为面积微元，该微元的面积矢量为：

$$\mathrm{d}\vec{A} = \mathrm{d}\vec{r}_2 \times \mathrm{d}\vec{r}_3 = \begin{vmatrix} \vec{i} & \vec{j} & \vec{k} \\[2mm] \dfrac{\partial x}{\partial L_2}\mathrm{d}L_2 & \dfrac{\partial y}{\partial L_2}\mathrm{d}L_2 & 0 \\[2mm] \dfrac{\partial x}{\partial L_3}\mathrm{d}L_3 & \dfrac{\partial y}{\partial L_3}\mathrm{d}L_3 & 0 \end{vmatrix} = \begin{vmatrix} \dfrac{\partial x}{\partial L_2} & \dfrac{\partial y}{\partial L_2} \\[2mm] \dfrac{\partial x}{\partial L_3} & \dfrac{\partial y}{\partial L_3} \end{vmatrix} \mathrm{d}L_2\mathrm{d}L_3\ \vec{k} = |J|\mathrm{d}L_2\mathrm{d}L_3\ \vec{k} \tag{3-219}$$

因此有：

$$\mathrm{d}A = \begin{vmatrix} \dfrac{\partial x}{\partial L_2} & \dfrac{\partial y}{\partial L_2} \\[2mm] \dfrac{\partial x}{\partial L_3} & \dfrac{\partial y}{\partial L_3} \end{vmatrix} \mathrm{d}L_2\mathrm{d}L_3 = |J|\mathrm{d}L_2\mathrm{d}L_3 \tag{3-220}$$

式中：$|J|$——整体坐标(x,y)与局部坐标(L_2,L_3)之间坐标变换的 Jacob 矩阵的行列式值，

$$|J| = \begin{vmatrix} \dfrac{\partial x}{\partial L_2} & \dfrac{\partial y}{\partial L_2} \\[3mm] \dfrac{\partial x}{\partial L_3} & \dfrac{\partial y}{\partial L_3} \end{vmatrix} = \begin{vmatrix} \dfrac{\partial x}{\partial L_2} & \dfrac{\partial x}{\partial L_3} \\[3mm] \dfrac{\partial y}{\partial L_2} & \dfrac{\partial y}{\partial L_3} \end{vmatrix} \qquad (3\text{-}221)$$

从式(3-220)可以看出,$|J|$的含义为整体坐标系下面积微元与局部坐标系下面积微元的比值。对于三角形 3 节点单元,可求得$|J| = 2\Delta$。

由面积微元的变换关系可得:

$$\int_A f(x,y)\,\mathrm{d}A = \int_A f[x(L_2,L_3),y(L_2,L_3)]\,|J|\,\mathrm{d}L_2\mathrm{d}L_3 = \int_A g(L_2,L_3)\,\mathrm{d}L_2\mathrm{d}L_3 \quad (3\text{-}222)$$

如果采用二重积分,有:

$$\int_A g(L_2,L_3)\,\mathrm{d}L_2\mathrm{d}L_3 = \int_0^1 \int_0^{1-L_3} g(L_2,L_3)\,\mathrm{d}L_2\mathrm{d}L_3 \qquad (3\text{-}223)$$

三角形区域上的数值积分可采用与 Gauss 积分相似的 Hammer 积分:

$$\int_A g(L_2,L_3)\,\mathrm{d}L_2\mathrm{d}L_3 = \sum_{i=1}^{n} w_i g_i \qquad (3\text{-}224)$$

各积分点的位置和权系数见表 3-2。

三角形 Hammer 数值积分的参数   表 3-2

阶次	误差	积分点个数	积分点位置	面积坐标 (L_1, L_2, L_3)	权系数 w_i
1	$O(h^2)$	1		$\dfrac{1}{3},\dfrac{1}{3},\dfrac{1}{3}$	$\dfrac{1}{2}$
2	$O(h^3)$	3		$0,\dfrac{1}{2},\dfrac{1}{2}$ $\dfrac{1}{2},0,\dfrac{1}{2}$ $\dfrac{1}{2},\dfrac{1}{2},0$	$\dfrac{1}{6}$ $\dfrac{1}{6}$ $\dfrac{1}{6}$
				$\dfrac{4}{6},\dfrac{1}{6},\dfrac{1}{6}$ $\dfrac{1}{6},\dfrac{4}{6},\dfrac{1}{6}$ $\dfrac{1}{6},\dfrac{1}{6},\dfrac{4}{6}$	$\dfrac{1}{6}$ $\dfrac{1}{6}$ $\dfrac{1}{6}$

阶次	误差	积分点个数	积分点位置	面积坐标(L_1,L_2,L_3)	权系数 w_i
3	$O(h^4)$	4		$\dfrac{1}{3},\dfrac{1}{3},\dfrac{1}{3}$ $0.6,0.2,0.2$ $0.2,0.2,0.6$ $0.2,0.6,0.2$	$-\dfrac{27}{96}$ $\dfrac{25}{96}$ $\dfrac{25}{96}$ $\dfrac{25}{96}$
4	$O(h^6)$	7		$\dfrac{1}{3},\dfrac{1}{3},\dfrac{1}{3}$ $1-2a,a,a$ $a,1-2a,a$ $a,a,1-2a$ $1-2b,b,b$ $b,1-2b,b$ $b,b,1-2b$	$\dfrac{9}{80}=0.1125$ w_a w_a w_a w_b w_b w_b

$$a = \frac{6+\sqrt{15}}{21}, w_a = \frac{155+\sqrt{15}}{2400} \tag{3-225}$$

$$b = \frac{6-\sqrt{15}}{21}, w_b = \frac{155-\sqrt{15}}{2400} \tag{3-226}$$

6)平面等参元刚度矩阵的数值计算

由刚度矩阵的计算公式,单元刚度矩阵的数值计算方法可统一按下式进行:

$$
\begin{aligned}
[K_e] &= \int_V [B]^T[D][B]dV \\
&= h\int_A [B]^T[D][B]dA \\
&= h\int_{-1}^1\int_{-1}^1 [B]^T[D][B]|J|dcds \\
&= h\sum_{i=1}^n\sum_{j=1}^n w_i w_j([B]^T[D][B]|J|)_{i,j} \\
&= h\sum_{k=1}^{n^2} w_k([B]^T[D][B]|J|)_k
\end{aligned}
\tag{3-227}
$$

式中,$n^2 = n\times n$ 表示全部积分点数(对 2×2 的 Gauss 积分, $n^2 = 4$;对 3×3 的 Gauss 积分, $n^2 = 9$), $w_k = w_i w_j$ 表示该积分点的权系数,$([B]^T[D][B]|J|)_k$ 表示在对应积分点处 $[B]^T[D][B]|J|$ 的取值。

对于三角形单元,各积分点坐标已由面积坐标直接给出,积分点权系数也直接对应于积分点。

对于四边形单元,各积分点坐标由一维 Gauss 积分点的位置交叉组成平面坐标得到,积分点权系数为两个方向积分权系数的乘积。如图 3-22 和表 3-3、表 3-4 所示。

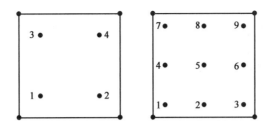

图 3-22 Gauss 积分点(2×2 和 3×3)位置示意图

2×2 的 Gauss 积分点的坐标和权系数　　　　　表 3-3

积分点编号	积分点坐标	积分点权系数
1	$-\dfrac{\sqrt{3}}{3}, -\dfrac{\sqrt{3}}{3}$	1
2	$\dfrac{\sqrt{3}}{3}, -\dfrac{\sqrt{3}}{3}$	1
3	$-\dfrac{\sqrt{3}}{3}, \dfrac{\sqrt{3}}{3}$	1
4	$\dfrac{\sqrt{3}}{3}, \dfrac{\sqrt{3}}{3}$	1

3×3 的 Gauss 积分点的坐标和权系数　　　　　表 3-4

积分点编号	积分点坐标	积分点权系数
1	$-\dfrac{\sqrt{15}}{5}, -\dfrac{\sqrt{15}}{5}$	$\dfrac{25}{81}$
2	$0, -\dfrac{\sqrt{15}}{5}$	$\dfrac{40}{81}$
3	$\dfrac{\sqrt{15}}{5}, -\dfrac{\sqrt{15}}{5}$	$\dfrac{25}{81}$
4	$-\dfrac{\sqrt{15}}{5}, 0$	$\dfrac{40}{81}$
5	$0, 0$	$\dfrac{64}{81}$
6	$\dfrac{\sqrt{15}}{5}, 0$	$\dfrac{40}{81}$
7	$-\dfrac{\sqrt{15}}{5}, \dfrac{\sqrt{15}}{5}$	$\dfrac{25}{81}$
8	$0, \dfrac{\sqrt{15}}{5}$	$\dfrac{40}{81}$
9	$\dfrac{\sqrt{15}}{5}, \dfrac{\sqrt{15}}{5}$	$\dfrac{25}{81}$

对于对称区间 $[-1,1]$ 而言,奇数次积分为 0,表 3-5 中的 8 个积分点具有 4 次精度,能实现与 3×3 的 Gauss 积分(5 次精度)相同的积分效果。

8 积分点坐标及权系数　　　　　　　　　　表 3-5

积分点编号	积分点坐标	积分点权系数
1	$-\sqrt{\dfrac{7}{9}},\ -\sqrt{\dfrac{7}{9}}$	$\dfrac{9}{49}$
2	$\sqrt{\dfrac{7}{9}},\ -\sqrt{\dfrac{7}{9}}$	$\dfrac{9}{49}$
3	$\sqrt{\dfrac{7}{9}},\ \sqrt{\dfrac{7}{9}}$	$\dfrac{9}{49}$
4	$-\sqrt{\dfrac{7}{9}},\ \sqrt{\dfrac{7}{9}}$	$\dfrac{9}{49}$
5	$0,\ -\sqrt{\dfrac{7}{15}}$	$\dfrac{40}{49}$
6	$\sqrt{\dfrac{7}{15}},\ 0$	$\dfrac{40}{49}$
7	$0,\ \sqrt{\dfrac{7}{15}}$	$\dfrac{40}{49}$
8	$-\sqrt{\dfrac{7}{15}},\ 0$	$\dfrac{40}{49}$

7)平面等参元等效节点荷载的数值计算

对于体积分布力引起的等效节点荷载 $\displaystyle\int_{A} [N]^{\mathrm{T}} \begin{Bmatrix} f_x \\ f_y \end{Bmatrix} h \mathrm{d}A$,直接参照单元刚度矩阵的数值积分方法在单元面上进行计算。

对于作用于单元边界表面的分布力,其等效节点荷载 $\displaystyle\int_{l} [N]^{\mathrm{T}} \begin{Bmatrix} q_x \\ q_y \end{Bmatrix} h \mathrm{d}l$ 不必采用整个单元的形函数来计算。根据形函数的性质,在单元边界上,只有该边界上的节点的形函数才取非零值,只需要根据单元边界节点来进行插值计算。

8)完全积分与减缩积分

对于如图 3-23 所示 xy 平面内的 4 节点矩形单元,整体坐标与局部坐标之间的变换为:

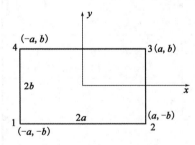

图 3-23　矩形 4 节点单元示意图

$$
\begin{aligned}
x &= \sum_i N_i x_i \\
&= \frac{1}{4}(1-c)(1-s)(-a) + \frac{1}{4}(1+c)(1-s)a + \frac{1}{4}(1+c)(1+s)a + \frac{1}{4}(1-c)(1+s)(-a) \\
&= ac
\end{aligned}
$$

$$(3\text{-}228)$$

$$y = \sum_i N_i y_i$$

$$= \frac{1}{4}(1-c)(1-s)(-b) + \frac{1}{4}(1+c)(1-s)(-b) + \frac{1}{4}(1+c)(1+s)b + \frac{1}{4}(1-c)(1+s)b$$

$$= bs \tag{3-229}$$

形函数也可写为：

$$N_1 = \frac{1}{4}(1-c)(1-s) = \frac{1}{4}\left(1-\frac{x}{a}\right)\left(1-\frac{y}{b}\right) \tag{3-230}$$

$$N_2 = \frac{1}{4}(1+c)(1-s) = \frac{1}{4}\left(1+\frac{x}{a}\right)\left(1-\frac{y}{b}\right) \tag{3-231}$$

$$N_3 = \frac{1}{4}(1+c)(1+s) = \frac{1}{4}\left(1+\frac{x}{a}\right)\left(1+\frac{y}{b}\right) \tag{3-232}$$

$$N_4 = \frac{1}{4}(1-c)(1+s) = \frac{1}{4}\left(1-\frac{x}{a}\right)\left(1+\frac{y}{b}\right) \tag{3-233}$$

形函数对整体坐标的偏导数为：

$$\frac{\partial N_1}{\partial x} = -\frac{1}{4a}\left(1-\frac{y}{b}\right) = -\frac{1}{4a}(1-s), \frac{\partial N_1}{\partial y} = -\frac{1}{4b}\left(1-\frac{x}{a}\right) = -\frac{1}{4b}(1-c) \tag{3-234}$$

$$\frac{\partial N_2}{\partial x} = \frac{1}{4a}\left(1-\frac{y}{b}\right) = \frac{1}{4a}(1-s), \frac{\partial N_2}{\partial y} = -\frac{1}{4b}\left(1+\frac{x}{a}\right) = -\frac{1}{4b}(1+c) \tag{3-235}$$

$$\frac{\partial N_3}{\partial x} = \frac{1}{4a}\left(1+\frac{y}{b}\right) = \frac{1}{4a}(1+s), \frac{\partial N_3}{\partial y} = \frac{1}{4b}\left(1+\frac{x}{a}\right) = \frac{1}{4b}(1+c) \tag{3-236}$$

$$\frac{\partial N_4}{\partial x} = -\frac{1}{4a}\left(1+\frac{y}{b}\right) = -\frac{1}{4a}(1+s), \frac{\partial N_4}{\partial y} = \frac{1}{4b}\left(1-\frac{x}{a}\right) = \frac{1}{4b}(1-c) \tag{3-237}$$

$$|J| = \begin{vmatrix} \dfrac{\partial x}{\partial c} & \dfrac{\partial y}{\partial c} \\ \dfrac{\partial x}{\partial s} & \dfrac{\partial y}{\partial s} \end{vmatrix} = \begin{vmatrix} a & 0 \\ 0 & b \end{vmatrix} = ab \tag{3-238}$$

$$[K_e] = \int_V [B]^{\mathrm{T}}[D][B]\mathrm{d}V$$

$$= h\int_A [B]^{\mathrm{T}}[D][B]\mathrm{d}A$$

$$= h\int_{-1}^{1}\int_{-1}^{1} [B]^{\mathrm{T}}[D][B]|J|\mathrm{d}c\mathrm{d}s$$

$$= h\sum_{i=1}^{n}\sum_{j=1}^{n} w_i w_j([B]^{\mathrm{T}}[D][B]|J|)_{i,j} \tag{3-239}$$

由于 $[B]^{\mathrm{T}}[D][B]|J|$ 是 c、s 的二次多项式矩阵函数，采用 2×2 的 Gauss 积分法即可得到其精确积分，如果采用 1×1 的 Gauss 积分法则只能得到积分的近似值。可以证明，只要单元为平行四边形此结论均成立。

同理，对于四边形 8 节点单元，当单元形状是平行四边形且边中节点位于边的中点时，

$|J|$ 矩阵是常数，$[B]^T[D][B]|J|$ 是 c、s 的四次多项式矩阵函数，需要采用 3×3 的 Gauss 积分法可得到精确积分，采用 2×2 的积分法只能得到积分的近似值。

基于上面原因，将单元形状规则时能得到精确结果的数值积分方案称为完全积分，低于完全积分的积分方案称为减缩积分。比如，对于四边形 4 节点单元，2×2 的 Gauss 积分方案为完全积分，1×1 的 Gauss 积分方案为减缩积分；对于四边形 8 节点单元，3×3 的 Gauss 积分方案为完全积分，2×2 的 Gauss 积分方案为减缩积分。

采用减缩积分是基于如下的原因：

(1)能减少计算时间，特别是对于非线性和动力学等费时的计算问题。

(2)有限元计算计算结果的精度主要取决于位移插值多项式中完全多项式的阶次，只要满足了完全多项式的积分要求即可得到有效的计算结果，因此数值积分的阶次可以低于由不完全项决定的积分阶次。

(3)在某些变形状态下计算得到的变形能为零，显示出不抵抗该种变形的特点，相当于具有软化效应，可改善协调位移模式的过度刚性。

减缩积分可能引起的零能模式问题：对于单元的某种变形状态，由积分点数值积分得到的变形能为零，此时数值积分方案不能反映该种变形。在零能模式下，单元不能存储能量，不具备抵抗变形的能力，相当于该单元不存在，可能引起结构机动、总刚奇异。

完全积分在单元形状规则的情况下能实现单元刚度的精确积分，意味着能全面反映单元的各种变形，不存在零能模式问题。

单元的自由度总数决定了单元的独立位移方式个数，自由度总数减去刚体位移个数就是单元可以存在的独立变形状态个数。各积分点应变分量个数的总和表明了单元能反映的独立变形状态个数。如果存在的独立变形状态个数多于积分点能够反映的独立变形状态个数，那么有些变形状态就不能得到反映，就会出现零能模式。如表 3-6 所示。

各类单元的积分方案及零能模式　　　　　　　　　　表 3-6

单元类型	节点数	自由度总数	刚体位移	变形状态	需要积分点	完全积分	减缩积分	零能模式
Tri3	3	6	3	3	3/3 – >1	1		
Tri6	6	12	3	9	9/3 – >3	3		
Quad4	4	8	3	5	5/3 – >2	2×2	1	2
Quad8	8	16	3	13	13/3 – >5	3×3	2×2	1
Quad9	9	18	3	15	15/3 – >5	3×3	2×2	3
Tet4	4	12	6	6	6/6 – >1	1		
Tet10	10	30	6	24	24/6 – >4	4		
Prism6	6	18	6	12	12/6 – >2	1×2		
Prism15	15	45	6	39	39/6 – >7	3×3	3×2	3
Solid8	8	24	6	18	18/6 – >3	2×2×2	1×1×1	12
Solid20	20	60	6	54	54/6 – >9	3×3×3	2×2×2	6

因此各种单元需要的积分点数为：

$$积分点数 \geqslant \frac{独立变形状态个数}{每积分点应变分量个数} = \frac{位移分量个数 - 刚体位移个数}{每积分点应变分量个数}$$

采用减缩积分可能出现的零能模式个数为：

$$零能模式个数 = 独立变形状态个数 - 积分点数 \times 每积分点应变分量个数$$

【例3-7】　对于如图 3-24 所示的矩形四边形 4 节点单元，当 u_1 $= -u_2 = u_3 = -u_4$、$v_1 = v_2 = v_3 = -v_4$ 时，证明单元中心的各应变分量均为零。

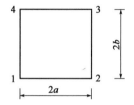

图 3-24　一个矩形 4 节点单元

证：由于单元的位置不影响应变状态，不失一般性，可设各节点的坐标分别为 1 $(-a, -b)$、2 $(a, -b)$、3 (a, b)、4 $(-a, b)$。

四边形 4 节点单元的形函数为：

$$N_1 = \frac{1}{4}(1 - c)(1 - s) \tag{3-240}$$

$$N_2 = \frac{1}{4}(1 + c)(1 - s) \tag{3-241}$$

$$N_3 = \frac{1}{4}(1 + c)(1 + s) \tag{3-242}$$

$$N_4 = \frac{1}{4}(1 - c)(1 + s) \tag{3-243}$$

将各节点坐标代入坐标插值模式可得：

$$x = \sum_{i=1}^{4} N_i x_i = ac \tag{3-244}$$

$$y = \sum_{i=1}^{4} N_i y_i = bs \tag{3-245}$$

根据位移模式：

$$u = \sum_{i=1}^{4} N_i u_i \tag{3-246}$$

$$v = \sum_{i=1}^{4} N_i v_i \tag{3-247}$$

并求导数得：

$$
\begin{aligned}
\varepsilon_x &= \frac{\partial u}{\partial x} \\
&= \frac{1}{a}\frac{\partial u}{\partial c} \\
&= \frac{1}{a}\sum_{i=1}^{4}\frac{\partial N_i}{\partial c}u_i \\
&= \frac{1}{4a}\left[-(1-s)u_1 + (1-s)u_2 + (1+s)u_3 - (1+s)u_4\right]
\end{aligned}
\tag{3-248}
$$

$$\varepsilon_y = \frac{\partial v}{\partial y}$$

$$= \frac{1}{b}\frac{\partial u}{\partial s}$$

$$= \frac{1}{b}\sum_{i=1}^{4}\frac{\partial N_i}{\partial s}v_i$$

$$= \frac{1}{4b}\left[-(1-c)v_1 - (1+c)v_2 + (1+c)v_3 + (1-c)v_4 \right] \tag{3-249}$$

$$\gamma_{xy} = \frac{\partial u}{\partial y} + \frac{\partial v}{\partial x}$$

$$= \frac{1}{a}\sum_{i=1}^{4}\frac{\partial N_i}{\partial s}u_i + \frac{1}{b}\sum_{i=1}^{4}\frac{\partial N_i}{\partial c}v_i$$

$$= \frac{1}{4a}\left[-(1-c)u_1 - (1+c)u_2 + (1+c)u_3 + (1-c)u_4 \right] +$$

$$\frac{1}{4b}\left[-(1-s)v_1 + (1-s)v_2 + (1+s)v_3 - (1+s)v_4 \right] \tag{3-250}$$

将 $c=0$、$s=0$ 代入, 可得:

$$\varepsilon_x = \frac{1}{4a}(-u_1 + u_2 + u_3 - u_4) \tag{3-251}$$

$$\varepsilon_y = \frac{1}{4b}(-v_1 - v_2 + v_3 + v_4) \tag{3-252}$$

$$\gamma_{xy} = \frac{1}{4a}(-u_1 - u_2 + u_3 + u_4) + \frac{1}{4b}(-v_1 + v_2 + v_3 - v_4) \tag{3-253}$$

根据提供的已知位移关系, 可知在 $(0,0)$ 处, 各应变分量为 0。

取 $u_1 = -u_2 = u_3 = -u_4$、$v_1 = v_2 = v_3 = v_4 = 0$, 其变形状态见图 3-25, 从图上可直观地看出: 过中心点的两条直线段微元, 其长度和夹角均没有改变, 因此三个应变分量均为零。

取 $u_1 = u_2 = u_3 = u_4 = 0$、$v_1 = -v_2 = v_3 = -v_4$, 其变形状态见图 3-26, 从图上可直观地看出: 过中心点的两条直线段微元, 其长度和夹角均没有改变, 因此三个应变分量均为零。

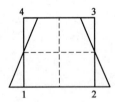

图 3-25 矩形 4 节点单元的一种变形

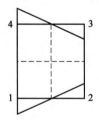

图 3-26 矩形 4 节点单元的一种变形

从表 3-5 可以看出, 从避免零能模式出发, 由于平面四边形 8 节点单元只需要 5 个积分点, 因此可采用下述的二维 5 点积分方法:

$$I = w_a f(\pm a, \pm a) + w_0 f(0,0) \tag{3-254}$$

式中, w_0 可自由选择, $w_a = 1 - \dfrac{w_0}{4}$, $a = \dfrac{1}{\sqrt{3 w_a}}$。为与 2×2 的 Gauss 积分点位置接近并避免零能模式, 可取 $w_0 = 0.004$。

对于对称区间 $[-1,1]$ 而言, 奇数次积分为 0, 上述 5 个积分点具有 2 次精度, 能实现与 2×2 的 Gauss 积分(3 次精度)相同的积分效果。事实上, 如取 $w_0 = 0$, 就退化为 2×2 的 Gauss 积分。

3.9 非弹性应变的等效节点荷载计算方法

3.9.1 具有非弹性应变的材料本构关系(空间问题)

加载过程中的非弹性应变可由多种物理原因产生, 如温度变化、材料塑性变形等。

对于三维空间问题, 具有非弹性应变的应力应变关系为:

$$\begin{Bmatrix} \sigma_x \\ \sigma_y \\ \sigma_z \\ \tau_{yz} \\ \tau_{zx} \\ \tau_{xy} \end{Bmatrix} = \frac{E}{(1+\mu)(1-2\mu)} \begin{bmatrix} 1-\mu & \mu & \mu & 0 & 0 & 0 \\ \mu & 1-\mu & \mu & 0 & 0 & 0 \\ \mu & \mu & 1-\mu & 0 & 0 & 0 \\ 0 & 0 & 0 & \frac{1-2\mu}{2} & 0 & 0 \\ 0 & 0 & 0 & 0 & \frac{1-2\mu}{2} & 0 \\ 0 & 0 & 0 & 0 & 0 & \frac{1-2\mu}{2} \end{bmatrix} \left(\begin{Bmatrix} \varepsilon_x \\ \varepsilon_y \\ \varepsilon_z \\ \gamma_{yz} \\ \gamma_{zx} \\ \gamma_{xy} \end{Bmatrix} - \begin{Bmatrix} \varepsilon_x^p \\ \varepsilon_y^p \\ \varepsilon_z^p \\ \gamma_{yz}^p \\ \gamma_{zx}^p \\ \gamma_{xy}^p \end{Bmatrix} \right)$$

$$(3\text{-}255)$$

式中: E——材料弹性模量;

μ——材料泊松比;

$\{\sigma_x \quad \sigma_y \quad \sigma_z \quad \tau_{yz} \quad \tau_{zx} \quad \tau_{xy}\}^T$——各应力分量组成的列向量;

$\{\varepsilon_x \quad \varepsilon_y \quad \varepsilon_z \quad \gamma_{yz} \quad \gamma_{zx} \quad \gamma_{xy}\}^T$——各应变分量组成的列向量;

$\{\varepsilon_x^p \quad \varepsilon_y^p \quad \varepsilon_z^p \quad \gamma_{yz}^p \quad \gamma_{zx}^p \quad \gamma_{xy}^p\}^T$——各非弹性应变分量组成的列向量。

应力应变关系也可表示为:

$$\begin{Bmatrix} \varepsilon_x \\ \varepsilon_y \\ \varepsilon_z \\ \gamma_{yz} \\ \gamma_{zx} \\ \gamma_{xy} \end{Bmatrix} = \frac{1}{E} \begin{bmatrix} 1 & -\mu & -\mu & 0 & 0 & 0 \\ -\mu & 1 & -\mu & 0 & 0 & 0 \\ -\mu & -\mu & 1 & 0 & 0 & 0 \\ 0 & 0 & 0 & 2(1+\mu) & 0 & 0 \\ 0 & 0 & 0 & 0 & 2(1+\mu) & 0 \\ 0 & 0 & 0 & 0 & 0 & 2(1+\mu) \end{bmatrix} \begin{Bmatrix} \sigma_x \\ \sigma_y \\ \sigma_z \\ \tau_{yz} \\ \tau_{zx} \\ \tau_{xy} \end{Bmatrix} + \begin{Bmatrix} \varepsilon_x^p \\ \varepsilon_y^p \\ \varepsilon_z^p \\ \gamma_{yz}^p \\ \gamma_{zx}^p \\ \gamma_{xy}^p \end{Bmatrix} \qquad (3\text{-}256)$$

3.9.2　具有非弹性应变的材料本构关系(平面应力问题)

对于平面应力问题,应力分量为:

$$\begin{cases} \sigma_x = \sigma_x(x,y) \\ \sigma_y = \sigma_y(x,y) \\ \sigma_z = 0 \\ \tau_{yz} = 0 \\ \tau_{zx} = 0 \\ \tau_{xy} = \tau_{xy}(x,y) \end{cases} \tag{3-257}$$

根据空间问题的本构关系,由 $\sigma_z = 0$ 可得:

$$\sigma_z = \frac{E(1-\mu)}{(1+\mu)(1-2\mu)}\left[\frac{\mu}{1-\mu}(\varepsilon_x - \varepsilon_x^p) + \frac{\mu}{1-\mu}(\varepsilon_y - \varepsilon_y^p) + (\varepsilon_z - \varepsilon_z^p)\right] = 0 \tag{3-258}$$

$$\varepsilon_z - \varepsilon_z^p = -\frac{\mu}{1-\mu}(\varepsilon_x - \varepsilon_x^p + \varepsilon_y - \varepsilon_y^p) \tag{3-259}$$

代入空间问题 σ_x 的计算公式中,可得:

$$\begin{aligned} \sigma_x &= \frac{E(1-\mu)}{(1+\mu)(1-2\mu)}\left[(\varepsilon_x - \varepsilon_x^p) + \frac{\mu}{1-\mu}(\varepsilon_y - \varepsilon_y^p) + \frac{\mu}{1-\mu}(\varepsilon_z - \varepsilon_z^p)\right] \\ &= \frac{E(1-\mu)}{(1+\mu)(1-2\mu)}\left[(\varepsilon_x - \varepsilon_x^p) + \frac{\mu}{1-\mu}(\varepsilon_y - \varepsilon_y^p) - \frac{\mu^2}{(1-\mu)^2}(\varepsilon_x - \varepsilon_x^p + \varepsilon_y - \varepsilon_y^p)\right] \\ &= \frac{E(1-\mu)}{(1+\mu)(1-2\mu)}\left[\frac{1-2\mu}{(1-\mu)^2}(\varepsilon_x - \varepsilon_x^p) + \frac{\mu(1-2\mu)}{(1-\mu)^2}(\varepsilon_y - \varepsilon_y^p)\right] \\ &= \frac{E}{1-\mu^2}\left[\varepsilon_x - \varepsilon_x^p + \mu(\varepsilon_y - \varepsilon_y^p)\right] \end{aligned} \tag{3-260}$$

类推可得:

$$\sigma_y = \frac{E}{1-\mu^2}\left[\varepsilon_y - \varepsilon_y^p + \mu(\varepsilon_x - \varepsilon_x^p)\right] \tag{3-261}$$

与剪应力计算公式合并可表示为:

$$\begin{Bmatrix} \sigma_x \\ \sigma_y \\ \tau_{xy} \end{Bmatrix} = \frac{E}{1-\mu^2}\begin{bmatrix} 1 & \mu & 0 \\ \mu & 1 & 0 \\ 0 & 0 & \dfrac{1-\mu}{2} \end{bmatrix}\left(\begin{Bmatrix} \varepsilon_x \\ \varepsilon_y \\ \gamma_{xy} \end{Bmatrix} - \begin{Bmatrix} \varepsilon_x^p \\ \varepsilon_y^p \\ \gamma_{xy}^p \end{Bmatrix}\right) \tag{3-262}$$

由上式可求出应变:

$$\begin{Bmatrix} \varepsilon_x \\ \varepsilon_y \\ \gamma_{xy} \end{Bmatrix} = \frac{1}{E}\begin{bmatrix} 1 & -\mu & 0 \\ -\mu & 1 & 0 \\ 0 & 0 & 2(1+\mu) \end{bmatrix}\begin{Bmatrix} \sigma_x \\ \sigma_y \\ \tau_{xy} \end{Bmatrix} + \begin{Bmatrix} \varepsilon_x^p \\ \varepsilon_y^p \\ \gamma_{xy}^p \end{Bmatrix} \tag{3-263}$$

由于 $\sigma_z = 0$, ε_z 也可按下式计算:

$$\varepsilon_z = \frac{1}{E}[\sigma_z - \mu(\sigma_x + \sigma_y)] + \varepsilon_z^p = \frac{-\mu}{E}(\sigma_x + \sigma_y) + \varepsilon_z^p \qquad (3\text{-}264)$$

3.9.3　具有非弹性应变的材料本构关系(平面应变问题)

平面应变问题的位移可表示为:

$$\begin{cases} u = u(x,y) \\ v = v(x,y) \\ w = 0 \end{cases} \qquad (3\text{-}265)$$

对应的应变为:

$$\begin{cases} \varepsilon_x = \dfrac{\partial u}{\partial x} \\[2mm] \varepsilon_y = \dfrac{\partial v}{\partial y} \\[2mm] \varepsilon_z = \dfrac{\partial w}{\partial z} = 0 \\[2mm] \gamma_{yz} = \dfrac{\partial v}{\partial z} + \dfrac{\partial w}{\partial y} = 0 \\[2mm] \gamma_{zx} = \dfrac{\partial w}{\partial x} + \dfrac{\partial u}{\partial z} = 0 \\[2mm] \gamma_{xy} = \dfrac{\partial u}{\partial y} + \dfrac{\partial v}{\partial x} \end{cases} \qquad (3\text{-}266)$$

根据空间问题的本构关系,由 $\varepsilon_z = 0$ 可得:

$$\varepsilon_z = \frac{1}{E}[\sigma_z - \mu(\sigma_x + \sigma_y)] + \varepsilon_z^p = 0 \qquad (3\text{-}267)$$

$$\sigma_z = \mu(\sigma_x + \sigma_y) - E\varepsilon_z^p \qquad (3\text{-}268)$$

代入空间问题 ε_x 的计算公式中可得:

$$\begin{aligned} \varepsilon_x &= \frac{1}{E}[\sigma_x - \mu(\sigma_y + \sigma_z)] + \varepsilon_x^p \\[2mm] &= \frac{1}{E}(\sigma_x - \mu\sigma_y - \mu\sigma_z) + \varepsilon_x^p \\[2mm] &= \frac{1}{E}\{\sigma_x - \mu\sigma_y - \mu[\mu(\sigma_x + \sigma_y) - E\varepsilon_z^p]\} + \varepsilon_x^p \\[2mm] &= \frac{1}{E}[\sigma_x - \mu\sigma_y - \mu^2(\sigma_x + \sigma_y) + \mu E\varepsilon_z^p] + \varepsilon_x^p \\[2mm] &= \frac{1}{E}[\sigma_x - \mu\sigma_y - \mu^2(\sigma_x + \sigma_y)] + \mu\varepsilon_z^p + \varepsilon_x^p \\[2mm] &= \frac{1}{E}[(1 - \mu^2)\sigma_x - \mu(1 + \mu)\sigma_y] + \mu\varepsilon_z^p + \varepsilon_x^p \\[2mm] &= \frac{1 + \mu}{E}[(1 - \mu)\sigma_x - \mu\sigma_y] + \mu\varepsilon_z^p + \varepsilon_x^p \end{aligned} \qquad (3\text{-}269)$$

类推可得：

$$\varepsilon_y = \frac{1+\mu}{E}\left[(1-\mu)\sigma_y - \mu\sigma_x\right] + \mu\varepsilon_z^p + \varepsilon_y^p \tag{3-270}$$

与剪应变计算公式合并，有：

$$\begin{Bmatrix} \varepsilon_x \\ \varepsilon_y \\ \gamma_{xy} \end{Bmatrix} = \frac{1+\mu}{E}\begin{bmatrix} 1-\mu & -\mu & 0 \\ -\mu & 1-\mu & 0 \\ 0 & 0 & 2 \end{bmatrix}\begin{Bmatrix} \sigma_x \\ \sigma_y \\ \tau_{xy} \end{Bmatrix} + \begin{Bmatrix} \varepsilon_x^p + \mu\varepsilon_z^p \\ \varepsilon_y^p + \mu\varepsilon_z^p \\ \gamma_{xy}^p \end{Bmatrix} \tag{3-271}$$

由上式可求得应力为：

$$\begin{Bmatrix} \sigma_x \\ \sigma_y \\ \tau_{xy} \end{Bmatrix} = \frac{E}{(1+\mu)(1-2\mu)}\begin{bmatrix} 1-\mu & \mu & 0 \\ \mu & 1-\mu & 0 \\ 0 & 0 & \frac{1-2\mu}{2} \end{bmatrix}\left(\begin{Bmatrix} \varepsilon_x \\ \varepsilon_y \\ \gamma_{xy} \end{Bmatrix} - \begin{Bmatrix} \varepsilon_x^p + \mu\varepsilon_z^p \\ \varepsilon_y^p + \mu\varepsilon_z^p \\ \gamma_{xy}^p \end{Bmatrix}\right) \tag{3-272}$$

另一种处理此类问题的方法是使用 4 个应力分量和 4 个应变分量来表示本构关系：

$$\begin{Bmatrix} \sigma_x \\ \sigma_y \\ \sigma_z \\ \tau_{xy} \end{Bmatrix} = \frac{E}{(1+\mu)(1-2\mu)}\begin{bmatrix} 1-\mu & \mu & \mu & 0 \\ \mu & 1-\mu & \mu & 0 \\ \mu & \mu & 1-\mu & 0 \\ 0 & 0 & 0 & \frac{1-2\mu}{2} \end{bmatrix}\left(\begin{Bmatrix} \varepsilon_x \\ \varepsilon_y \\ \varepsilon_z \\ \gamma_{xy} \end{Bmatrix} - \begin{Bmatrix} \varepsilon_x^p \\ \varepsilon_y^p \\ \varepsilon_z^p \\ \gamma_{xy}^p \end{Bmatrix}\right) \tag{3-273}$$

$$\begin{Bmatrix} \varepsilon_x \\ \varepsilon_y \\ \varepsilon_z \\ \gamma_{xy} \end{Bmatrix} = \frac{1}{E}\begin{bmatrix} 1 & -\mu & -\mu & 0 \\ -\mu & 1 & -\mu & 0 \\ -\mu & -\mu & 1 & 0 \\ 0 & 0 & 0 & 2(1+\mu) \end{bmatrix}\begin{Bmatrix} \sigma_x \\ \sigma_y \\ \sigma_z \\ \tau_{xy} \end{Bmatrix} + \begin{Bmatrix} \varepsilon_x^p \\ \varepsilon_y^p \\ \varepsilon_z^p \\ \gamma_{xy}^p \end{Bmatrix} \tag{3-274}$$

在上面两式中，取 $\varepsilon_z \equiv 0$ 即可。

3.9.4　非弹性应变的等效节点荷载

由于非弹性应变改变了材料的应力应变本构关系，因此必须从虚变形能的计算方法来分析非弹性应变对结构的影响。

从前面的分析可以发现，平面应力和平面应变问题可统一表示为：

$$\begin{Bmatrix} \sigma_x \\ \sigma_y \\ \tau_{xy} \end{Bmatrix} = \begin{bmatrix} D \end{bmatrix}\left(\begin{Bmatrix} \varepsilon_x \\ \varepsilon_y \\ \gamma_{xy} \end{Bmatrix} - \begin{Bmatrix} \varepsilon_x^0 \\ \varepsilon_y^0 \\ \gamma_{xy}^0 \end{Bmatrix}\right) \tag{3-275}$$

式中,矩阵$[D]$和向量$\begin{Bmatrix} \varepsilon_x^0 \\ \varepsilon_y^0 \\ \gamma_{xy}^0 \end{Bmatrix}$的取法为:

(1)对于平面应力问题

$$[D] = \frac{E}{1-\mu^2}\begin{bmatrix} 1 & \mu & 0 \\ \mu & 1 & 0 \\ 0 & 0 & \dfrac{1-\mu}{2} \end{bmatrix} \tag{3-276}$$

$$\begin{Bmatrix} \varepsilon_x^0 \\ \varepsilon_y^0 \\ \gamma_{xy}^0 \end{Bmatrix} = \begin{Bmatrix} \varepsilon_x^p \\ \varepsilon_y^p \\ \gamma_{xy}^p \end{Bmatrix} \tag{3-277}$$

(2)对于平面应变问题

$$[D] = \frac{E}{(1+\mu)(1-2\mu)}\begin{bmatrix} 1-\mu & \mu & 0 \\ \mu & 1-\mu & 0 \\ 0 & 0 & \dfrac{1-2\mu}{2} \end{bmatrix} \tag{3-278}$$

$$\begin{Bmatrix} \varepsilon_x^0 \\ \varepsilon_y^0 \\ \gamma_{xy}^0 \end{Bmatrix} = \begin{Bmatrix} \varepsilon_x^p + v\varepsilon_z^p \\ \varepsilon_y^p + v\varepsilon_z^p \\ \gamma_{xy}^p \end{Bmatrix} \tag{3-279}$$

虚变形能的计算公式为:

$$\delta U = \int_V (\sigma_x \delta\varepsilon_x + \sigma_y \delta\varepsilon_y + \sigma_z \delta\varepsilon_z + \tau_{yz}\delta\gamma_{yz} + \tau_{zx}\delta\gamma_{zx} + \tau_{xy}\delta\gamma_{xy})\mathrm{d}V \tag{3-280}$$

对于平面应力问题,有:

$$\sigma_z = 0 \tag{3-281}$$
$$\tau_{yz} = 0 \tag{3-282}$$
$$\tau_{zx} = 0 \tag{3-283}$$

对于平面应变问题,有:

$$\delta\varepsilon_z = 0 \tag{3-284}$$
$$\delta\gamma_{yz} = 0 \tag{3-285}$$
$$\delta\gamma_{zx} = 0 \tag{3-286}$$

因此对两种平面问题均有:

$$\delta U = \int_V (\sigma_x \delta\varepsilon_x + \sigma_y \delta\varepsilon_y + \sigma_z \delta\varepsilon_z + \tau_{yz}\delta\gamma_{yz} + \tau_{zx}\delta\gamma_{zx} + \tau_{xy}\delta\gamma_{xy})\mathrm{d}V$$

$$= \int_V (\sigma_x \delta\varepsilon_x + \sigma_y \delta\varepsilon_y + \tau_{xy}\delta\gamma_{xy})\mathrm{d}V$$

$$= \int_V \{\delta\varepsilon_x \quad \delta\varepsilon_y \quad \delta\gamma_{xy}\} \begin{Bmatrix} \sigma_x \\ \sigma_y \\ \tau_{xy} \end{Bmatrix}\mathrm{d}V$$

$$= \int_V \delta \{d_e\}^{\mathrm{T}} [B]^{\mathrm{T}} [D] \left(\begin{Bmatrix} \varepsilon_x \\ \varepsilon_y \\ \gamma_{xy} \end{Bmatrix} - \begin{Bmatrix} \varepsilon_x^0 \\ \varepsilon_y^0 \\ \gamma_{xy}^0 \end{Bmatrix} \right) \mathrm{d}V$$

$$= \int_V \delta \{d_e\}^{\mathrm{T}} [B]^{\mathrm{T}} [D] \begin{Bmatrix} \varepsilon_x \\ \varepsilon_y \\ \gamma_{xy} \end{Bmatrix} \mathrm{d}V - \int_V \delta \{d_e\}^{\mathrm{T}} [B]^{\mathrm{T}} [D] \begin{Bmatrix} \varepsilon_x^0 \\ \varepsilon_y^0 \\ \gamma_{xy}^0 \end{Bmatrix} \mathrm{d}V$$

$$= \delta \{d_e\}^{\mathrm{T}} \int_V [B]^{\mathrm{T}} [D] [B] \{d_e\} \mathrm{d}V - \delta \{d_e\}^{\mathrm{T}} \int_V [B]^{\mathrm{T}} [D] \begin{Bmatrix} \varepsilon_x^0 \\ \varepsilon_y^0 \\ \gamma_{xy}^0 \end{Bmatrix} \mathrm{d}V$$

$$= \delta \{d_e\}^{\mathrm{T}} [K_e] \{d_e\} - \delta \{d_e\}^{\mathrm{T}} \{F_0\} \tag{3-287}$$

式中：$\{F_0\}$——非弹性应变对应的等效节点荷载，

$$\{F_0\} = \int_V [B]^{\mathrm{T}} [D] \begin{Bmatrix} \varepsilon_x^0 \\ \varepsilon_y^0 \\ \gamma_{xy}^0 \end{Bmatrix} \mathrm{d}V = h \int_A [B]^{\mathrm{T}} [D] \begin{Bmatrix} \varepsilon_x^0 \\ \varepsilon_y^0 \\ \gamma_{xy}^0 \end{Bmatrix} \mathrm{d}A \tag{3-288}$$

对于温度变化，设备节点的温度变化为 ΔT_i（可由温度场变化得到），则一个单元内各点的温度变化可按形函数插值：

$$\Delta T = \sum_i N_i \Delta T_i \tag{3-289}$$

ΔT 引起的热应变为：

$$\{\varepsilon^{\mathrm{T}}\} = \begin{Bmatrix} \varepsilon_x^{\mathrm{T}} \\ \varepsilon_y^{\mathrm{T}} \\ \varepsilon_z^{\mathrm{T}} \\ \gamma_{xy}^{\mathrm{T}} \end{Bmatrix} = \begin{Bmatrix} \alpha \Delta T \\ \alpha \Delta T \\ \alpha \Delta T \\ 0 \end{Bmatrix} \tag{3-290}$$

于是有：

(1)对于平面应力问题

$$\begin{Bmatrix} \varepsilon_x^0 \\ \varepsilon_y^0 \\ \gamma_{xy}^0 \end{Bmatrix} = \begin{Bmatrix} \varepsilon_x^p \\ \varepsilon_y^p \\ \gamma_{xy}^p \end{Bmatrix} = \begin{Bmatrix} \alpha \Delta T \\ \alpha \Delta T \\ 0 \end{Bmatrix} \tag{3-291}$$

(2)对于平面应变问题

$$\begin{Bmatrix} \varepsilon_x^0 \\ \varepsilon_y^0 \\ \gamma_{xy}^0 \end{Bmatrix} = \begin{Bmatrix} \varepsilon_x^p + \mu \varepsilon_z^p \\ \varepsilon_y^p + \mu \varepsilon_z^p \\ \gamma_{xy}^p \end{Bmatrix} = \begin{Bmatrix} (1 + \mu) \alpha \Delta T \\ (1 + \mu) \alpha \Delta T \\ 0 \end{Bmatrix} \tag{3-292}$$

3.10　有限元分析的数值精度及收敛性

有限元作为一种通过计算机实现的数值计算方法,将实际连续场的无限自由度问题通过分片插值转化为有限个自由度问题,其计算结果与实际问题的真实状态不可避免存在误差。

3.10.1　有限元计算的误差来源

(1)求解域模拟误差:网格离散后,在曲线边界上,采用节点坐标的插值结果模拟实际边界,可能与实际边界存在差异,导致问题的求解域可能不准确。

(2)位移插值误差:在单元内,通过节点位移的插值结果近似模拟单元的实际位移场,一般不可能与实际位移场一致,由此确定的应力应变也只能是实际值的近似。由于应力、应变通过位移的导数求得,其精度比位移的精度更差。比如,实际问题在单元交界面的应力、应变一般是连续的,但是位移插值模式通常只能在交界面上实现位移连续,其导数(应变)的连续性难以实现。

(3)数值积分误差:采用数值积分方法对单元进行积分,会带来方法误差。

(4)浮点运算误差:通过计算机完成数值计算,受计算机字长的限制,只能是一种近似计算。

(5)方程求解误差:解方程等数值计算的算法优劣也直接影响计算结果的准确度。直接解法受浮点运算影响,迭代解法的收敛性与算法直接相关。

对于(1)、(2)和(3)三种误差,可通过单元网格细化和使用高精度单元提高结果的准确性,但是随着单元和节点数量的增加,计算量和存储空间也会增加,对计算机硬件的要求相应增加。对于实际工程问题,应该在计算机计算能力许可的条件下,去获取满足工程要求的解。

对于第(4)种误差,受计算机硬件和软件系统的影响,对于有限元理论而言,一般视为不可改变的系统误差。

对数值计算方法开展研究,采用良好的算法实现数值计算也是有限元理论研究、软件开发和应用需要解决的问题。

有限元理论和软件受计算机硬件和软件的影响和制约,随着计算机计算能力的提高,有限元理论和软件也需要不断地发展,以充分利用计算机提供的能力去解决更多复杂的问题。

3.10.2　有限元解的收敛准则

有限元方法属于一种分片插值的数值近似方法,计算结果主要受网格密度和单元类型的影响。对于确定的单元类型,随着单元尺度的细化,计算结果应该趋于真实解,也就是说,单元应该使得计算结果具有收敛性。

单元类型主要表现为位移插值函数,位移插值函数与有限元解的收敛性有如下结论:

(1)完备性:位移插值模式应能实现刚体位移和反映常应变。

当单元进行刚体位移时,由位移插值模式计算得到的应变必须为零。此要求在位移插值函数中表现为具有常数项。

均匀应变本身是一种真实存在的变形状态,而且当单元尺寸趋于零时,单元的应变应趋于常数。此要求在位移插值函数中表现为具有坐标的一次项。

完备性的更一般数学提法为:对于场问题的泛函,如果泛函中场变量的最高阶导数是 m 阶,则其插值函数必须包含至少 m 次完全多项式。如果插值函数不包含 m 次完全多项式,则在某种坐标系下会产生低于 m 次多项式的插值方式,求导为零,从而导致泛函为零,对场问题失去描述能力。

对于位移场的势能为:

$$\varPi = \int_V \{\varepsilon\}^T \{\sigma\} \mathrm{d}V - \{d\}^T \{F\} \tag{3-293}$$

势能中出现的应变 $\{\varepsilon\}$ 和应力 $\{\sigma\}$ 为位移的一阶导数,因此要求在位移插值函数中至少出现一次完全多项式。

(2)协调性:位移插值模式在单元交界面上应连续,以反映真实物理问题位移场的连续性。

从有限元计算理论角度分析,位移在单元交界面的连续性能实现单元之间作用力与反作用力做功之和为零。

既完备又协调的单元一定是收敛的,但是不满足协调性要求的单元不一定收敛,某些非协调单元不仅收敛,而且收敛速度比协调单元还快、精度更高。

连续单元概念:单元变量(即节点的自由度)在单元交界面连续称为 C^0 连续单元,如果单元变量及其 p 阶导数在单元交界面连续,则称该单元为 C^p 连续单元。如本章各类单元均为 C^0 连续单元,Euler-Bernoulli 梁单元则是 C^1 连续单元。

3.10.3　位移协调单元数值解的下限性

以节点位移作为基本未知量,利用变形体虚功原理、最小势能原理等建立有限元列式的有限元方法称为位移法有限元。位移法有限元的数值解与真实解之间具有确定的比较关系,分析如下。

对于确定的网格剖分,设由弹性系统的真实刚度矩阵 $[K]$、真实节点位移向量 $\{d\}$ 和荷载向量 $\{F\}$ 表达的总势能 $\varPi$ 为:

$$\varPi = \frac{1}{2}\{d\}^T[K]\{d\} - \{d\}^T\{F\} \tag{3-294}$$

但上式中的真实刚度矩阵 $[K]$ 实际上不能得到,也就不能通过:

$$[K]\{d\} = \{F\} \tag{3-295}$$

解得真实节点位移向量 $\{d\}$。

只能通过对单元的位移场提供假定的插值方法来得到近似的 $[\bar{K}]$,通过解方程:

$$[\bar{K}]\{\bar{d}\} = \{F\} \tag{3-296}$$

得到近似的节点位移向量 $\{\bar{d}\}$,从而得到系统近似的势能计算结果:

$$\overline{\varPi} = \frac{1}{2}\{\bar{d}\}^T[K]\{\bar{d}\} - \{\bar{d}\}^T\{F\} \tag{3-297}$$

由最小势能原理,真实位移场使得结构的势能最小,因此有:

$$\overline{\Pi} \geqslant \Pi \tag{3-298}$$

由于有:

$$\Pi = \frac{1}{2}\{d\}^{\mathrm{T}}[K]\{d\} - \{d\}^{\mathrm{T}}\{F\} = \frac{1}{2}\{d\}^{\mathrm{T}}\{F\} - \{d\}^{\mathrm{T}}\{F\} = -\frac{1}{2}\{d\}^{\mathrm{T}}\{F\} \tag{3-299}$$

$$\overline{\Pi} = \frac{1}{2}\{\bar{d}\}^{\mathrm{T}}[K]\{\bar{d}\} - \{\bar{d}\}^{\mathrm{T}}\{F\} = \frac{1}{2}\{\bar{d}\}^{\mathrm{T}}\{F\} - \{\bar{d}\}^{\mathrm{T}}\{F\} = -\frac{1}{2}\{\bar{d}\}^{\mathrm{T}}\{F\} \tag{3-300}$$

因此由 $\overline{\Pi} \geqslant \Pi$ 可得:

$$-\frac{1}{2}\{\bar{d}\}^{\mathrm{T}}\{F\} \geqslant -\frac{1}{2}\{d\}^{\mathrm{T}}\{F\} \tag{3-301}$$

$$\{\bar{d}\}^{\mathrm{T}}\{F\} \leqslant \{d\}^{\mathrm{T}}\{F\} \tag{3-302}$$

由于单元位移场采用假定的位移插值模式,使得近似节点位移向量 $\{\bar{d}\}$ 总体上小于真实节点位移向量 $\{d\}$(但不是点点小于),这即位移法有限元数值解的下限性质。

位移数值解下限性质的物理解释为:将连续体划分为有限个单元后,对单元的位移场引入假定位移插值模式,相当于对单元的变形进行了一定的限制,使得单元的刚度较真实情况有所增加,结构的总体刚度也相应增加,变形能力降低,因此位移解总体上比真实解小。

3.11　习题

3-1　以平面应力/应变问题为例,证明 $\{\sigma\} = [D]\{\varepsilon\}$ 中的矩阵 $[D]$ 为对称正定矩阵。

3-2　对于三角形 3 节点单元,在节点 1、2 边上,计算 3 个形函数的取值。

3-3　对于题 3-3 图所示三角形 3 节点单元,单元的 23 边的长度为 4m,其上作用有线性分布荷载(如图所示),求其等效节点荷载。

3-4　在题 3-4 图所示三角形单元的面积坐标系下,建立各节点的形函数,其中节点 4、5、6 的面积坐标分别为 (0.25,0)、(0.5,0.5)、(0,0.25)。

3-5　在题 3-5 图所示四边形单元的局部坐标系下,建立各节点的形函数,其中节点 5、8 的局部坐标分别为 (-0.5,-1)、(-1,-0.5)。

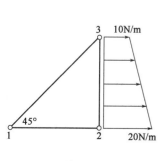

题 3-3 图

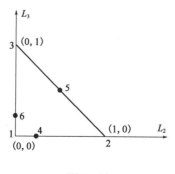

题 3-4 图

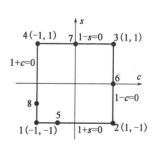

题 3-5 图

3-6 基于平面四边形 8 节点单元,在单元中心增加 1 个节点形成四边形 9 节点单元,建立各节点的形函数。

3-7 证明:当单元平行移动改变位置时,单元的 B 矩阵和刚度矩阵不改变。

3-8 推导平面 8 节点单元各边界面上分布荷载的等效节点荷载计算公式。

3-9 利用 3 点 Gauss 数值积分方法,计算 $\int_1^7 x^4 \mathrm{d}x$。

3-10 证明:四边形 4 节点单元,当形状为平行四边形时,$[B]$ 矩阵在单元内取常值,$|J|$ 也与位置无关。

3-11 如题 3-11 所示,对于四边形 4 节点单元,根据位移插值模式,推导纯弯变形方式下单元内各点的剪应变。

3-12 对于给定的整体坐标 (x_0, y_0),针对各种单元类型,建立判断该点是否位于某单元的分析方法,并编制计算机程序。

3-13 根据完全多项式的帕斯卡三角形,指出各种平面单元形函数的多项式组成方式。

3-14 对于平面应变的初应力问题,推导其等效节点荷载计算方法。

3-15 如题 3-15 图所示,证明:对于平面 8 节点单元,位移场:

$$\begin{Bmatrix} u_1 \\ v_1 \end{Bmatrix} = \begin{Bmatrix} -a \\ a \end{Bmatrix} \text{、} \begin{Bmatrix} u_2 \\ v_2 \end{Bmatrix} = \begin{Bmatrix} a \\ a \end{Bmatrix} \text{、} \begin{Bmatrix} u_3 \\ v_3 \end{Bmatrix} = \begin{Bmatrix} a \\ -a \end{Bmatrix} \text{、} \begin{Bmatrix} u_4 \\ v_4 \end{Bmatrix} = \begin{Bmatrix} -a \\ -a \end{Bmatrix}$$

$$\begin{Bmatrix} u_5 \\ v_5 \end{Bmatrix} = \begin{Bmatrix} 0 \\ -\dfrac{a}{2} \end{Bmatrix} \text{、} \begin{Bmatrix} u_6 \\ v_6 \end{Bmatrix} = \begin{Bmatrix} -\dfrac{a}{2} \\ 0 \end{Bmatrix} \text{、} \begin{Bmatrix} u_7 \\ v_7 \end{Bmatrix} = \begin{Bmatrix} 0 \\ \dfrac{a}{2} \end{Bmatrix} \text{、} \begin{Bmatrix} u_8 \\ v_8 \end{Bmatrix} = \begin{Bmatrix} \dfrac{a}{2} \\ 0 \end{Bmatrix}$$

在减缩积分方案 2×2 的 Gaus 积分点处,各应变分量为零。

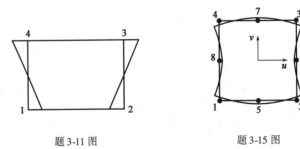

题 3-11 图　　　　　　　题 3-15 图

3-16 三角形单元有没有减缩积分方案?为什么?

3-17 如题 3-17 图所示为平面应力问题,单元编号、节点编号如图,括号内为自由度编号。已知厚度 h,弹性模量 E,泊松比 $\mu = 0$。

(1)计算单元 6 的单元刚度矩阵,并写出该单元对于总刚矩阵的贡献;

(2)计算结构总刚中零元素的个数。

3-18 对平面问题三角形 3 节点单元,推导某单元边界上梯形分布压力的等效节点荷载计算公式。

3-19 对平面问题四边形 8 节点单元,推导某单元边界上梯形分布压力的等效节点荷载计算公式。

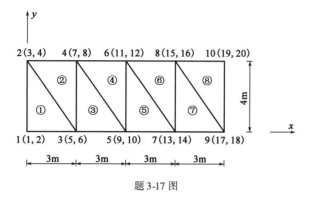

题 3-17 图

第 4 章 弹性力学空间问题的有限单元法

4.1 空间问题本构关系

三维空间线弹性问题的应力应变关系为：

$$\begin{Bmatrix} \sigma_x \\ \sigma_y \\ \sigma_z \\ \tau_{yz} \\ \tau_{zx} \\ \tau_{xy} \end{Bmatrix} = \frac{E}{(1+\mu)(1-2\mu)} \begin{bmatrix} 1-\mu & \mu & \mu & 0 & 0 & 0 \\ \mu & 1-\mu & \mu & 0 & 0 & 0 \\ \mu & \mu & 1-\mu & 0 & 0 & 0 \\ 0 & 0 & 0 & \dfrac{1-2\mu}{2} & 0 & 0 \\ 0 & 0 & 0 & 0 & \dfrac{1-2\mu}{2} & 0 \\ 0 & 0 & 0 & 0 & 0 & \dfrac{1-2\mu}{2} \end{bmatrix} \begin{Bmatrix} \varepsilon_x \\ \varepsilon_y \\ \varepsilon_z \\ \gamma_{yz} \\ \gamma_{zx} \\ \gamma_{xy} \end{Bmatrix} \tag{4-1}$$

$$\begin{Bmatrix} \varepsilon_x \\ \varepsilon_y \\ \varepsilon_z \\ \gamma_{yz} \\ \gamma_{zx} \\ \gamma_{xy} \end{Bmatrix} = \frac{1}{E} \begin{bmatrix} 1 & -\mu & -\mu & 0 & 0 & 0 \\ -\mu & 1 & -\mu & 0 & 0 & 0 \\ -\mu & -\mu & 1 & 0 & 0 & 0 \\ 0 & 0 & 0 & 2(1+\mu) & 0 & 0 \\ 0 & 0 & 0 & 0 & 2(1+\mu) & 0 \\ 0 & 0 & 0 & 0 & 0 & 2(1+\mu) \end{bmatrix} \begin{Bmatrix} \sigma_x \\ \sigma_y \\ \sigma_z \\ \tau_{yz} \\ \tau_{zx} \\ \tau_{xy} \end{Bmatrix} \tag{4-2}$$

体积锁定：

根据上述应力—应变关系，可得：

$$\varepsilon_V = \varepsilon_x + \varepsilon_y + \varepsilon_z = \frac{1-2\mu}{E}(\sigma_x + \sigma_y + \sigma_z) \tag{4-3}$$

上式表明，当 $\mu = 0.5$ 时，$\dfrac{1-2\mu}{E} = 0$，平均应力不引起体积改变。但是，根据：

$$\sigma_x + \sigma_y + \sigma_z = \frac{E}{1-2\mu}(\varepsilon_x + \varepsilon_y + \varepsilon_z) \tag{4-4}$$

当 $\mu = 0.5$ 时，体积模量 $\dfrac{E}{1-2\mu}$ 无穷大，则很小的体积应变（应变是位移的导数，其值没有位移的精度高，存在误差，对于真实的零体积应变，也会得到非零值）可能引起极大的静水应力,从而得到不真实的应力分析结果,这种现象称为体积锁定。

4.2 空间等参元的有限元列式

4.2.1 坐标变换

对于空间等参元,设节点个数为 n,根据等参单元的坐标插值方法,有:

$$\begin{cases} x = \sum_i N_i x_i \\ y = \sum_i N_i y_i \\ z = \sum_i N_i z_i \end{cases} \tag{4-5}$$

其中,各形函数是局部坐标 c、s、t 的函数,对于不同几何形状的单元,局部坐标的含义及取值范围有所差异,在具体单元类型中再介绍。

坐标插值方法建立了整体坐标与局部坐标之间的一一对应关系,根据局部坐标的取值范围,描述出了单元在整体坐标系下的几何形状。

根据坐标插值方法,整体坐标对局部坐标的偏导数表示为矩阵形式可得坐标变换的 Jacob 矩阵为:

$$[J] = \begin{bmatrix} \dfrac{\partial x}{\partial c} & \dfrac{\partial y}{\partial c} & \dfrac{\partial z}{\partial c} \\ \dfrac{\partial x}{\partial s} & \dfrac{\partial y}{\partial s} & \dfrac{\partial z}{\partial s} \\ \dfrac{\partial x}{\partial t} & \dfrac{\partial y}{\partial t} & \dfrac{\partial z}{\partial t} \end{bmatrix} = \begin{bmatrix} \dfrac{\partial N_1}{\partial c} & \cdots & \dfrac{\partial N_n}{\partial c} \\ \dfrac{\partial N_1}{\partial s} & \cdots & \dfrac{\partial N_n}{\partial s} \\ \dfrac{\partial N_1}{\partial t} & \cdots & \dfrac{\partial N_n}{\partial t} \end{bmatrix} \begin{bmatrix} x_1 & y_1 & z_1 \\ \vdots & \vdots & \vdots \\ x_n & y_n & z_n \end{bmatrix} \tag{4-6}$$

利用任意函数 $f(x,y)$ 对局部坐标 (c,s) 的导数计算方法:

$$\begin{Bmatrix} \dfrac{\partial f}{\partial c} \\ \dfrac{\partial f}{\partial s} \\ \dfrac{\partial f}{\partial t} \end{Bmatrix} = \begin{bmatrix} \dfrac{\partial x}{\partial c} & \dfrac{\partial y}{\partial c} & \dfrac{\partial z}{\partial c} \\ \dfrac{\partial x}{\partial s} & \dfrac{\partial y}{\partial s} & \dfrac{\partial z}{\partial s} \\ \dfrac{\partial x}{\partial t} & \dfrac{\partial y}{\partial t} & \dfrac{\partial z}{\partial t} \end{bmatrix} \begin{Bmatrix} \dfrac{\partial f}{\partial x} \\ \dfrac{\partial f}{\partial y} \\ \dfrac{\partial f}{\partial z} \end{Bmatrix} \tag{4-7}$$

分别取 $f(x,y)$ 为 c、s、t,可得整体坐标 (x,y,z) 与局部坐标 (c,s,t) 之间的导数变换关系:

$$\begin{bmatrix} \dfrac{\partial c}{\partial c} & \dfrac{\partial s}{\partial c} & \dfrac{\partial t}{\partial c} \\ \dfrac{\partial c}{\partial s} & \dfrac{\partial s}{\partial s} & \dfrac{\partial t}{\partial s} \\ \dfrac{\partial c}{\partial t} & \dfrac{\partial s}{\partial t} & \dfrac{\partial t}{\partial t} \end{bmatrix} = \begin{bmatrix} \dfrac{\partial x}{\partial c} & \dfrac{\partial y}{\partial c} & \dfrac{\partial z}{\partial c} \\ \dfrac{\partial x}{\partial s} & \dfrac{\partial y}{\partial s} & \dfrac{\partial z}{\partial s} \\ \dfrac{\partial x}{\partial t} & \dfrac{\partial y}{\partial t} & \dfrac{\partial z}{\partial t} \end{bmatrix} \begin{bmatrix} \dfrac{\partial c}{\partial x} & \dfrac{\partial s}{\partial x} & \dfrac{\partial t}{\partial x} \\ \dfrac{\partial c}{\partial y} & \dfrac{\partial s}{\partial y} & \dfrac{\partial t}{\partial y} \\ \dfrac{\partial c}{\partial z} & \dfrac{\partial s}{\partial z} & \dfrac{\partial s}{\partial z} \end{bmatrix} = \begin{bmatrix} 1 & 0 & 0 \\ 0 & 1 & 0 \\ 0 & 0 & 1 \end{bmatrix} \tag{4-8}$$

于是有:

$$\begin{bmatrix} \dfrac{\partial c}{\partial x} & \dfrac{\partial s}{\partial x} & \dfrac{\partial t}{\partial x} \\[2mm] \dfrac{\partial c}{\partial y} & \dfrac{\partial s}{\partial y} & \dfrac{\partial t}{\partial y} \\[2mm] \dfrac{\partial c}{\partial z} & \dfrac{\partial s}{\partial z} & \dfrac{\partial s}{\partial z} \end{bmatrix} = \begin{bmatrix} \dfrac{\partial x}{\partial c} & \dfrac{\partial y}{\partial c} & \dfrac{\partial z}{\partial c} \\[2mm] \dfrac{\partial x}{\partial s} & \dfrac{\partial y}{\partial s} & \dfrac{\partial z}{\partial s} \\[2mm] \dfrac{\partial x}{\partial t} & \dfrac{\partial y}{\partial t} & \dfrac{\partial z}{\partial t} \end{bmatrix}^{-1} = \begin{bmatrix} J \end{bmatrix}^{-1} \tag{4-9}$$

上面公式提供了整体坐标与局部坐标之间的偏导数的计算方法。

4.2.2 位移模式

空间等参单元的位移插值模式为：

$$\begin{cases} u = \sum_i N_i u_i \\[2mm] v = \sum_i N_i v_i \\[2mm] w = \sum_i N_i w_i \end{cases} \tag{4-10}$$

矩阵形式为：

$$\begin{Bmatrix} u \\ v \\ w \end{Bmatrix} = \begin{bmatrix} N_1 & 0 & 0 & \cdots & N_n & 0 & 0 \\ 0 & N_1 & 0 & \cdots & 0 & N_n & 0 \\ 0 & 0 & N_1 & \cdots & 0 & 0 & N_n \end{bmatrix} \begin{Bmatrix} u_1 \\ v_1 \\ w_1 \\ \vdots \\ u_n \\ v_n \\ w_n \end{Bmatrix} = \begin{bmatrix} N \end{bmatrix} \{ d_e \} \tag{4-11}$$

其中，$[N] = \begin{bmatrix} N_1 & 0 & 0 & \cdots & N_n & 0 & 0 \\ 0 & N_1 & 0 & \cdots & 0 & N_n & 0 \\ 0 & 0 & N_1 & \cdots & 0 & 0 & N_n \end{bmatrix}$ 为形函数矩阵，$\{ d_e \} = \begin{Bmatrix} u_1 \\ v_1 \\ w_1 \\ \vdots \\ u_n \\ v_n \\ w_n \end{Bmatrix}$ 为单元节点位

移向量。

4.2.3 应变、应力计算方法

根据位移插值模式可得应变的计算方法为：

$$\varepsilon_x = \frac{\partial u}{\partial x} = \sum_i \frac{\partial N_i}{\partial x} u_i \tag{4-12}$$

$$\varepsilon_y = \frac{\partial v}{\partial y} = \sum_i \frac{\partial N_i}{\partial y} v_i \tag{4-13}$$

$$\varepsilon_z = \frac{\partial w}{\partial z} = \sum_i \frac{\partial N_i}{\partial z} w_i \qquad (4\text{-}14)$$

$$\gamma_{yz} = \frac{\partial v}{\partial z} + \frac{\partial w}{\partial y} = \sum_i \frac{\partial N_i}{\partial z} v_i + \sum_i \frac{\partial N_i}{\partial y} w_i \qquad (4\text{-}15)$$

$$\gamma_{zx} = \frac{\partial w}{\partial x} + \frac{\partial u}{\partial z} = \sum_i \frac{\partial N_i}{\partial x} w_i + \sum_i \frac{\partial N_i}{\partial z} u_i \qquad (4\text{-}16)$$

$$\gamma_{xy} = \frac{\partial u}{\partial y} + \frac{\partial v}{\partial x} = \sum_i \frac{\partial N_i}{\partial y} u_i + \sum_i \frac{\partial N_i}{\partial x} v_i \qquad (4\text{-}17)$$

矩阵形式为:

$$
\left\{ \begin{array}{c} \varepsilon_x \\ \varepsilon_y \\ \varepsilon_z \\ \gamma_{yz} \\ \gamma_{zx} \\ \gamma_{xy} \end{array} \right\} =
\begin{bmatrix}
\frac{\partial N_1}{\partial x} & 0 & 0 & \cdots & \frac{\partial N_n}{\partial x} & 0 & 0 \\
0 & \frac{\partial N_1}{\partial y} & 0 & \cdots & 0 & \frac{\partial N_n}{\partial y} & 0 \\
0 & 0 & \frac{\partial N_1}{\partial z} & \cdots & 0 & 0 & \frac{\partial N_n}{\partial z} \\
0 & \frac{\partial N_1}{\partial z} & \frac{\partial N_1}{\partial y} & \cdots & 0 & \frac{\partial N_n}{\partial z} & \frac{\partial N_n}{\partial y} \\
\frac{\partial N_1}{\partial z} & 0 & \frac{\partial N_1}{\partial x} & \cdots & \frac{\partial N_n}{\partial z} & 0 & \frac{\partial N_n}{\partial x} \\
\frac{\partial N_1}{\partial y} & \frac{\partial N_1}{\partial x} & 0 & \cdots & \frac{\partial N_n}{\partial y} & \frac{\partial N_n}{\partial x} & 0
\end{bmatrix}
\left\{ \begin{array}{c} u_1 \\ v_1 \\ w_1 \\ \vdots \\ u_n \\ v_n \\ w_n \end{array} \right\} = [B]\{d_e\} \qquad (4\text{-}18)
$$

式中: $[B]$——应变位移矩阵, $[B] =$

$$
\begin{bmatrix}
\frac{\partial N_1}{\partial x} & 0 & 0 & \cdots & \frac{\partial N_n}{\partial x} & 0 & 0 \\
0 & \frac{\partial N_1}{\partial y} & 0 & \cdots & 0 & \frac{\partial N_n}{\partial y} & 0 \\
0 & 0 & \frac{\partial N_1}{\partial z} & \cdots & 0 & 0 & \frac{\partial N_n}{\partial z} \\
0 & \frac{\partial N_1}{\partial z} & \frac{\partial N_1}{\partial y} & \cdots & 0 & \frac{\partial N_n}{\partial z} & \frac{\partial N_n}{\partial y} \\
\frac{\partial N_1}{\partial z} & 0 & \frac{\partial N_1}{\partial x} & \cdots & \frac{\partial N_n}{\partial z} & 0 & \frac{\partial N_n}{\partial x} \\
\frac{\partial N_1}{\partial y} & \frac{\partial N_1}{\partial x} & 0 & \cdots & \frac{\partial N_n}{\partial y} & \frac{\partial N_n}{\partial x} & 0
\end{bmatrix}
$$

$_\circ$

在 $[B]$ 矩阵的计算中,用到了各形函数对整体坐标 (x, y, z) 的偏导数,由于形函数是以局部坐标的形式给出的,因此需要用下面方法计算:

$$\frac{\partial N_i}{\partial x} = \frac{\partial N_i}{\partial c}\frac{\partial c}{\partial x} + \frac{\partial N_i}{\partial s}\frac{\partial s}{\partial x} + \frac{\partial N_i}{\partial t}\frac{\partial t}{\partial x} \qquad (4\text{-}19)$$

$$\frac{\partial N_i}{\partial y} = \frac{\partial N_i}{\partial c}\frac{\partial c}{\partial y} + \frac{\partial N_i}{\partial s}\frac{\partial s}{\partial y} + \frac{\partial N_i}{\partial t}\frac{\partial t}{\partial y} \qquad (4\text{-}20)$$

$$\frac{\partial N_i}{\partial z} = \frac{\partial N_i}{\partial c}\frac{\partial c}{\partial z} + \frac{\partial N_i}{\partial s}\frac{\partial s}{\partial z} + \frac{\partial N_i}{\partial t}\frac{\partial t}{\partial z} \qquad (4\text{-}21)$$

应力计算由 Hooke 定律实现：

$$\begin{Bmatrix} \sigma_x \\ \sigma_y \\ \sigma_z \\ \tau_{yz} \\ \tau_{zx} \\ \tau_{xy} \end{Bmatrix} = [D] \begin{Bmatrix} \varepsilon_x \\ \varepsilon_y \\ \varepsilon_z \\ \gamma_{yz} \\ \gamma_{zx} \\ \gamma_{xy} \end{Bmatrix} = [D][B]\{d_e\} \tag{4-22}$$

4.2.4　单元刚度矩阵

1）单元刚度矩阵的推导

根据单元虚变形能的计算可得单元刚度矩阵的计算方法。

设单元节点虚位移向量为 $\delta\{d_e\}$，单元内任一点的虚位移为：

$$\begin{Bmatrix} \delta u \\ \delta v \\ \delta w \end{Bmatrix} = [N]\delta\{d_e\} \tag{4-23}$$

虚应变为：

$$\begin{Bmatrix} \delta\varepsilon_x \\ \delta\varepsilon_y \\ \delta\varepsilon_z \\ \delta\gamma_{yz} \\ \delta\gamma_{zx} \\ \delta\gamma_{xy} \end{Bmatrix} = [B]\delta\{d_e\} \tag{4-24}$$

虚变形能为：

$$\delta U = \int_V (\sigma_x \delta\varepsilon_x + \sigma_y \delta\varepsilon_y + \sigma_z \delta\varepsilon_z + \tau_{yz} \delta\gamma_{yz} + \tau_{zx} \delta\gamma_{zx} + \tau_{xy} \delta\gamma_{xy})\,\mathrm{d}V$$

$$= \int_V \{\delta\varepsilon_x \quad \delta\varepsilon_y \quad \delta\varepsilon_z \quad \delta\gamma_{yz} \quad \delta\gamma_{zx} \quad \delta\gamma_{xy}\} \begin{Bmatrix} \sigma_x \\ \sigma_y \\ \sigma_z \\ \tau_{yz} \\ \tau_{zx} \\ \tau_{xy} \end{Bmatrix} \mathrm{d}V$$

$$= \int_V \delta\{d_e\}^{\mathrm{T}} [B]^{\mathrm{T}}[D][B]\{d_e\}\,\mathrm{d}V$$

$$= \delta\{d_e\}^{\mathrm{T}} \int_V [B]^{\mathrm{T}}[D][B]\,\mathrm{d}V\{d_e\}$$

$$= \delta\{d_e\}^{\mathrm{T}}[K_e]\{d_e\} \tag{4-25}$$

式中：$[K_e] = \int_V [B]^T[D][B])dV$ 为单元刚度矩阵。

2）单元刚度矩阵的性质

（1）对称性

由于弹性矩阵$[D]$的对称性，根据$[K_e] = \int_V [B]^T[D][B]dV$的表达式，可知$[K_e]$为对称矩阵。

（2）半正定性

类似于虚变形能的推导方法，同理可得单元的弹性变性能为：

$$U = \frac{1}{2}\int_V (\sigma_x \varepsilon_x + \sigma_y \varepsilon_y + \sigma_z \varepsilon_z + \tau_{yz}\gamma_{yz} + \tau_{zx}\gamma_{zx} + \tau_{xy}\gamma_{xy})dV = \frac{1}{2}\{d_e\}^T[K_e]\{d_e\}$$

(4-26)

上述计算公式没有引入位移边界条件，因此单元可以发生任意的刚体位移。对于单元的刚体位移（不产生变形的位移），变性能$U=0$；对于任意的非刚体位移（产生变形的位移），$U>0$，因此$[K_e]$具有半正定的特点。

4.2.5　等效节点荷载计算方法

对于单元内集中力$\begin{Bmatrix}P_x\\P_y\\P_z\end{Bmatrix}$（包括节点力）、单位体积分布力$\begin{Bmatrix}f_x\\f_y\\f_z\end{Bmatrix}$和单元表面$S$上的单位面积

分布力$\begin{Bmatrix}q_x\\q_y\\q_z\end{Bmatrix}$，总虚功为：

$$\delta W = \{\delta u \quad \delta v \quad \delta w\}\begin{Bmatrix}P_x\\P_y\\P_z\end{Bmatrix} + \int_V \{\delta u \quad \delta v \quad \delta w\}\begin{Bmatrix}f_x\\f_y\\f_z\end{Bmatrix}dV + \int_S \{\delta u \quad \delta v \quad \delta w\}\begin{Bmatrix}q_x\\q_y\\q_z\end{Bmatrix}dS$$

$$= \delta\{d_e\}^T[N]^T\begin{Bmatrix}P_x\\P_y\\P_z\end{Bmatrix} + \int_V \delta\{d_e\}^T[N]^T\begin{Bmatrix}f_x\\f_y\\f_z\end{Bmatrix}dV + \int_S \delta\{d_e\}^T[N]^T\begin{Bmatrix}q_x\\q_y\\q_z\end{Bmatrix}dS$$

$$= \delta\{d_e\}^T[N]^T\begin{Bmatrix}P_x\\P_y\\P_z\end{Bmatrix} + \delta\{d_e\}^T\int_V [N]^T\begin{Bmatrix}f_x\\f_y\\f_z\end{Bmatrix}dV + \delta\{d_e\}^T\int_S [N]^T\begin{Bmatrix}q_x\\q_y\\q_z\end{Bmatrix}dS$$

$$= \delta\{d_e\}^T\left([N]^T\begin{Bmatrix}P_x\\P_y\\P_z\end{Bmatrix} + \int_V [N]^T\begin{Bmatrix}f_x\\f_y\\f_z\end{Bmatrix}dV + \int_S [N]^T\begin{Bmatrix}q_x\\q_y\\q_z\end{Bmatrix}dS\right)$$

$$= \delta\{d_e\}^T\{F_e\}$$

(4-27)

式中：$\{F_e\}$——三种荷载对应的等效节点荷载，

$$\{F_{\mathrm{e}}\} = [N]^{\mathrm{T}}\begin{Bmatrix} P_x \\ P_y \\ P_z \end{Bmatrix} + \int_V [N]^{\mathrm{T}}\begin{Bmatrix} f_x \\ f_y \\ f_z \end{Bmatrix}\mathrm{d}V + \int_S [N]^{\mathrm{T}}\begin{Bmatrix} q_x \\ q_y \\ q_z \end{Bmatrix}\mathrm{d}S \qquad (4\text{-}28)$$

4.3 空间问题的基本单元类型

4.3.1 四面体 4 节点单元

类似于平面三角形单元,对于空间四面体 4 节点单元(图 4-1),引入体积坐标 $L_i(i = 1,4)$。

四面体内一点 $P(x,y,z)$ 可将整体四面体划分为 4 个小四面体(图 4-2),记该点的各体积坐标为:

$$L_1 = \frac{V_{P234}}{V_{1234}}, L_2 = \frac{V_{1P34}}{V_{1234}}, L_3 = \frac{V_{12P4}}{V_{1234}}, L_4 = \frac{V_{123P}}{V_{1234}} \qquad (4\text{-}29)$$

显然有: $L_1 + L_2 + L_3 + L_4 = 1$。由于 4 个体积坐标不独立,可取 L_2、L_3、L_4 为独立坐标。在体积坐标下,任意四面体可变换为如图 4-3 所示的标准四面体。

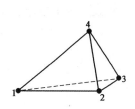

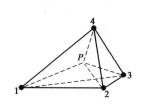

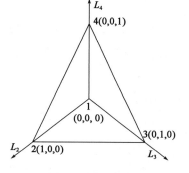

图 4-1　四面体 4 节点单元示意图　　图 4-2　四面体体积分割示意图　　图 4-3　标准四面体

四面体 4 节点单元的体积计算方法为:

$$V_{1234} = \frac{1}{3}\left(\frac{1}{2}\vec{r}_{12} \times \vec{r}_{13}\right) \cdot \vec{r}_{14}$$

$$= \frac{1}{6}\begin{vmatrix} x_4 - x_1 & y_4 - y_1 & z_4 - z_1 \\ x_2 - x_1 & y_2 - y_1 & z_2 - z_1 \\ x_3 - x_1 & y_3 - y_1 & z_3 - z_1 \end{vmatrix} = \frac{1}{6}\begin{vmatrix} 1 & x_1 & y_1 & z_1 \\ 1 & x_2 & y_2 & z_2 \\ 1 & x_3 & y_3 & z_3 \\ 1 & x_4 & y_4 & z_4 \end{vmatrix} \qquad (4\text{-}30)$$

于是有:

$$L_1 = \frac{V_{P234}}{V_{1234}} = \frac{1}{6\,V_{1234}}\begin{vmatrix} 1 & x & y & z \\ 1 & x_2 & y_2 & z_2 \\ 1 & x_3 & y_3 & z_3 \\ 1 & x_4 & y_4 & z_4 \end{vmatrix} \qquad (4\text{-}31)$$

$$L_2 = \frac{V_{1P34}}{V_{1234}} = \frac{1}{6 V_{1234}} \begin{vmatrix} 1 & x_1 & y_1 & z_1 \\ 1 & x & y & z \\ 1 & x_3 & y_3 & z_3 \\ 1 & x_4 & y_4 & z_4 \end{vmatrix} \tag{4-32}$$

$$L_3 = \frac{V_{12P4}}{V_{1234}} = \frac{1}{6 V_{1234}} \begin{vmatrix} 1 & x_1 & y_1 & z_1 \\ 1 & x_2 & y_2 & z_2 \\ 1 & x & y & z \\ 1 & x_4 & y_4 & z_4 \end{vmatrix} \tag{4-33}$$

$$L_4 = \frac{V_{123P}}{V_{1234}} = \frac{1}{6 V_{1234}} \begin{vmatrix} 1 & x_1 & y_1 & z_1 \\ 1 & x_2 & y_2 & z_2 \\ 1 & x_3 & y_3 & z_3 \\ 1 & x & y & z \end{vmatrix} \tag{4-34}$$

从体积坐标的计算公式可知,体积坐标是整体坐标的一次函数,即有:

$$L_i = a_i + b_i x + c_i y + d_i z \tag{4-35}$$

由形函数性质可得:

（1）
$$\sum_{i=1}^{4} a_i = 1, \sum_{i=1}^{4} b_i = 0, \sum_{i=1}^{4} c_i = 0, \sum_{i=1}^{4} d_i = 0 \tag{4-36}$$

（2）
$$\frac{\partial L_i}{\partial x} = b_i, \frac{\partial L_i}{\partial y} = c_i, \frac{\partial L_i}{\partial z} = d_i \tag{4-37}$$

（3）$|J|$ 与在单元内的位置无关,为常数。

由体积坐标的性质可知,对于四面体 4 节点单元,各节点的面积坐标 L_i 可作为形函数 N_i,即 $N_i = L_i$,以独立坐标表示为:

$$N_1 = L_1 = 1 - L_2 - L_3 - L_4 \tag{4-38}$$

$$N_2 = L_2 \tag{4-39}$$

$$N_3 = L_3 \tag{4-40}$$

$$N_4 = L_4 \tag{4-41}$$

各形函数是局部坐标的一次函数,也是整体坐标的一次函数,因此形函数对整体坐标的偏导数为常数、应变位移矩阵 $[B]$ 为常矩阵,四面体 4 节点单元为常应变单元。

另外,对于四面体的体积分,如果被积函数是局部坐标的多项式,可利用如下结论进行精确积分:

$$\int_V L_1^a L_2^b L_3^c L_4^d \mathrm{d}V = \frac{6V a! b! c! d!}{(a + b + c + d + 3)!} \tag{4-42}$$

4.3.2 四面体 10 节点单元

如图 4-4、图 4-5 所示,以四面体的体积坐标 L_2、L_3、L_4 为独立坐标,各节点形函数可表示为:

$$N_1 = (2L_1 - 1)L_1 = (1 - 2L_2 - 2L_3 - 2L_4)(1 - L_2 - L_3 - L_4) \tag{4-43}$$

$$N_2 = (2L_2 - 1)L_2 \tag{4-44}$$

$$N_3 = (2L_3 - 1)L_3 \tag{4-45}$$

$$N_4 = (2L_4 - 1)L_4 \tag{4-46}$$

$$N_5 = 4L_1L_2 = 4(1 - L_2 - L_3 - L_4)L_2 \tag{4-47}$$

$$N_6 = 4L_2L_3 \tag{4-48}$$

$$N_7 = 4L_1L_3 = 4(1 - L_2 - L_3 - L_4)L_3 \tag{4-49}$$

$$N_8 = 4L_1L_4 = 4(1 - L_2 - L_3 - L_4)L_4 \tag{4-50}$$

$$N_9 = 4L_2L_4 \tag{4-51}$$

$$N_{10} = 4L_3L_4 \tag{4-52}$$

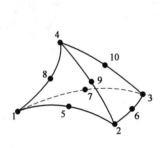 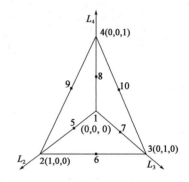

图 4-4　四面体 10 节点单元　　　　图 4-5　标准四面体 10 节点单元

当单元形状规则(各边均为直边,且边中节点位于边的中点)时,$|J|$ 在单元内取常数,各形函数对局部坐标和整体坐标的导数均为一次坐标的一次多项式,此时可实现单元刚度矩阵的精确积分。

4.3.3　五面体 6 节点单元

单元局部坐标系由三角形面积坐标和厚度方向参数坐标组成。在单元局部坐标系下,五面体棱柱垂直于棱柱方向的截面为三角形,使用独立面积坐标 L_2、L_3 进行描述,棱柱方向使用 $t \in [-1,1]$ 进行描述。如图 4-6、图 4-7 所示。

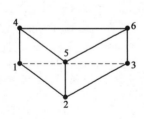 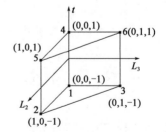

图 4-6　五面体 6 节点单元　　　图 4-7　标准五面体 6 节点单元

各节点的形函数为:

$$N_1 = \frac{1}{2}(1 - t)L_1 = \frac{1}{2}(1 - t)(1 - L_2 - L_3) \tag{4-53}$$

$$N_2 = \frac{1}{2}(1-t)L_2 \tag{4-54}$$

$$N_3 = \frac{1}{2}(1-t)L_3 \tag{4-55}$$

$$N_4 = \frac{1}{2}(1+t)L_1 = \frac{1}{2}(1+t)(1-L_2-L_3) \tag{4-56}$$

$$N_5 = \frac{1}{2}(1+t)L_2 \tag{4-57}$$

$$N_6 = \frac{1}{2}(1+t)L_3 \tag{4-58}$$

五面体 6 节点单元仍然是一次单元,在单元形状规则的情况下,垂直于棱柱方向的三角形截面内应变为常量,对非均匀应变模拟能力差。

4.3.4 五面体 15 节点单元

局部坐标系与五面体 6 节点单元相同(图 4-8、图 4-9),各节点的形函数为:
1) 角节点

$$N_1 = \frac{1}{2}(1-t)L_1(2L_1-t-2) = \frac{1}{2}(1-t)(1-L_2-L_3)(-2L_2-2L_3-t) \tag{4-59}$$

$$N_2 = \frac{1}{2}(1-t)L_2(2L_2-t-2) \tag{4-60}$$

$$N_3 = \frac{1}{2}(1-t)L_3(2L_3-t-2) \tag{4-61}$$

$$N_4 = \frac{1}{2}(1+t)L_1(2L_1+t-2) = \frac{1}{2}(1+t)(-2L_2-2L_3+t) \tag{4-62}$$

$$N_5 = \frac{1}{2}(1+t)L_2(2L_2+t-2) \tag{4-63}$$

$$N_6 = \frac{1}{2}(1+t)L_3(2L_3+t-2) \tag{4-64}$$

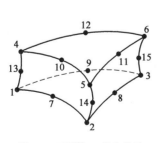

图 4-8 五面体 15 节点单元

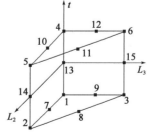

图 4-9 标准五面体 15 节点单元

2) 底部三角形边中节点

$$N_7 = 2L_1L_2(1-t) = 2(1-L_2-L_3)L_2(1-t) \tag{4-65}$$

$$N_8 = 2L_2L_3(1-t) \tag{4-66}$$

$$N_9 = 2L_1L_3(1-t) = 2(1-L_2-L_3)L_3(1-t) \tag{4-67}$$

3）顶部三角形边中节点

$$N_{10} = 2L_1L_2(1+t) = 2(1-L_2-L_3)L_2(1+t) \tag{4-68}$$

$$N_{11} = 2L_2L_3(1+t) \tag{4-69}$$

$$N_{12} = 2L_1L_3(1+t) = 2(1-L_2-L_3)L_3(1+t) \tag{4-70}$$

4）棱边中间节点

$$N_{13} = L_1(1-t^2) = (1-L_2-L_3)(1-t^2) \tag{4-71}$$

$$N_{14} = L_2(1-t^2) \tag{4-72}$$

$$N_{15} = L_3(1-t^2) \tag{4-73}$$

4.3.5　六面体 8 节点单元

如图 4-10、图 4-11 所示，六面体 8 节点单元基于局部坐标 (c,s,t) 的形函数为：

$$N_1 = \frac{1}{8}(1-c)(1-s)(1-t) \tag{4-74}$$

$$N_2 = \frac{1}{8}(1+c)(1-s)(1-t) \tag{4-75}$$

$$N_3 = \frac{1}{8}(1+c)(1+s)(1-t) \tag{4-76}$$

$$N_4 = \frac{1}{8}(1-c)(1+s)(1-t) \tag{4-77}$$

$$N_5 = \frac{1}{8}(1-c)(1-s)(1+t) \tag{4-78}$$

$$N_6 = \frac{1}{8}(1+c)(1-s)(1+t) \tag{4-79}$$

$$N_7 = \frac{1}{8}(1+c)(1+s)(1+t) \tag{4-80}$$

$$N_8 = \frac{1}{8}(1-c)(1+s)(1+t) \tag{4-81}$$

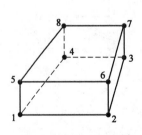
图 4-10　六面体 8 节点单元

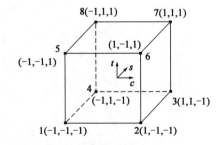
图 4-11　标准六面体 8 节点单元

将节点 i 的局部坐标记为 (c_i,s_i,t_i)，8 个节点的形函数可统一表示为：

$$N_i = \frac{1}{8}(1+c_ic)(1+s_is)(1+t_it) \tag{4-82}$$

4.3.6 六面体 20 节点单元

如图 4-12、图 4-13 所示,六面体 20 节点单元基于局部坐标(c,s,t)的形函数为:

对于角节点:

$$N_1 = \frac{1}{8}(1-c)(1-s)(1-t)(-c-s-t-2) \tag{4-83}$$

$$N_2 = \frac{1}{8}(1+c)(1-s)(1-t)(c-s-t-2) \tag{4-84}$$

$$N_3 = \frac{1}{8}(1+c)(1+s)(1-t)(c+s-t-2) \tag{4-85}$$

$$N_4 = \frac{1}{8}(1-c)(1+s)(1-t)(-c+s-t-2) \tag{4-86}$$

$$N_5 = \frac{1}{8}(1-c)(1-s)(1+t)(-c-s+t-2) \tag{4-87}$$

$$N_6 = \frac{1}{8}(1+c)(1-s)(1+t)(c-s+t-2) \tag{4-88}$$

$$N_7 = \frac{1}{8}(1+c)(1+s)(1+t)(c+s+t-2) \tag{4-89}$$

$$N_8 = \frac{1}{8}(1-c)(1+s)(1+t)(-c+s+t-2) \tag{4-90}$$

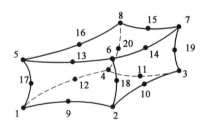

图 4-12 六面体 20 节点单元

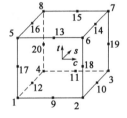

图 4-13 标准六面体 20 节点单元

将节点 i 的局部坐标记为(c_i,s_i,t_i),8 个角节点的形函数可统一表示为:

$$N_i = \frac{1}{8}(1+c_ic)(1+s_is)(1+t_it)(c_ic+s_is+t_it-2), i=1,8 \tag{4-91}$$

$$N_9 = \frac{1}{4}(1-c^2)(1-s)(1-t) \tag{4-92}$$

$$N_{10} = \frac{1}{4}(1-s^2)(1+c)(1-t) \tag{4-93}$$

$$N_{11} = \frac{1}{4}(1-c^2)(1+s)(1-t) \tag{4-94}$$

$$N_{12} = \frac{1}{4}(1-s^2)(1-c)(1-t) \tag{4-95}$$

$$N_{13} = \frac{1}{4}(1-c^2)(1-s)(1+t) \tag{4-96}$$

$$N_{14} = \frac{1}{4}(1-s^2)(1+c)(1+t) \tag{4-97}$$

$$N_{15} = \frac{1}{4}(1-c^2)(1+s)(1+t) \tag{4-98}$$

$$N_{16} = \frac{1}{4}(1-s^2)(1-c)(1+t) \tag{4-99}$$

$$N_{17} = \frac{1}{4}(1-t^2)(1-c)(1-s) \tag{4-100}$$

$$N_{18} = \frac{1}{4}(1-t^2)(1+c)(1-s) \tag{4-101}$$

$$N_{19} = \frac{1}{4}(1-t^2)(1+c)(1+s) \tag{4-102}$$

$$N_{20} = \frac{1}{4}(1-t^2)(1-c)(1+s) \tag{4-103}$$

从上述插值函数可看出,虽然有 20 个节点可提供 20 个插值函数,但是没有实现插值参数的完全三次多项式。$\frac{\partial N_i}{\partial c}$、$\frac{\partial N_i}{\partial s}$、$\frac{\partial N_i}{\partial t}$ 沿三个局部坐标方向均为局部坐标的二次函数,当单元形状规则(平行六面体、边中节点位于边的中点)时,$|J|$ 矩阵是常数,$\frac{\partial N_i}{\partial x}$、$\frac{\partial N_i}{\partial y}$、$\frac{\partial N_i}{\partial z}$ 是局部坐标的二次函数,$[B]^{\mathrm{T}}[D][B]|J|$ 是 c、s、t 的四次多项式矩阵函数,采用 $3 \times 3 \times 3$ 的 Gauss 积分法可得到精确积分。20 个形函数实现了坐标的完全二次多项式插值,对于完全二次多项式插值部分,$\frac{\partial N_i}{\partial x}$、$\frac{\partial N_i}{\partial y}$、$\frac{\partial N_i}{\partial z}$ 是局部坐标的一次多项式,当 $|J|$ 矩阵为常数时,$[B]^{\mathrm{T}}[D][B]|J|$ 是坐标的二次多项式,采用 $2 \times 2 \times 2$ 的减缩积分方案可满足积分要求,从而得到高精度的积分近似值。

4.4 空间问题的数值积分方法

4.4.1 空间问题的体积微元变换

设单元内一点的局部坐标为 (c, s, t),根据单元坐标插值方式,单元内任一点的矢径为:

$$\vec{r} = x(c,s,t)\vec{i} + y(c,s,t)\vec{j} + z(c,s,t)\vec{k} \tag{4-104}$$

单元内一点处沿 c 方向的线元为:

$$\mathrm{d}\vec{r}_c = \frac{\partial x}{\partial c}\mathrm{d}c\,\vec{i} + \frac{\partial y}{\partial c}\mathrm{d}c\,\vec{j} + \frac{\partial z}{\partial c}\mathrm{d}c\,\vec{k} \tag{4-105}$$

沿 s 方向的线元为:

$$\mathrm{d}\vec{r}_s = \frac{\partial x}{\partial s}\mathrm{d}s\,\vec{i} + \frac{\partial y}{\partial s}\mathrm{d}s\,\vec{j} + \frac{\partial z}{\partial s}\mathrm{d}s\,\vec{k} \tag{4-106}$$

沿 t 方向的线元为:

$$\mathrm{d}\vec{r}_t = \frac{\partial x}{\partial t}\mathrm{d}t\,\vec{i} + \frac{\partial y}{\partial t}\mathrm{d}t\,\vec{j} + \frac{\partial z}{\partial t}\mathrm{d}t\,\vec{k} \tag{4-107}$$

由三个线元所围成的平行六面体的体积为：

$$dV = d\vec{r}_c \cdot d\vec{r}_s \cdot d\vec{r}_t = \begin{vmatrix} \dfrac{\partial x}{\partial c}dc & \dfrac{\partial y}{\partial c}dc & \dfrac{\partial z}{\partial c}dc \\ \dfrac{\partial x}{\partial s}ds & \dfrac{\partial y}{\partial s}ds & \dfrac{\partial z}{\partial s}ds \\ \dfrac{\partial x}{\partial t}dt & \dfrac{\partial y}{\partial t}dt & \dfrac{\partial z}{\partial t}dt \end{vmatrix} = \begin{vmatrix} \dfrac{\partial x}{\partial c} & \dfrac{\partial y}{\partial c} & \dfrac{\partial z}{\partial c} \\ \dfrac{\partial x}{\partial s} & \dfrac{\partial y}{\partial s} & \dfrac{\partial z}{\partial s} \\ \dfrac{\partial x}{\partial t} & \dfrac{\partial y}{\partial t} & \dfrac{\partial z}{\partial t} \end{vmatrix} dcdsdt = |J|dcdsdt$$

(4-108)

利用上述变换，可将积分域从整体坐标系转化到局部坐标系：

$$I = \int_V f(x,y,z)dV = \int_V f(x(c,s,t),y(c,s,t),z(c,s,t))|J|dcdsdt \qquad (4\text{-}109)$$

4.4.2 关于四面体体积的数值积分方法

对于四面体的体积分，通过坐标变化将积分域从整体坐标系转化到局部坐标系，然后在局部坐标系下采用数值积分。

$$\begin{aligned} I &= \int_V f(x,y,z)dV \\ &= \int_V f(x(c,s,t),y(c,s,t),z(c,s,t))|J|dcdsdt \\ &= \sum_{i=1}^n w_i f[x(c_i,s_i,t_i),y(c_i,s_i,t_i),z(c_i,s_i,t_i)]|J|_i \end{aligned}$$

(4-110)

常用积分方案的积分点坐标和权系数见表4-1。

四面体体积的数值积分

表4-1

阶次	误差	积分点个数	积分点位置	面积坐标 (L_1,L_2,L_3,L_4)	权系数 w_i
1	$O(h^2)$	1		$\dfrac{1}{4},\dfrac{1}{4},\dfrac{1}{4},\dfrac{1}{4}$	$\dfrac{1}{6}$
2	$O(h^3)$	4		a,b,b,b b,a,b,b b,b,a,b b,b,b,a	$\dfrac{1}{24}$ $\dfrac{1}{24}$ $\dfrac{1}{24}$ $\dfrac{1}{24}$

阶次	误差	积分点个数	积分点位置	面积坐标 (L_1,L_2,L_3,L_4)	权系数 w_i
3	$O(h^4)$	5		$\dfrac{1}{4},\dfrac{1}{4},\dfrac{1}{4},\dfrac{1}{4}$	$-\dfrac{2}{15}$
				$\dfrac{1}{2},\dfrac{1}{6},\dfrac{1}{6},\dfrac{1}{6}$	$\dfrac{3}{40}$
				$\dfrac{1}{6},\dfrac{1}{2},\dfrac{1}{6},\dfrac{1}{6}$	$\dfrac{3}{40}$
				$\dfrac{1}{6},\dfrac{1}{6},\dfrac{1}{2},\dfrac{1}{6}$	$\dfrac{3}{40}$
				$\dfrac{1}{6},\dfrac{1}{6},\dfrac{1}{6},\dfrac{1}{2}$	$\dfrac{3}{40}$

注:$a=\dfrac{1+\sqrt{1.8}}{4},b=\dfrac{1-a}{3}$。

4.4.3 关于六面体体积的数值积分方法

六面体单元经过坐标变换到局部坐标系下后,其体积域由标准立方体 $\{(c,s,t)\,|\,c\in[-1,1],\,s\in[-1,1],t\in[-1,1]\}$ 描述,可利用 $[-1,1]$ 区间的 Gauss 积分法进行数值积分:

$$I = \int_{-1}^{1}\int_{-1}^{1}\int_{-1}^{1} f(c,s,t)\,\mathrm{d}c\mathrm{d}s\mathrm{d}t = \sum_{i=1}^{n}\sum_{j=1}^{n}\sum_{k=1}^{n} w_i w_j w_k f(c_i,s_j,t_k) \tag{4-111}$$

六面体单元的刚度矩阵计算方法为:

$$\begin{aligned}
[K^e] &= \int_V [B]^{\mathrm{T}}[D][B]\,\mathrm{d}V \\
&= \int_{-1}^{1}\int_{-1}^{1}\int_{-1}^{1}[B]^{\mathrm{T}}[D][B]\,|J|\,\mathrm{d}c\mathrm{d}s\mathrm{d}t \\
&= \sum_{i=1}^{n}\sum_{j=1}^{n}\sum_{k=1}^{n} w_i w_j w_k \left([B]^{\mathrm{T}}[D][B]\,|J|\right)\Big|_{(c_i,s_j,t_k)}
\end{aligned} \tag{4-112}$$

式中:$\left([B]^{\mathrm{T}}[D][B]\,|J|\right)\big|_{(c_i,s_j,t_k)}$——$[B]^{\mathrm{T}}[D][B]\,|J|$ 在 (c_i,s_j,t_k) 处取值。

对于六面体 8 节点单元,在单元形状为平行六面体时,$|J|$ 为常数,沿任一方向,$[B]$ 矩阵是坐标的线性函数,$[B]^{\mathrm{T}}[D][B]\,|J|$ 是坐标的二次函数,$2\times2\times2$ 的 Gauss 积分法可实现单元刚度矩阵的精确积分。

对于六面体 20 节点单元,在单元形状为平行六面体且边中节点位于各边中点时,$|J|$ 为常数,沿任一方向,$[B]$ 矩阵是坐标的二次函数,$[B]^{\mathrm{T}}[D][B]\,|J|$ 是坐标的四次函数,$3\times3\times3$ 的 Gauss 积分法才能实现单元刚度矩阵的精确积分。

Gauss 积分的 $3\times3\times3$ 积分方案积分点数量太多,影响计算时间,Irons 提出的 14 点积分同样可达到 $3\times3\times3$ Gauss 积分的精度,在实践中得到广泛应用,14 点 Irons 积分方法为:

$$\begin{aligned}
I &= \int_{-1}^{1}\int_{-1}^{1}\int_{-1}^{1} f(c,s,t)\,\mathrm{d}c\mathrm{d}s\mathrm{d}t \\
&= w_{\mathrm{a}}f(\pm a,\pm a,\pm a) + w_{\mathrm{b}}[f(\pm b,0,0)+f(0,\pm b,0)+f(0,0,\pm b)]
\end{aligned} \tag{4-113}$$

其中有 8 个积分点靠近角节点,6 个积分点靠近 6 个面的中心。

其中,积分点坐标和权系数的取法为:

$$a = \sqrt{\frac{19}{33}}, w_a = \frac{121}{361} \tag{4-114}$$

$$b = \sqrt{\frac{19}{30}}, w_b = \frac{320}{361} \tag{4-115}$$

4.4.4 关于空间三角形的数值积分方法

对于四面体单元的表面分布荷载、五面体单元的顶面和底面分布荷载,其等效节点力计算涉及在空间三角形表面上进行积分。将这种三角形视为单元,因单元节点数的不同,可能构成空间三角形 3 节点单元,也可能构成空间三角形 6 节点单元。

对于空间三角形单元,以面积坐标 L_2、L_3 为独立坐标(图 4-14),下面坐标插值方式描述了该空间三角形单元的几何形状:

$$\begin{cases} x = \sum_i N_i(L_2, L_3) x_i \\ y = \sum_i N_i(L_2, L_3) y_i \\ z = \sum_i N_i(L_2, L_3) z_i \end{cases} \tag{4-116}$$

上面插值方法对于空间三角形单元的节点数并无限制。

三角形单元面上一点的矢径可表示为:

$$\vec{r} = x(L_2, L_3)\vec{i} + y(L_2, L_3)\vec{j} + z(L_2, L_3)\vec{k} \tag{4-117}$$

沿 L_2 方向的线元为:

$$\mathrm{d}\vec{r}_2 = \frac{\partial x}{\partial L_2}\mathrm{d}L_2\vec{i} + \frac{\partial y}{\partial L_2}\mathrm{d}L_2\vec{j} + \frac{\partial z}{\partial L_2}\mathrm{d}L_2\vec{k} \tag{4-118}$$

沿 L_3 方向的线元为:

$$\mathrm{d}\vec{r}_3 = \frac{\partial x}{\partial L_3}\mathrm{d}L_3\vec{i} + \frac{\partial y}{\partial L_3}\mathrm{d}L_3\vec{j} + \frac{\partial z}{\partial L_3}\mathrm{d}L_3\vec{k} \tag{4-119}$$

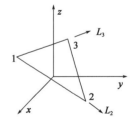

图 4-14 空间三角形面示意图

由线元 $\mathrm{d}\vec{r}_2$ 和 $\mathrm{d}\vec{r}_3$ 形成的平行四边形微元的面积矢量为:

$$\begin{aligned}
\mathrm{d}\vec{A} = \mathrm{d}\vec{r}_2 \times \mathrm{d}\vec{r}_3 &= \begin{vmatrix} \vec{i} & \vec{j} & \vec{k} \\ \dfrac{\partial x}{\partial L_2}\mathrm{d}L_2 & \dfrac{\partial y}{\partial L_2}\mathrm{d}L_2 & \dfrac{\partial z}{\partial L_2}\mathrm{d}L_2 \\ \dfrac{\partial x}{\partial L_3}\mathrm{d}L_3 & \dfrac{\partial y}{\partial L_3}\mathrm{d}L_3 & \dfrac{\partial z}{\partial L_3}\mathrm{d}L_3 \end{vmatrix} \\
&= \left(\begin{vmatrix} \dfrac{\partial y}{\partial L_2} & \dfrac{\partial z}{\partial L_2} \\ \dfrac{\partial y}{\partial L_3} & \dfrac{\partial z}{\partial L_3} \end{vmatrix}\vec{i} - \begin{vmatrix} \dfrac{\partial x}{\partial L_2} & \dfrac{\partial z}{\partial L_2} \\ \dfrac{\partial x}{\partial L_3} & \dfrac{\partial z}{\partial L_3} \end{vmatrix}\vec{j} + \begin{vmatrix} \dfrac{\partial x}{\partial L_2} & \dfrac{\partial y}{\partial L_2} \\ \dfrac{\partial x}{\partial L_3} & \dfrac{\partial y}{\partial L_3} \end{vmatrix}\vec{k} \right)\mathrm{d}L_2\mathrm{d}L_3
\end{aligned} \tag{4-120}$$

记：

$$A_x = \begin{vmatrix} \dfrac{\partial y}{\partial L_2} & \dfrac{\partial z}{\partial L_2} \\ \dfrac{\partial y}{\partial L_3} & \dfrac{\partial z}{\partial L_3} \end{vmatrix}, A_y = - \begin{vmatrix} \dfrac{\partial x}{\partial L_2} & \dfrac{\partial z}{\partial L_2} \\ \dfrac{\partial x}{\partial L_3} & \dfrac{\partial z}{\partial L_3} \end{vmatrix}, A_z = \begin{vmatrix} \dfrac{\partial x}{\partial L_2} & \dfrac{\partial y}{\partial L_2} \\ \dfrac{\partial x}{\partial L_3} & \dfrac{\partial y}{\partial L_3} \end{vmatrix} \qquad (4\text{-}121)$$

有：

$$\mathrm{d}\vec{A} = (A_x \vec{i} + A_y \vec{j} + A_z \vec{k})\,\mathrm{d}L_2 \mathrm{d}L_3 \qquad (4\text{-}122)$$

$$\mathrm{d}A = \sqrt{A_x^{\,2} + A_y^{\,2} + A_z^{\,2}}\,\mathrm{d}L_2 \mathrm{d}L_3 \qquad (4\text{-}123)$$

由面积微元的变换关系可得：

$$\int_A f(x,y,z)\,\mathrm{d}A = \int_A f[x(L_2,L_3),y(L_2,L_3),z(L_2,L_3)]\sqrt{A_x^2 + A_y^2 + A_z^2}\,\mathrm{d}L_2 \mathrm{d}L_3 \qquad (4\text{-}124)$$

比如,对于单元表面的分布力,如果分布集度按整体坐标系给定,其等效节点荷载的计算方法为：

$$\{F^e\} = \int_S [N]^{\mathrm{T}} \begin{Bmatrix} q_x \\ q_y \\ q_z \end{Bmatrix} \mathrm{d}A = \int_S [N]^{\mathrm{T}} \begin{Bmatrix} q_x \\ q_y \\ q_z \end{Bmatrix} \sqrt{A_x^2 + A_y^2 + A_z^2}\,\mathrm{d}L_2 \mathrm{d}L_3 \qquad (4\text{-}125)$$

【例 4-1】 图 4-15 中四面体 4 节点单元各点坐标为 1$(0,0,0)$、$2(1,0,0)$、$3(0,1,0)$、$4(0,0,1)$,单元面 234 上作用有沿 x 方向的均布荷载 $q = 10\mathrm{N/m}^2$,求该荷载的等效节点荷载。

解：

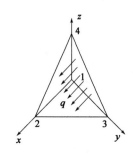

图 4-15 四面体单元面上作用均布荷载

$$6V_{1234} = \begin{vmatrix} 1 & 0 & 0 & 0 \\ 1 & 1 & 0 & 0 \\ 1 & 0 & 1 & 0 \\ 1 & 0 & 0 & 1 \end{vmatrix} = 1 \qquad (4\text{-}126)$$

单元各点的形函数为：

$$N_1 = \frac{1}{6V_{1234}} \begin{vmatrix} 1 & x & y & z \\ 1 & 1 & 0 & 0 \\ 1 & 0 & 1 & 0 \\ 1 & 0 & 0 & 1 \end{vmatrix} = 1 - x - y - z \qquad (4\text{-}127)$$

$$N_2 = \frac{1}{6V_{1234}} \begin{vmatrix} 1 & 0 & 0 & 0 \\ 1 & x & y & z \\ 1 & 0 & 1 & 0 \\ 1 & 0 & 0 & 1 \end{vmatrix} = x \qquad (4\text{-}128)$$

$$N_3 = \frac{1}{6V_{1234}} \begin{vmatrix} 1 & 0 & 0 & 0 \\ 1 & 1 & 0 & 0 \\ 1 & x & y & z \\ 1 & 0 & 0 & 1 \end{vmatrix} = y \qquad (4\text{-}129)$$

$$N_4 = \frac{1}{6V_{1234}} \begin{vmatrix} 1 & 0 & 0 & 0 \\ 1 & 1 & 0 & 0 \\ 1 & 0 & 1 & 0 \\ 1 & x & y & z \end{vmatrix} = z \tag{4-130}$$

对于单元面 234,将其作为一个三角形单元 234,有坐标变换:

$$\begin{cases} x = 1 - L_2 - L_3 \\ y = L_2 \\ z = L_3 \end{cases} \tag{4-131}$$

各形函数成为:

$$N_1 = 0 \tag{4-132}$$
$$N_2 = 1 - L_2 - L_3 \tag{4-133}$$
$$N_3 = L_2 \tag{4-134}$$
$$N_4 = L_3 \tag{4-135}$$

面积微元变换因子为:

$$A_x = \begin{vmatrix} \dfrac{\partial y}{\partial L_2} & \dfrac{\partial z}{\partial L_2} \\ \dfrac{\partial y}{\partial L_3} & \dfrac{\partial z}{\partial L_3} \end{vmatrix} = \begin{vmatrix} 1 & 0 \\ 0 & 1 \end{vmatrix} = 1 \tag{4-136}$$

$$A_y = - \begin{vmatrix} \dfrac{\partial x}{\partial L_2} & \dfrac{\partial z}{\partial L_2} \\ \dfrac{\partial x}{\partial L_3} & \dfrac{\partial z}{\partial L_3} \end{vmatrix} = - \begin{vmatrix} -1 & 0 \\ -1 & 1 \end{vmatrix} = 1 \tag{4-137}$$

$$A_z = \begin{vmatrix} \dfrac{\partial x}{\partial L_2} & \dfrac{\partial y}{\partial L_2} \\ \dfrac{\partial x}{\partial L_3} & \dfrac{\partial y}{\partial L_3} \end{vmatrix} = \begin{vmatrix} -1 & 1 \\ -1 & 0 \end{vmatrix} = 1 \tag{4-138}$$

$$\sqrt{A_x^2 + A_y^2 + A_z^2} = \sqrt{3} \tag{4-139}$$

于是等效节点荷载为:

$$\{F_e\} = \int_0^1 \int_1^{L_3} \begin{bmatrix} N_1 & 0 & 0 \\ 0 & N_1 & 0 \\ 0 & 0 & N_1 \\ N_2 & 0 & 0 \\ 0 & N_2 & 0 \\ 0 & 0 & N_2 \\ N_3 & 0 & 0 \\ 0 & N_3 & 0 \\ 0 & 0 & N_3 \\ N_4 & 0 & 0 \\ 0 & N_4 & 0 \\ 0 & 0 & N_4 \end{bmatrix} \begin{Bmatrix} 10 \\ 0 \\ 0 \end{Bmatrix} \sqrt{3}\, \mathrm{d}L_2 \mathrm{d}L_3 = 10\sqrt{3} \int_0^1 \int_1^{1-L_3} \begin{Bmatrix} 0 \\ 0 \\ 0 \\ 1-L_2-L_3 \\ 0 \\ 0 \\ L_2 \\ 0 \\ 0 \\ L_3 \\ 0 \\ 0 \end{Bmatrix} \mathrm{d}L_2 \mathrm{d}L_3 = \frac{5\sqrt{3}}{3} \begin{Bmatrix} 0 \\ 0 \\ 0 \\ 1 \\ 0 \\ 0 \\ 1 \\ 0 \\ 0 \\ 1 \\ 0 \\ 0 \end{Bmatrix}$$

$$\tag{4-140}$$

对于沿单元表面法向的分布力（以外法线方向为正），设其集度为 q_n，设 $\mathrm{d}\vec{A} = \mathrm{d}\vec{r}_2 \times \mathrm{d}\vec{r}_3$ 的方向也为外法线方向，则有：

$$\vec{q}_n = q_n \frac{\mathrm{d}\vec{A}}{\mathrm{d}A} = q_n \frac{A_x \vec{i} + A_y \vec{j} + A_z \vec{k}}{\sqrt{A_x{}^2 + A_y{}^2 + A_z{}^2}} = \frac{q_n}{\sqrt{A_x{}^2 + A_y{}^2 + A_z{}^2}} \begin{Bmatrix} A_x \\ A_y \\ A_z \end{Bmatrix} = \begin{Bmatrix} q_x \\ q_y \\ q_z \end{Bmatrix} \tag{4-141}$$

其等效节点荷载为：

$$\begin{aligned} \{F_e\} &= \int_S [N]^{\mathrm{T}} \begin{Bmatrix} q_x \\ q_y \\ q_z \end{Bmatrix} \mathrm{d}A \\[2mm] &= \int_S [N]^{\mathrm{T}} \begin{Bmatrix} q_x \\ q_y \\ q_z \end{Bmatrix} \sqrt{A_x{}^2 + A_y{}^2 + A_z{}^2}\, \mathrm{d}L_2 \mathrm{d}L_3 \\[2mm] &= \int_S [N]^{\mathrm{T}} \begin{Bmatrix} A_x \\ A_y \\ A_z \end{Bmatrix} q_n \mathrm{d}L_2 \mathrm{d}L_3 \end{aligned} \tag{4-142}$$

将曲面积分转化到局部坐标系下以后，也可采用对于三角形区域的 Hammer 积分方法进行数值积分：

$$\int_A g(L_2, L_3)\, \mathrm{d}L_2 \mathrm{d}L_3 = \sum_{i=1}^n w_i g_i \tag{4-143}$$

4.4.5　关于空间四边形的数值积分方法

五面体单元的侧表面和六面体单元的表面均为空间四边形（图 4-16），作用在这些面上的面分布力的等效节点荷载需要通过在空间四边形上进行积分来得到。

对于空间四边形，根据空间四边形的顶点个数，可利用平面四边形 4 节点单元或 8 节点单元的形函数将其映射为平面局部坐标系下的标准正方形（图 4-17），变换关系为：

$$\begin{cases} x = \sum\limits_i N_i(c,s) x_i \\[1mm] y = \sum\limits_i N_i(c,s) y_i \\[1mm] z = \sum\limits_i N_i(c,s) z_i \end{cases} \tag{4-144}$$

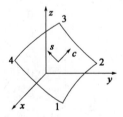
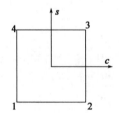

图 4-16　空间四边形图　　　　　图 4-17　标准正方形

任一点位置矢径：

$$\vec{r} = x(c,s)\vec{i} + y(c,s)\vec{j} + z(c,s)\vec{j} \tag{4-145}$$

沿 c 方向的线元为：

$$\mathrm{d}\,\vec{r}_c = \frac{\partial x}{\partial c}\mathrm{d}c\,\vec{i} + \frac{\partial y}{\partial c}\mathrm{d}c\,\vec{j} + \frac{\partial z}{\partial c}\mathrm{d}c\,\vec{k} \tag{4-146}$$

沿 s 方向的线元为：

$$\mathrm{d}\,\vec{r}_s = \frac{\partial x}{\partial s}\mathrm{d}s\,\vec{i} + \frac{\partial y}{\partial s}\mathrm{d}s\,\vec{j} + \frac{\partial z}{\partial s}\mathrm{d}s\,\vec{k} \tag{4-147}$$

由 $\mathrm{d}\,\vec{r}_c$ 和 $\mathrm{d}\,\vec{r}_s$ 为边围成的平行四边形微元的面积矢量为：

$$\mathrm{d}\vec{A} = \mathrm{d}\,\vec{r}_c \times \mathrm{d}\,\vec{r}_s = \begin{vmatrix} \vec{i} & \vec{j} & \vec{k} \\ \dfrac{\partial x}{\partial c}\mathrm{d}c & \dfrac{\partial y}{\partial c}\mathrm{d}c & \dfrac{\partial z}{\partial c}\mathrm{d}c \\ \dfrac{\partial x}{\partial s}\mathrm{d}s & \dfrac{\partial y}{\partial s}\mathrm{d}s & \dfrac{\partial z}{\partial s}\mathrm{d}s \end{vmatrix} = \left(\begin{vmatrix} \dfrac{\partial y}{\partial c} & \dfrac{\partial z}{\partial c} \\ \dfrac{\partial y}{\partial s} & \dfrac{\partial z}{\partial s} \end{vmatrix}\vec{i} - \begin{vmatrix} \dfrac{\partial x}{\partial c} & \dfrac{\partial z}{\partial c} \\ \dfrac{\partial x}{\partial s} & \dfrac{\partial z}{\partial s} \end{vmatrix}\vec{j} + \begin{vmatrix} \dfrac{\partial x}{\partial c} & \dfrac{\partial y}{\partial c} \\ \dfrac{\partial x}{\partial s} & \dfrac{\partial y}{\partial s} \end{vmatrix}\vec{k} \right)\mathrm{d}c\mathrm{d}s$$

$$\tag{4-148}$$

记：

$$A_x = \begin{vmatrix} \dfrac{\partial y}{\partial c} & \dfrac{\partial z}{\partial c} \\ \dfrac{\partial y}{\partial s} & \dfrac{\partial z}{\partial s} \end{vmatrix}, \quad A_y = -\begin{vmatrix} \dfrac{\partial x}{\partial c} & \dfrac{\partial z}{\partial c} \\ \dfrac{\partial x}{\partial s} & \dfrac{\partial z}{\partial s} \end{vmatrix}, \quad A_z = \begin{vmatrix} \dfrac{\partial x}{\partial c} & \dfrac{\partial y}{\partial c} \\ \dfrac{\partial x}{\partial s} & \dfrac{\partial y}{\partial s} \end{vmatrix} \tag{4-149}$$

有：

$$\mathrm{d}\vec{A} = (A_x\vec{i} + A_y\vec{j} + A_z\vec{k})\mathrm{d}c\mathrm{d}s \tag{4-150}$$

$$\mathrm{d}A = \sqrt{A_x^2 + A_y^2 + A_z^2}\,\mathrm{d}c\mathrm{d}s \tag{4-151}$$

由面积微元的变换关系可得：

$$\int_A f(x,y,z)\mathrm{d}A = \int_A f[x(c,s),y(c,s),z(c,s)]\sqrt{A_x^2 + A_y^2 + A_z^2}\,\mathrm{d}c\mathrm{d}s \tag{4-152}$$

比如，对于单元表面的分布力，其等效节点荷载的计算方法为：

$$\{F^e\} = \int_S [N]^{\mathrm{T}}\begin{Bmatrix} q_x \\ q_y \\ q_z \end{Bmatrix}\mathrm{d}A = \int_S [N]^{\mathrm{T}}\begin{Bmatrix} q_x \\ q_y \\ q_z \end{Bmatrix}\sqrt{A_x^2 + A_y^2 + A_z^2}\,\mathrm{d}c\mathrm{d}s \tag{4-153}$$

对于沿单元表面法向的分布力（以外法线方向为正），设其集度为 q_n，设 $\mathrm{d}\vec{A} = \mathrm{d}\,\vec{r}_c \times \mathrm{d}\,\vec{r}_s$ 的方向也为外法线方向，则有：

$$\vec{q}_n = q_n\frac{\mathrm{d}\vec{A}}{\mathrm{d}A} = q_n\frac{A_x\vec{i} + A_y\vec{j} + A_z\vec{k}}{\sqrt{A_x^2 + A_y^2 + A_z^2}} = \frac{q_n}{\sqrt{A_x^2 + A_y^2 + A_z^2}}\begin{Bmatrix} A_x \\ A_y \\ A_z \end{Bmatrix} = \begin{Bmatrix} q_x \\ q_y \\ q_z \end{Bmatrix} \tag{4-154}$$

其等效节点荷载为：

$$\{F_e\} = \int_S [N]^T \begin{Bmatrix} q_x \\ q_y \\ q_z \end{Bmatrix} dA$$

$$= \int_S [N]^T \begin{Bmatrix} q_x \\ q_y \\ q_z \end{Bmatrix} \sqrt{A_x^2 + A_y^2 + A_z^2} \, dcds$$

$$= \int_S [N]^T \begin{Bmatrix} A_x \\ A_y \\ A_z \end{Bmatrix} q_n dcds \tag{4-155}$$

将曲面积分转化到局部坐标系下以后,可采用对于标准正方形区域的 Gauss 积分方法进行数值积分:

$$\int_A g(c,s) \, dcds = \int_{-1}^{1} \int_{-1}^{1} g(c,s) \, dcds = \sum_{i=1}^{n} \sum_{j=1}^{n} w_i w_j g(c_i, s_j) \tag{4-156}$$

4.5 空间轴对称问题

空间轴对称问题(图4-18)的求解域、荷载和约束相对于某一轴对称。以对称轴为 z 轴建立圆柱坐标系 $o\text{-}rz\theta$(r 为径向线坐标,θ 为环向角度坐标),此时求解域内所有物理量(体力、面力、位移、应力、应变)均与坐标 θ 无关,是 r、z 的函数。

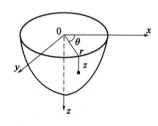

图 4-18　空间轴对称问题示意图

4.5.1　物理量非零情况

(1)荷载:$f_r(r,z)$(径向体积力分量)、$f_z(r,z)$(轴向体积力分量)。

(2)位移:$u_r(r,z)$(简记为 u)、$u_z(r,z)$(简记为 w)。

(3)应力:$\sigma_r(r,z)$、$\sigma_z(r,z)$、$\sigma_\theta(r,z)$、$\tau_{rz}(r,z) = \tau_{zr}(r,z)$。

(4)应变:$\varepsilon_r(r,z)$、$\varepsilon_z(r,z)$、$\varepsilon_\theta(r,z)$、$\gamma_{rz}(r,z) = \gamma_{zr}(r,z)$。

4.5.2　基本方程

1)几何方程

$$\begin{cases} \varepsilon_r = \dfrac{\partial u}{\partial r} \\[2mm] \varepsilon_z = \dfrac{\partial w}{\partial z} \\[2mm] \varepsilon_\theta = \dfrac{u}{r} \\[2mm] \gamma_{zr} = \dfrac{\partial u}{\partial z} + \dfrac{\partial w}{\partial r} \end{cases} \tag{4-157}$$

2）本构关系

$$\begin{Bmatrix}\varepsilon_r \\ \varepsilon_z \\ \varepsilon_\theta \\ \gamma_{rz}\end{Bmatrix} = \frac{1}{E}\begin{bmatrix} 1 & -\mu & -\mu & 0 \\ -\mu & 1 & -\mu & 0 \\ -\mu & -\mu & 1 & 0 \\ 0 & 0 & 0 & 2(1+\mu)\end{bmatrix}\begin{Bmatrix}\sigma_r \\ \sigma_z \\ \sigma_\theta \\ \tau_{rz}\end{Bmatrix} \qquad (4\text{-}158)$$

$$\begin{Bmatrix}\sigma_r \\ \sigma_z \\ \sigma_\theta \\ \tau_{rz}\end{Bmatrix} = \frac{E}{(1+\mu)(1-2\mu)}\begin{bmatrix} 1-\mu & \mu & \mu & 0 \\ \mu & 1-\mu & \mu & 0 \\ \mu & \mu & 1-\mu & 0 \\ 0 & 0 & 0 & \dfrac{1-2\mu}{2}\end{bmatrix}\begin{Bmatrix}\varepsilon_r \\ \varepsilon_z \\ \varepsilon_\theta \\ \gamma_{rz}\end{Bmatrix} = [D]\begin{Bmatrix}\varepsilon_r \\ \varepsilon_z \\ \varepsilon_\theta \\ \gamma_{rz}\end{Bmatrix} \qquad (4\text{-}159)$$

其中，$[D] = \dfrac{E}{(1+\mu)(1-2\mu)}\begin{bmatrix} 1-\mu & \mu & \mu & 0 \\ \mu & 1-\mu & \mu & 0 \\ \mu & \mu & 1-\mu & 0 \\ 0 & 0 & 0 & \dfrac{1-2\mu}{2}\end{bmatrix}$ 为空间轴对称问题的弹性矩阵。

3）平衡微分方程

$$\begin{cases}\dfrac{\partial\sigma_r}{\partial r} + \dfrac{\partial\tau_{zr}}{\partial z} + \dfrac{\sigma_r - \sigma_\theta}{r} + f_r = 0 \\[2mm] \dfrac{\partial\tau_{zr}}{\partial r} + \dfrac{\partial\sigma_z}{\partial z} + \dfrac{\tau_{zr}}{r} + f_z = 0\end{cases} \qquad (4\text{-}160)$$

4.5.3　位移模式

空间轴对称单元选取为：

（1）在 rz 平面内为三角形或四边形（图 4-19）。

（2）绕对称轴 z 轴旋转一周得到环状实体。

在 rz 平面内的位移模式可利用平面问题单元的形函数，建立等参插值方法：

$$\begin{cases} r = \sum_i N_i r_i \\ z = \sum_i N_i z_i \end{cases} \qquad (4\text{-}161)$$

$$\begin{cases} u = \sum_i N_i u_i \\ w = \sum_i N_i w_i \end{cases} \qquad (4\text{-}162)$$

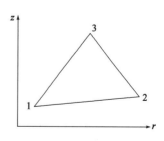

图 4-19　轴对称问题 rz 面内单元示意图

矩阵形式可表示为：

$$\begin{Bmatrix} u \\ w \end{Bmatrix} = \begin{bmatrix} N_1 & 0 & \cdots & N_n & 0 \\ 0 & N_1 & \cdots & 0 & N_n \end{bmatrix} \begin{Bmatrix} u_1 \\ w_1 \\ \vdots \\ u_n \\ w_n \end{Bmatrix} = [N]\{d_e\} \tag{4-163}$$

其中，$[N] = \begin{bmatrix} N_1 & 0 & \cdots & N_n & 0 \\ 0 & N_1 & \cdots & 0 & N_n \end{bmatrix}$ 为形函数矩阵，$\{d_e\} = \begin{Bmatrix} u_1 \\ w_1 \\ \vdots \\ u_n \\ w_n \end{Bmatrix}$ 为单元节点位移向量。

4.5.4 应变与应力

由几何方程可得到各应变分量为：

$$\varepsilon_r = \frac{\partial u}{\partial r} = \sum_i \frac{\partial N_i}{\partial r} u_i \tag{4-164}$$

$$\varepsilon_z = \frac{\partial w}{\partial z} = \sum_i \frac{\partial N_i}{\partial z} w_i \tag{4-165}$$

$$\varepsilon_\theta = \frac{u}{r} = \sum_i \frac{N_i}{r} u_i \tag{4-166}$$

$$\gamma_{zr} = \frac{\partial u}{\partial z} + \frac{\partial w}{\partial r} = \sum_i \frac{\partial N_i}{\partial z} u_i + \sum_i \frac{\partial N_i}{\partial r} w_i \tag{4-167}$$

表示为矩阵形式为：

$$\begin{Bmatrix} \varepsilon_r \\ \varepsilon_z \\ \varepsilon_\theta \\ \gamma_{rz} \end{Bmatrix} = \begin{bmatrix} \dfrac{\partial N_1}{\partial r} & 0 & \cdots & \dfrac{\partial N_n}{\partial r} & 0 \\ 0 & \dfrac{\partial N_1}{\partial z} & \cdots & 0 & \dfrac{\partial N_n}{\partial z} \\ \dfrac{N_1}{r} & 0 & \cdots & \dfrac{N_n}{r} & 0 \\ \dfrac{\partial N_1}{\partial z} & \dfrac{\partial N_1}{\partial r} & \cdots & \dfrac{\partial N_n}{\partial z} & \dfrac{\partial N_n}{\partial r} \end{bmatrix} \begin{Bmatrix} u_1 \\ w_1 \\ \vdots \\ u_n \\ w_n \end{Bmatrix} = [B]\{d_e\} \tag{4-168}$$

式中：$[B]$——应变位移矩阵，$[B] = \begin{bmatrix} \dfrac{\partial N_1}{\partial r} & 0 & \cdots & \dfrac{\partial N_n}{\partial r} & 0 \\ 0 & \dfrac{\partial N_1}{\partial z} & \cdots & 0 & \dfrac{\partial N_n}{\partial z} \\ \dfrac{N_1}{r} & 0 & \cdots & \dfrac{N_n}{r} & 0 \\ \dfrac{\partial N_1}{\partial z} & \dfrac{\partial N_1}{\partial r} & \cdots & \dfrac{\partial N_n}{\partial z} & \dfrac{\partial N_n}{\partial r} \end{bmatrix}$。

应力向量为：

$$\begin{Bmatrix} \sigma_r \\ \sigma_\theta \\ \sigma_z \\ \tau_{rz} \end{Bmatrix} = [D][B] \begin{Bmatrix} \varepsilon_r \\ \varepsilon_\theta \\ \varepsilon_z \\ \gamma_{rz} \end{Bmatrix} \qquad (4\text{-}169)$$

4.5.5 单元刚度矩阵

设单元节点虚位移向量为 $\delta\{d_e\}$，单元内任一点的虚位移为：

$$\begin{Bmatrix} \delta u \\ \delta w \end{Bmatrix} = [N]\delta\{d_e\} \qquad (4\text{-}170)$$

虚应变为：

$$\begin{Bmatrix} \delta\varepsilon_r \\ \delta\varepsilon_\theta \\ \delta\varepsilon_z \\ \delta\gamma_{rz} \end{Bmatrix} = [B]\delta\{d_e\} \qquad (4\text{-}171)$$

虚变形能为：

$$\begin{aligned} \delta U &= \int_V (\sigma_r\delta\varepsilon_r + \sigma_\theta\delta\varepsilon_\theta + \sigma_z\delta\varepsilon_z + \tau_{z\theta}\delta\gamma_{z\theta} + \tau_{zr}\delta\gamma_{zr} + \tau_{r\theta}\delta\gamma_{r\theta})\,\mathrm{d}V \\ &= \int_V (\sigma_r\delta\varepsilon_r + \sigma_\theta\delta\varepsilon_\theta + \sigma_z\delta\varepsilon_z + \tau_{zr}\delta\gamma_{zr})\,\mathrm{d}V \\ &= \int_V \{\delta\varepsilon_r \quad \delta\varepsilon_\theta \quad \delta\varepsilon_z \quad \delta\gamma_{zr}\} \begin{Bmatrix} \sigma_r \\ \sigma_\theta \\ \sigma_z \\ \tau_{rz} \end{Bmatrix} \mathrm{d}V \\ &= \int_V \delta\{d_e\}^{\mathrm{T}}[B]^{\mathrm{T}}[D][B]\{d_e\}\mathrm{d}V \\ &= \delta\{d_e\}^{\mathrm{T}}\int_V [B]^{\mathrm{T}}[D][B]\mathrm{d}V\{d_e\} \\ &= \delta\{d_e\}^{\mathrm{T}}[K_e]\{d_e\} \qquad (4\text{-}172) \end{aligned}$$

式中：$[K_e]$——单元刚度矩阵，

$$\begin{aligned} [K_e] &= \int_V [B]^{\mathrm{T}}[D][B]\mathrm{d}V \\ &= \int_V [B]^{\mathrm{T}}[D][B]r\mathrm{d}\theta\mathrm{d}r\mathrm{d}z \\ &= 2\pi\int_A [B]^{\mathrm{T}}[D][B]r\mathrm{d}r\mathrm{d}z \qquad (4\text{-}173) \end{aligned}$$

仍然具有对称、半正定的性质。

4.5.6　等效节点荷载计算方法

空间轴对称问题的各类荷载均沿环向分布一周,例如单元内集中力 $\begin{Bmatrix} P_r \\ P_z \end{Bmatrix}$ (包括节点力)指

的是沿环向单位长度的线分布力。单元内集中力 $\begin{Bmatrix} P_r \\ P_z \end{Bmatrix}$、单位体积分布力 $\begin{Bmatrix} f_r \\ f_z \end{Bmatrix}$、单元表面上的面

积分布力集度设为 $\begin{Bmatrix} q_r \\ q_z \end{Bmatrix}$ 的虚功计算方法为:

$$
\begin{aligned}
\delta W &= \{\delta u \quad \delta w\} 2\pi r \begin{Bmatrix} P_r \\ P_z \end{Bmatrix} + \int_A \{\delta u \quad \delta w\} \begin{Bmatrix} f_r \\ f_z \end{Bmatrix} 2\pi r dA + \int_S \{\delta u \quad \delta w\} \begin{Bmatrix} q_r \\ q_z \end{Bmatrix} 2\pi r dS \\
&= \delta\{d_e\}^{\mathrm T} [N]^{\mathrm T} 2\pi r \begin{Bmatrix} P_r \\ P_z \end{Bmatrix} + \int_A \delta\{d_e\}^{\mathrm T} [N]^{\mathrm T} \begin{Bmatrix} f_r \\ f_z \end{Bmatrix} 2\pi r dA + \int_S \delta\{d_e\}^{\mathrm T} [N]^{\mathrm T} \begin{Bmatrix} q_r \\ q_z \end{Bmatrix} 2\pi r dS \\
&= \delta\{d_e\}^{\mathrm T} [N]^{\mathrm T} 2\pi r \begin{Bmatrix} P_r \\ P_z \end{Bmatrix} + \delta\{d_e\}^{\mathrm T} \int_A [N]^{\mathrm T} \begin{Bmatrix} f_r \\ f_z \end{Bmatrix} 2\pi r dA + \delta\{d_e\}^{\mathrm T} \int_S [N]^{\mathrm T} \begin{Bmatrix} q_r \\ q_z \end{Bmatrix} 2\pi r dS \\
&= \delta\{d_e\}^{\mathrm T} \left([N]^{\mathrm T} 2\pi r \begin{Bmatrix} P_r \\ P_z \end{Bmatrix} + \int_A [N]^{\mathrm T} \begin{Bmatrix} f_r \\ f_z \end{Bmatrix} 2\pi r dA + \int_S [N]^{\mathrm T} \begin{Bmatrix} q_r \\ q_z \end{Bmatrix} 2\pi r dS \right) \\
&= \delta\{d_e\}^{\mathrm T} \{F_e\}
\end{aligned}
\tag{4-174}
$$

式中:$\{F_e\}$——三种荷载对应的等效节点荷载,

$$
\{F_e\} = [N]^{\mathrm T} 2\pi r \begin{Bmatrix} P_r \\ P_z \end{Bmatrix} + \int_A [N]^{\mathrm T} \begin{Bmatrix} f_r \\ f_z \end{Bmatrix} 2\pi r dA + \int_S [N]^{\mathrm T} \begin{Bmatrix} q_r \\ q_z \end{Bmatrix} 2\pi r dS
\tag{4-175}
$$

4.6　习题

4-1　推导空间问题微元体体积应变和平均应力的关系。

4-2　利用等参列式推导 $\dfrac{\partial N_i}{\partial x}$、$\dfrac{\partial N_i}{\partial y}$、$\dfrac{\partial N_i}{\partial z}$ 的计算方法。

4-3　说明各类空间单元完全多项式的阶数。

4-4　自设一个长方体,用一个空间六面体 8 节点单元计算各处的 $|J|$,并采用数值积分方法计算其体积。

4-5　说明空间单元与空间轴对称单元的单元刚度矩阵与等效节点荷载在计算公式方面的差异。

第5章 板壳有限元

5.1 引言

5.1.1 板壳结构的几何特点

在实际工程中,经常遇到非常薄的结构,即一个方向的尺度远小于另外两个方向的尺度$\left(\dfrac{h}{b}\leqslant\dfrac{1}{5}\right)$,这样的结构称为板壳结构,如图 5-1 所示。将平分板壳厚度的平面或曲面称为中面,中面是平面的称为板,中面是曲面的称为壳。很显然,壳的分析要比板复杂,板可以认为是壳的退化形式,采用壳元同样可以分析板。

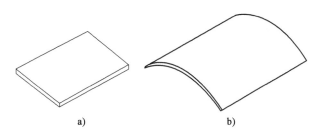

a)   b)

图 5-1　板壳结构示意图

对于板壳问题,采用实体单元模拟时,如果单元面内尺度过大,由于厚度太小,单元很薄,容易出现剪切锁定(出现虚假的剪切变形);如果单元面内尺度小到与厚度相当,则导致单元数量过于庞大,极大地增加计算量。

悬臂平板长 10m,宽 1m,厚 0.02m,材料的弹性模量 $E=200\mathrm{GPa}$,在上表面受到均布压强 $q=1\mathrm{N/m^2}$,见图 5-2。采用不同方法计算得到的结果见表 5-1。

图 5-2　悬臂板示意图

表 5-1

悬臂板挠度的多种计算结果

单 元 类 型	单 元 尺 度	单 元 数	节 点 数	悬臂端挠度（mm）	
				$v=0$	$v=0.3$
Abaqus C3D20	0.5	40	393	9.366	9.034
	0.25	160	1343	9.373	9.173
	0.1	1000	7553	9.375	9.227
	0.05	4000	29103	9.375	9.240
	0.025	16000	114203	9.375	9.245
	0.01	200000	1108805	9.375	9.249
Abaqus S8R5	1	10	53	9.375	9.261
	0.5	40	165	9.375	9.250
	0.25	160	569	9.375	9.249
	0.1	1000	3221	9.375	9.250
Abaqus S8R	1	10	53	9.375	9.267
	0.5	40	165	9.375	9.252
	0.25	160	569	9.375	9.248
	0.1	1000	3221	9.375	9.251
梁解析解 $ql^4/(8EI)$				9.375	

从上表可以看出：对于给定的板壳结构，少量的壳单元得到了高精度的结果。

5.1.2 板壳问题的基本假设

对于板壳问题，考虑到结构的几何形状和变形主要特点，通过引入 Kirchhoff 直法线假设，可将三维问题简化为二维问题。Kirchhoff 直法线假设的具体内容为：

（1）变形前，垂直于中面的法线，变形后仍然保持直线。

（2）忽略法向正应力。

5.1.3 经典薄板理论

1）中面位移与应变

如图 5-3 所示，取中面为 xy 坐标面，该面上各点的位移可表示为：

$$u = u(x,y), v = v(x,y), w = w(x,y) \tag{5-1}$$

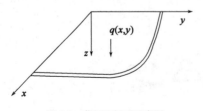

图 5-3 薄板坐标系示意图

考虑到板在弯曲变形时，$\dfrac{\partial w}{\partial x}$、$\dfrac{\partial w}{\partial y}$ 的二阶项与 $\dfrac{\partial u}{\partial x}$、$\dfrac{\partial u}{\partial y}$、$\dfrac{\partial v}{\partial x}$ 和 $\dfrac{\partial u}{\partial y}$ 的二阶项比较，$\dfrac{\partial w}{\partial x}$、$\dfrac{\partial w}{\partial y}$ 的二阶项对应变有显著的影响，不可忽略，因此有：

$$\varepsilon_x^0 = \frac{\partial u}{\partial x} + \frac{1}{2}\left(\frac{\partial w}{\partial x}\right)^2 \tag{5-2}$$

$$\varepsilon_y^0 = \frac{\partial v}{\partial x} + \frac{1}{2}\left(\frac{\partial w}{\partial y}\right)^2 \tag{5-3}$$

$$\gamma_{xy}^0 = \frac{\partial u}{\partial y} + \frac{\partial v}{\partial x} + \frac{\partial w}{\partial x}\frac{\partial w}{\partial y} \tag{5-4}$$

2）任意点位移与应变

根据直法线假设,法线上各点的位移由法线中面处的位移与法线的转动合成:

$$u^z = u - z\frac{\partial w}{\partial x}, v^z = v - z\frac{\partial w}{\partial y}, w^z = w(x,y) \tag{5-5}$$

偏离中面处的应变为中面应变叠加法线转动位移引起的应变:

$$\varepsilon_x = \frac{\partial u}{\partial x} + \frac{1}{2}\left(\frac{\partial w}{\partial x}\right)^2 - z\frac{\partial^2 w}{\partial x^2} = \varepsilon_x^0 - z\frac{\partial^2 w}{\partial x^2} \tag{5-6}$$

$$\varepsilon_y = \frac{\partial v}{\partial y} + \frac{1}{2}\left(\frac{\partial w}{\partial y}\right)^2 - z\frac{\partial^2 w}{\partial y^2} = \varepsilon_y^0 - z\frac{\partial^2 w}{\partial y^2} \tag{5-7}$$

$$\varepsilon_z = \frac{\partial w^z}{\partial z} = 0 \tag{5-8}$$

$$\gamma_{xy} = \frac{\partial u}{\partial y} + \frac{\partial v}{\partial x} + \frac{\partial w}{\partial x}\frac{\partial w}{\partial y} - 2z\frac{\partial^2 w}{\partial x\partial y} = \gamma_{xy}^0 - 2z\frac{\partial^2 w}{\partial x\partial y} \tag{5-9}$$

$$\gamma_{xz} = \frac{\partial u^z}{\partial z} + \frac{\partial w^z}{\partial x} = -\frac{\partial w}{\partial x} + \frac{\partial w}{\partial x} = 0 \tag{5-10}$$

$$\gamma_{yz} = \frac{\partial v^z}{\partial z} + \frac{\partial w^z}{\partial y} = -\frac{\partial w}{\partial y} + \frac{\partial w}{\partial y} = 0 \tag{5-11}$$

上面公式表明:

（1）厚度方向应变分量为0。

（2）板内任一点的应变可认为由两部分组成:一部分是沿厚度不变与中面相同的变形,另一部分是沿厚度按线性变化的弯曲变形。

3）中面应力

利用平面应力的应力应变关系有:

$$\sigma_x^0 = \frac{E}{1-\mu^2}(\varepsilon_x^0 + \mu\varepsilon_y^0) \tag{5-12}$$

$$\sigma_y^0 = \frac{E}{1-\mu^2}(\varepsilon_y^0 + \mu\varepsilon_x^0) \tag{5-13}$$

$$\tau_{xy}^0 = \frac{E}{2(1+\mu)}\gamma_{xy}^0 \tag{5-14}$$

4）任意点应力

利用平面应力的应力应变关系,有:

$$\sigma_x = \sigma_x^0 - \frac{Ez}{1-\mu^2}\left(\frac{\partial^2 w}{\partial x^2} + \mu\frac{\partial^2 w}{\partial y^2}\right) \tag{5-15}$$

$$\sigma_y = \sigma_y^0 - \frac{Ez}{1-\mu^2}\left(\frac{\partial^2 w}{\partial y^2} + \mu\frac{\partial^2 w}{\partial x^2}\right) \tag{5-16}$$

$$\tau_{xy} = \tau_{xy}^0 - \frac{Ez}{(1+\mu)}\frac{\partial^2 w}{\partial x\partial y} \tag{5-17}$$

5）平衡微分方程

$$D\left(\frac{\partial^4 w}{\partial x^4} + 2\frac{\partial^4 w}{\partial x^2 \partial y^2} + \frac{\partial^4 w}{\partial y^4}\right) = q + h\left(\frac{\partial^2 \varphi}{\partial y^2}\frac{\partial^2 w}{\partial x^2} + \frac{\partial^2 \varphi}{\partial x^2}\frac{\partial^2 w}{\partial y^2} - 2\frac{\partial^2 \varphi}{\partial x \partial y}\frac{\partial^2 w}{\partial x \partial y}\right) \tag{5-18}$$

$$\frac{\partial^4 \varphi}{\partial x^4} + 2\frac{\partial^4 \varphi}{\partial x^2 \partial y^2} + \frac{\partial^4 \varphi}{\partial y^4} = E\left[\left(\frac{\partial^2 w}{\partial x \partial y}\right)^2 - \frac{\partial^2 w}{\partial x^2}\frac{\partial^2 w}{\partial y^2}\right] \tag{5-19}$$

上面两式称为 von-Karman 方程组，其中，$q(x,y)$ 为板上分布荷载，$\varphi(x,y)$ 为应力函数，$D = \dfrac{Eh^3}{12(1-\mu^2)}$ 为薄板抗弯刚度。

薄板弯曲问题就是在给定边界条件下，由 von-Karman 方程组求解位移函数 $w(x,y)$ 和应力函数 $\varphi(x,y)$，再进一步求应力、内力等。

6）薄板的分类及性质

（1）小挠度薄板

当挠度远小于板厚时（通常认为最大挠度不超过板厚的 $1/5$），可认为板内无薄膜力，此时称为小挠度薄板或刚性薄板。

此时，可取 $\varphi(x,y)=0$，于是有：

$$\frac{\partial^4 w}{\partial x^4} + 2\frac{\partial^4 w}{\partial x^2 \partial y^2} + \frac{\partial^4 w}{\partial y^4} = \frac{q}{D} \tag{5-20}$$

在小挠度情况下，板上荷载主要由剪力来平衡。

（2）大挠度薄板

当薄板挠度与厚度处于同一量级时（通常认为最大挠度为板厚的 $1/5 \sim 5$ 倍），中面不能再视为中性，中面内的应力、应变和薄膜力必须加以考虑。这类薄板称为大挠度薄板或柔韧薄板。

在大挠度情况下，板上荷载主要由剪力和薄膜力共同来平衡。

（3）柔韧薄膜

当板的抗弯刚度很小时。受载后挠度大（最大挠度超过板厚的 5 倍），以致弯曲应力远小于薄膜应力时，可以略去弯曲应力，在 von-Karman 方程组中将 D 取为 0，可得：

$$h\left(\frac{\partial^2 \varphi}{\partial y^2}\frac{\partial^2 w}{\partial x^2} + \frac{\partial^2 \varphi}{\partial x^2}\frac{\partial^2 w}{\partial y^2} - 2\frac{\partial^2 \varphi}{\partial x \partial y}\frac{\partial^2 w}{\partial x \partial y}\right) = -q \tag{5-21}$$

$$\frac{\partial^4 \varphi}{\partial x^4} + 2\frac{\partial^4 \varphi}{\partial x^2 \partial y^2} + \frac{\partial^4 \varphi}{\partial y^4} = E\left[\left(\frac{\partial^2 w}{\partial x \partial y}\right)^2 - \frac{\partial^2 w}{\partial x^2}\frac{\partial^2 w}{\partial y^2}\right] \tag{5-22}$$

这种薄板称为柔韧薄膜，此时板上荷载主要靠薄膜力来平衡。

5.1.4 壳体有限元概论

壳体结构具有厚度小、自重轻、节省材料、外形美观、承载力大的特点，广泛应用于建筑顶盖、锅炉、容器、船舶、飞机和高速飞行器等结构中。

根据变形和受力的特点，壳体也有薄壳、厚壳的分类，以 R 表示中曲面的最小曲率半径，

一般把比值 $h/R \leqslant 1/20$ 的壳作为薄壳。

壳体的中面为曲面,需要在曲线坐标系下分析其变形和位移,其定解微分方程组异常复杂,这里不再讨论。由于壳体结构在材料组成、几何形状、荷载和边界条件等各方面的复杂性,通过壳体理论难以得到实际问题的解析解,因此需要采用数值方法求解。

壳体有限元通常分为三类:

(1)平板壳元,由平面应力单元和弯曲板单元结合组成。

(2)以壳体理论为基础的曲壳元,由于非线性条件下壳的控制方程非常复杂,基于壳体理论建立曲壳元相当困难。

(3)基于连续体的退化壳元,通过将壳元假设引入连续体中来建立有限元列式。

5.2　退化壳元

由于壳体问题的复杂性和处理方法的多样性,壳元的种类较多,其中基于三维实体单元使用 Kirchhoff 假设退化得到的三维退化壳元应用最为广泛。

Ahmad 提出的退化壳元是基于三维块体单元列式的超参数(位移个数 > 坐标个数)壳体有限元。其退化过程采用的基本假设有:

(1)直法线假设:变形前,垂直于中面的法线,变形后仍然保持直线,但不再是变形后壳体的中面法线。

(2)中面法线既不伸长也不缩短。

(3)忽略法线方向正应力。

5.2.1　坐标系统

由于问题的复杂性,退化壳元需要使用 4 种坐标系来实现其单元分析,如图 5-4 所示。

1)整体坐标系

在此坐标系下定义退化壳元在空间的几何形状(节点坐标)和各节点的平动位移。

2)节点坐标系($\vec{V}_{1k}, \vec{V}_{2k}, \vec{V}_{3k}$)

在此坐标系下定义节点的转动自由度。

3)自然坐标系(c, s, t)

在此坐标系下定义单元的形函数,进行单元内坐标和位移的插值。

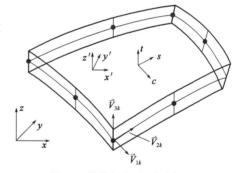

4)材料坐标系

图 5-4　退化壳元坐标系示意图

壳体通常使用复合材料采用分层组合而成,在厚度方向有多层材料,每一层材料的材料方向可以各不相同,因此在计算单元刚度阵时,一般采用分层积分,在每一层的积分点处都要针对材料的敷设情况建立材料坐标系,在材料坐标系下提供材料的弹性矩阵。

对于各向同性均匀材料,虽然不需要针对材料方向建立坐标系,但是壳元法向应力不计的假设同样需要在每个积分点建立坐标系。

5.2.2 坐标插值

设节点 k 处的中面坐标为 (x_k, y_k, z_k)，厚度为 h_k，下述坐标插值可以描述出壳元的中面曲面：

$$
\begin{Bmatrix} x(c,s) \\ y(c,s) \\ z(c,s) \end{Bmatrix} = \sum_k N_k(c,s) \begin{Bmatrix} x_k \\ y_k \\ z_k \end{Bmatrix}
\tag{5-23}
$$

根据上面公式，可计算：

$$
\begin{bmatrix} \dfrac{\partial x}{\partial c} & \dfrac{\partial y}{\partial c} & \dfrac{\partial z}{\partial c} \\[2mm] \dfrac{\partial x}{\partial s} & \dfrac{\partial y}{\partial s} & \dfrac{\partial z}{\partial s} \end{bmatrix} = \begin{bmatrix} \dfrac{\partial N_1}{\partial c} & \cdots & \dfrac{\partial N_n}{\partial c} \\[2mm] \dfrac{\partial N_1}{\partial s} & \cdots & \dfrac{\partial N_n}{\partial s} \end{bmatrix} \begin{bmatrix} x_1 & y_1 & z_1 \\ \vdots & \vdots & \vdots \\ x_n & y_n & z_n \end{bmatrix}
\tag{5-24}
$$

中面上一点的矢径可表示为：

$$
\vec{r} = x(c,s)\vec{i} + y(c,s)\vec{j} + z(c,s)\vec{k}
\tag{5-25}
$$

沿 c 方向的线元为：

$$
\mathrm{d}\vec{r}_c = \left(\frac{\partial x}{\partial c}\vec{i} + \frac{\partial y}{\partial c}\vec{j} + \frac{\partial z}{\partial c}\vec{k} \right)\mathrm{d}c
\tag{5-26}
$$

沿 c 方向的单位矢量为：

$$
\vec{V}_c = \frac{1}{\sqrt{\left(\dfrac{\partial x}{\partial c}\right)^2 + \left(\dfrac{\partial y}{\partial c}\right)^2 + \left(\dfrac{\partial z}{\partial c}\right)^2}} \left(\frac{\partial x}{\partial c}\vec{i} + \frac{\partial y}{\partial c}\vec{j} + \frac{\partial z}{\partial c}\vec{k} \right)
\tag{5-27}
$$

沿 s 方向的线元为：

$$
\mathrm{d}\vec{r}_s = \left(\frac{\partial x}{\partial s}\vec{i} + \frac{\partial y}{\partial s}\vec{j} + \frac{\partial z}{\partial s}\vec{k} \right)\mathrm{d}s
\tag{5-28}
$$

沿 s 方向的单位矢量为：

$$
\vec{V}_s = \frac{1}{\sqrt{\left(\dfrac{\partial x}{\partial s}\right)^2 + \left(\dfrac{\partial y}{\partial s}\right)^2 + \left(\dfrac{\partial z}{\partial s}\right)^2}} \left(\frac{\partial x}{\partial s}\vec{i} + \frac{\partial y}{\partial s}\vec{j} + \frac{\partial z}{\partial s}\vec{k} \right)
\tag{5-29}
$$

向量 $\vec{V}_c$ 和 $\vec{V}_s$ 不一定垂直，但可以作为基础为每个节点构造出一个节点坐标系，在节点 k 处，记：

$$
\vec{V}_{1k} = \vec{V}_c
\tag{5-30}
$$

$$
\vec{V}_{3k} = \vec{V}_c \cdot \vec{V}_s
\tag{5-31}
$$

$$
\vec{V}_{2k} = \vec{V}_{3k} \cdot \vec{V}_{1k}
\tag{5-32}
$$

由 $(\vec{V}_{1k}, \vec{V}_{2k}, \vec{V}_{3k})$ 构成节点 k 处的节点坐标系，在此坐标系下描述中面法线的转动自由度。

节点 k 处法线矢量为 $h_k \vec{V}_{3k} = h_k \begin{Bmatrix} V_{3k}^x \\ V_{3k}^y \\ V_{3k}^z \end{Bmatrix}$，因此中面法线上局部坐标 $t(t \in [-1,1])$ 处的坐标可表示为：

$$\begin{Bmatrix} x_k(t) \\ y_k(t) \\ z_k(t) \end{Bmatrix} = \begin{Bmatrix} x_k \\ y_k \\ z_k \end{Bmatrix} + \frac{th_k}{2} \begin{Bmatrix} V_{3k}^x \\ V_{3k}^y \\ V_{3k}^z \end{Bmatrix} \tag{5-33}$$

对于 $t = \mathrm{const}$ 的层面，以 $N_k(c,s)$ 为形函数对该层内其他位置进行插值：

$$\begin{Bmatrix} x(c,s,t) \\ y(c,s,t) \\ z(c,s,t) \end{Bmatrix} = \sum_k N_k(c,s) \begin{Bmatrix} x_k(t) \\ y_k(t) \\ z_k(t) \end{Bmatrix} = \sum_k N_k(c,s) \begin{Bmatrix} x_k \\ y_k \\ z_k \end{Bmatrix} + \sum_k N_k(c,s) \frac{th_k}{2} \begin{Bmatrix} V_{3k}^x \\ V_{3k}^y \\ V_{3k}^z \end{Bmatrix} \tag{5-34}$$

整体坐标对局部坐标的偏导数为：

$$\begin{Bmatrix} \dfrac{\partial x}{\partial c} \\[2mm] \dfrac{\partial y}{\partial c} \\[2mm] \dfrac{\partial z}{\partial c} \end{Bmatrix} = \sum_k \frac{\partial N_k(c,s)}{\partial c} \begin{Bmatrix} x_k(t) \\ y_k(t) \\ z_k(t) \end{Bmatrix} = \sum_k \frac{\partial N_k(c,s)}{\partial c} \left(\begin{Bmatrix} x_k \\ y_k \\ z_k \end{Bmatrix} + \frac{th_k}{2} \begin{Bmatrix} V_{3k}^x \\ V_{3k}^y \\ V_{3k}^z \end{Bmatrix} \right) \tag{5-35}$$

$$\begin{Bmatrix} \dfrac{\partial x}{\partial s} \\[2mm] \dfrac{\partial y}{\partial s} \\[2mm] \dfrac{\partial z}{\partial s} \end{Bmatrix} = \sum_k \frac{\partial N_k(c,s)}{\partial s} \begin{Bmatrix} x_k(t) \\ y_k(t) \\ z_k(t) \end{Bmatrix} = \sum_k \frac{\partial N_k(c,s)}{\partial s} \left(\begin{Bmatrix} x_k \\ y_k \\ z_k \end{Bmatrix} + \frac{th_k}{2} \begin{Bmatrix} V_{3k}^x \\ V_{3k}^y \\ V_{3k}^z \end{Bmatrix} \right) \tag{5-36}$$

$$\begin{Bmatrix} \dfrac{\partial x}{\partial t} \\[2mm] \dfrac{\partial y}{\partial t} \\[2mm] \dfrac{\partial z}{\partial t} \end{Bmatrix} = \sum_k N_k(c,s) \begin{Bmatrix} \dfrac{\partial x_k(t)}{\partial t} \\[2mm] \dfrac{\partial y_k(t)}{\partial t} \\[2mm] \dfrac{\partial z_k(t)}{\partial t} \end{Bmatrix} = \sum_k \frac{h_k}{2} N_k(c,s) \begin{Bmatrix} V_{3k}^x \\ V_{3k}^y \\ V_{3k}^z \end{Bmatrix} \tag{5-37}$$

5.2.3　位移插值模式

如图 5-5 所示，设节点 k 处中面在整体坐标系下的位移为 (u_k, v_k, w_k)，绕 $\vec{V}_{1k}$、$\vec{V}_{2k}$ 的微小转

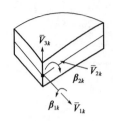

图 5-5　退化壳元的节点转动示意图

角分别为 β_{1k}、β_{2k}（图 5-5），总的微小转角矢量 $\vec{\beta}_k$ 可记为：

$$\vec{\beta}_k = \beta_{1k}\vec{V}_{1k} + \beta_{2k}\vec{V}_{2k} \tag{5-38}$$

节点 k 处由中面指向法线上局部坐标 t 处的矢量可表示为：

$$\vec{r}_k = \frac{th_k}{2}\vec{V}_{3k} \tag{5-39}$$

该法线在微小转角 $\vec{\beta}_k$ 下的位移矢量为：

$$\vec{\beta}_k \times \vec{r}_k = (\beta_{1k}\vec{V}_{1k} + \beta_{2k}\vec{V}_{2k}) \times \frac{th_k}{2}\vec{V}_{3k} = \frac{th_k}{2}(-\beta_{1k}\vec{V}_{2k} + \beta_{2k}\vec{V}_{1k}) \tag{5-40}$$

该处总的位移等于中面位移与法线转动位移的和：

$$
\begin{Bmatrix} u_k(t) \\ v_k(t) \\ w_k(t) \end{Bmatrix} = \begin{Bmatrix} u_k \\ v_k \\ w_k \end{Bmatrix} + \frac{th_k}{2}\left(-\beta_{1k}\begin{Bmatrix} V_{2k}^x \\ V_{2k}^y \\ V_{2k}^z \end{Bmatrix} + \beta_{2k}\begin{Bmatrix} V_{1k}^x \\ V_{1k}^y \\ V_{1k}^z \end{Bmatrix}\right)
$$

$$
= \begin{bmatrix} 1 & 0 & 0 & -\dfrac{th_k}{2}V_{2k}^x & \dfrac{th_k}{2}V_{1k}^x \\ 0 & 1 & 0 & -\dfrac{th_k}{2}V_{2k}^y & \dfrac{th_k}{2}V_{1k}^y \\ 0 & 0 & 1 & -\dfrac{th_k}{2}V_{2k}^z & \dfrac{th_k}{2}V_{1k}^z \end{bmatrix}\begin{Bmatrix} u_k \\ v_k \\ w_k \\ \beta_{1k} \\ \beta_{2k} \end{Bmatrix} \tag{5-41}
$$

式中：$\{u_k \quad v_k \quad w_k \quad \beta_{1k} \quad \beta_{2k}\}^{\mathrm{T}}$——节点 k 的节点自由度向量。

对于 $t = \text{const}$ 的层面，以 $N_k(c,s)$ 为形函数对该层内其他位置进行插值：

$$
\begin{Bmatrix} u(c,s,t) \\ v(c,s,t) \\ w(c,s,t) \end{Bmatrix} = \sum_k N_k(c,s)\begin{Bmatrix} u_k(t) \\ v_k(t) \\ w_k(t) \end{Bmatrix}
$$

$$
= \sum_k N_k(c,s)\begin{bmatrix} 1 & 0 & 0 & -\dfrac{th_k}{2}V_{2k}^x & \dfrac{th_k}{2}V_{1k}^x \\ 0 & 1 & 0 & -\dfrac{th_k}{2}V_{2k}^y & \dfrac{th_k}{2}V_{1k}^y \\ 0 & 0 & 1 & -\dfrac{th_k}{2}V_{2k}^z & \dfrac{th_k}{2}V_{1k}^z \end{bmatrix}\begin{Bmatrix} u_k \\ v_k \\ w_k \\ \beta_{1k} \\ \beta_{2k} \end{Bmatrix}
$$

$$
= \sum_k \begin{bmatrix} N_k & 0 & 0 & -\dfrac{th_k N_k}{2}V_{2k}^x & \dfrac{th_k N_k}{2}V_{1k}^x \\ 0 & N_k & 0 & -\dfrac{th_k N_k}{2}V_{2k}^y & \dfrac{th_k N_k}{2}V_{1k}^y \\ 0 & 0 & N_k & -\dfrac{th_k N_k}{2}V_{2k}^z & \dfrac{th_k N_k}{2}V_{1k}^z \end{bmatrix}\begin{Bmatrix} u_k \\ v_k \\ w_k \\ \beta_{1k} \\ \beta_{2k} \end{Bmatrix}
$$

$$
= \sum_k [\overline{N}_k]\begin{Bmatrix} u_k \\ v_k \\ w_k \\ \beta_{1k} \\ \beta_{2k} \end{Bmatrix}
$$

$$
= [N]\{d_e\} \tag{5-42}
$$

式中：$\{d_e\}$——全部节点自由度组成的单元节点自由度列向量；

$[N]$——位移插值形函数矩阵，

$$[N] = [\overline{N}_1 \cdots \overline{N}_n] \tag{5-43}$$

节点 k 的位移插值形函数子矩阵为：

$$[\overline{N}_k] = \begin{bmatrix} N_k & 0 & 0 & -\dfrac{th_k N_k}{2}V_{2k}^x & \dfrac{th_k N_k}{2}V_{1k}^x \\ 0 & N_k & 0 & -\dfrac{th_k N_k}{2}V_{2k}^y & \dfrac{th_k N_k}{2}V_{1k}^y \\ 0 & 0 & N_k & -\dfrac{th_k N_k}{2}V_{2k}^z & \dfrac{th_k N_k}{2}V_{1k}^z \end{bmatrix} \tag{5-44}$$

由 $\begin{Bmatrix} u(c,s,t) \\ v(c,s,t) \\ w(c,s,t) \end{Bmatrix} = [N]\{d_e\}$，可得：

$$\begin{Bmatrix} \dfrac{\partial u}{\partial x} \\ \dfrac{\partial v}{\partial x} \\ \dfrac{\partial w}{\partial x} \end{Bmatrix} = \dfrac{\partial[N]}{\partial x}\{d_e\} \tag{5-45}$$

$$\begin{Bmatrix} \dfrac{\partial u}{\partial y} \\ \dfrac{\partial v}{\partial y} \\ \dfrac{\partial w}{\partial y} \end{Bmatrix} = \dfrac{\partial[N]}{\partial y}\{d_e\} \tag{5-46}$$

$$\begin{Bmatrix} \dfrac{\partial u}{\partial z} \\ \dfrac{\partial v}{\partial z} \\ \dfrac{\partial w}{\partial z} \end{Bmatrix} = \dfrac{\partial[N]}{\partial z}\{d_e\} \tag{5-47}$$

式中，$\dfrac{\partial[N]}{\partial x}$、$\dfrac{\partial[N]}{\partial y}$、$\dfrac{\partial[N]}{\partial z}$ 分别表示形函数矩阵 $[N]$ 对三个整体坐标的导数矩阵，各个导数矩阵的行数为 3，计算方法为：

$$\dfrac{\partial[N]}{\partial x} = \dfrac{\partial[N]}{\partial c}\dfrac{\partial c}{\partial x} + \dfrac{\partial[N]}{\partial s}\dfrac{\partial s}{\partial x} + \dfrac{\partial[N]}{\partial t}\dfrac{\partial t}{\partial x} \tag{5-48}$$

$$\dfrac{\partial[N]}{\partial y} = \dfrac{\partial[N]}{\partial c}\dfrac{\partial c}{\partial y} + \dfrac{\partial[N]}{\partial s}\dfrac{\partial s}{\partial y} + \dfrac{\partial[N]}{\partial t}\dfrac{\partial t}{\partial y} \tag{5-49}$$

$$\dfrac{\partial[N]}{\partial z} = \dfrac{\partial[N]}{\partial c}\dfrac{\partial c}{\partial z} + \dfrac{\partial[N]}{\partial s}\dfrac{\partial s}{\partial z} + \dfrac{\partial[N]}{\partial t}\dfrac{\partial t}{\partial z} \tag{5-50}$$

5.2.4 应变分析

壳体通常使用复合材料采用分层组合而成，因此需要建立材料坐标系，并在材料坐标系下应用材料的本构关系。

设材料坐标系为 $x'y'z'$，其中 z 方向沿壳元厚度方向。

由于不考虑法线方向正应力，应变分量取为：

$$
\{\varepsilon\} =
\begin{Bmatrix}
\varepsilon'_x \\
\varepsilon'_y \\
\gamma'_{yz} \\
\gamma'_{zx} \\
\gamma'_{xy}
\end{Bmatrix} =
\begin{Bmatrix}
\dfrac{\partial u'}{\partial x'} \\[2mm]
\dfrac{\partial v'}{\partial y'} \\[2mm]
\dfrac{\partial v'}{\partial z'} + \dfrac{\partial w'}{\partial y'} \\[2mm]
\dfrac{\partial w'}{\partial x'} + \dfrac{\partial u'}{\partial z'} \\[2mm]
\dfrac{\partial u'}{\partial y'} + \dfrac{\partial v'}{\partial x'}
\end{Bmatrix}
\tag{5-51}
$$

1）材料坐标系下，位移对坐标的导数计算方法

设材料坐标系 $x'y'z'$ 的坐标轴基矢量在整体坐标系 xyz 下表示为如下形式：

$$
\vec{i}' = R_{11}\vec{i} + R_{12}\vec{j} + R_{13}\vec{k}
\tag{5-52}
$$

$$
\vec{j}' = R_{21}\vec{i} + R_{22}\vec{j} + R_{23}\vec{k}
\tag{5-53}
$$

$$
\vec{k}' = R_{31}\vec{i} + R_{32}\vec{j} + R_{33}\vec{k}
\tag{5-54}
$$

记坐标变换矩阵为 $[R] = \begin{bmatrix} R_{11} & R_{12} & R_{13} \\ R_{21} & R_{22} & R_{23} \\ R_{31} & R_{32} & R_{33} \end{bmatrix}$，由于 $[R]$ 为正交矩阵，则有：

$$
\{\vec{i}'\quad \vec{j}'\quad \vec{k}'\} = \{\vec{i}\quad \vec{j}\quad \vec{k}\}
\begin{bmatrix}
R_{11} & R_{21} & R_{31} \\
R_{12} & R_{22} & R_{32} \\
R_{13} & R_{23} & R_{33}
\end{bmatrix} = \{\vec{i}\quad \vec{j}\quad \vec{k}\}[R]^{\mathrm{T}}
\tag{5-55}
$$

$$
\{\vec{i}\quad \vec{j}\quad \vec{k}\} = \{\vec{i}'\quad \vec{j}'\quad \vec{k}'\}[R]
\tag{5-56}
$$

矢径微元在两坐标系下的关系为：

$$
\mathrm{d}\vec{r} = \{\vec{i}\quad \vec{j}\quad \vec{k}\}
\begin{Bmatrix} \mathrm{d}x \\ \mathrm{d}y \\ \mathrm{d}z \end{Bmatrix} = \{\vec{i}'\quad \vec{j}'\quad \vec{k}'\}
\begin{Bmatrix} \mathrm{d}x' \\ \mathrm{d}y' \\ \mathrm{d}z' \end{Bmatrix} = \{\vec{i}\quad \vec{j}\quad \vec{k}\}[R]^{\mathrm{T}}
\begin{Bmatrix} \mathrm{d}x' \\ \mathrm{d}y' \\ \mathrm{d}z' \end{Bmatrix}
\tag{5-57}
$$

于是可得整体坐标系 xyz 与材料坐标系 $x'y'z'$ 之间的微分变换：

$$
\begin{Bmatrix} \mathrm{d}x \\ \mathrm{d}y \\ \mathrm{d}z \end{Bmatrix} = [R]^{\mathrm{T}}
\begin{Bmatrix} \mathrm{d}x' \\ \mathrm{d}y' \\ \mathrm{d}z' \end{Bmatrix}
\tag{5-58}
$$

$$
\begin{Bmatrix} \mathrm{d}x' \\ \mathrm{d}y' \\ \mathrm{d}z' \end{Bmatrix} = [R]
\begin{Bmatrix} \mathrm{d}x \\ \mathrm{d}y \\ \mathrm{d}z \end{Bmatrix}
\tag{5-59}
$$

任一点的位移微分关系有：

$$
\mathrm{d}\vec{\Delta r} = \{\vec{i}\quad \vec{j}\quad \vec{k}\}
\begin{Bmatrix} \mathrm{d}u \\ \mathrm{d}v \\ \mathrm{d}w \end{Bmatrix} = \{\vec{i}'\quad \vec{j}'\quad \vec{k}'\}
\begin{Bmatrix} \mathrm{d}u' \\ \mathrm{d}v' \\ \mathrm{d}w' \end{Bmatrix} = \{\vec{i}\quad \vec{j}\quad \vec{k}\}[R]^{\mathrm{T}}
\begin{Bmatrix} \mathrm{d}u' \\ \mathrm{d}v' \\ \mathrm{d}w' \end{Bmatrix}
\tag{5-60}
$$

于是得:

$$\begin{Bmatrix} \mathrm{d}u \\ \mathrm{d}v \\ \mathrm{d}w \end{Bmatrix} = [R]^{\mathrm{T}} \begin{Bmatrix} \mathrm{d}u' \\ \mathrm{d}v' \\ \mathrm{d}w' \end{Bmatrix} \tag{5-61}$$

$$\begin{Bmatrix} \mathrm{d}u' \\ \mathrm{d}v' \\ \mathrm{d}w' \end{Bmatrix} = [R] \begin{Bmatrix} \mathrm{d}u \\ \mathrm{d}v \\ \mathrm{d}w \end{Bmatrix} \tag{5-62}$$

则有:

$$\begin{Bmatrix} \mathrm{d}u \\ \mathrm{d}v \\ \mathrm{d}w \end{Bmatrix} = \begin{bmatrix} \dfrac{\partial u}{\partial x} & \dfrac{\partial u}{\partial y} & \dfrac{\partial u}{\partial z} \\[2mm] \dfrac{\partial v}{\partial x} & \dfrac{\partial v}{\partial y} & \dfrac{\partial v}{\partial z} \\[2mm] \dfrac{\partial w}{\partial x} & \dfrac{\partial w}{\partial y} & \dfrac{\partial w}{\partial z} \end{bmatrix} \begin{Bmatrix} \mathrm{d}x \\ \mathrm{d}y \\ \mathrm{d}z \end{Bmatrix} = \begin{bmatrix} \dfrac{\partial u}{\partial x} & \dfrac{\partial u}{\partial y} & \dfrac{\partial u}{\partial z} \\[2mm] \dfrac{\partial v}{\partial x} & \dfrac{\partial v}{\partial y} & \dfrac{\partial v}{\partial z} \\[2mm] \dfrac{\partial w}{\partial x} & \dfrac{\partial w}{\partial y} & \dfrac{\partial w}{\partial z} \end{bmatrix} [R]^{\mathrm{T}} \begin{Bmatrix} \mathrm{d}x' \\ \mathrm{d}y' \\ \mathrm{d}z' \end{Bmatrix} \tag{5-63}$$

由上面公式,有:

$$\begin{Bmatrix} \mathrm{d}u' \\ \mathrm{d}v' \\ \mathrm{d}w' \end{Bmatrix} = [R] \begin{Bmatrix} \mathrm{d}u \\ \mathrm{d}v \\ \mathrm{d}w \end{Bmatrix} = [R] \begin{bmatrix} \dfrac{\partial u}{\partial x} & \dfrac{\partial u}{\partial y} & \dfrac{\partial u}{\partial z} \\[2mm] \dfrac{\partial v}{\partial x} & \dfrac{\partial v}{\partial y} & \dfrac{\partial v}{\partial z} \\[2mm] \dfrac{\partial w}{\partial x} & \dfrac{\partial w}{\partial y} & \dfrac{\partial w}{\partial z} \end{bmatrix} [R]^{\mathrm{T}} \begin{Bmatrix} \mathrm{d}x' \\ \mathrm{d}y' \\ \mathrm{d}z' \end{Bmatrix} \tag{5-64}$$

对比下式:

$$\begin{Bmatrix} \mathrm{d}u' \\ \mathrm{d}v' \\ \mathrm{d}w' \end{Bmatrix} = \begin{bmatrix} \dfrac{\partial u'}{\partial x'} & \dfrac{\partial u'}{\partial y'} & \dfrac{\partial u'}{\partial z'} \\[2mm] \dfrac{\partial v'}{\partial x'} & \dfrac{\partial v'}{\partial y'} & \dfrac{\partial v'}{\partial z'} \\[2mm] \dfrac{\partial w'}{\partial x'} & \dfrac{\partial w'}{\partial y'} & \dfrac{\partial w'}{\partial z'} \end{bmatrix} \begin{Bmatrix} \mathrm{d}x' \\ \mathrm{d}y' \\ \mathrm{d}z' \end{Bmatrix} \tag{5-65}$$

可得:

$$\begin{bmatrix} \dfrac{\partial u'}{\partial x'} & \dfrac{\partial u'}{\partial y'} & \dfrac{\partial u'}{\partial z'} \\[2mm] \dfrac{\partial v'}{\partial x'} & \dfrac{\partial v'}{\partial y'} & \dfrac{\partial v'}{\partial z'} \\[2mm] \dfrac{\partial w'}{\partial x'} & \dfrac{\partial w'}{\partial y'} & \dfrac{\partial w'}{\partial z'} \end{bmatrix} = [R] \begin{bmatrix} \dfrac{\partial u}{\partial x} & \dfrac{\partial u}{\partial y} & \dfrac{\partial u}{\partial z} \\[2mm] \dfrac{\partial v}{\partial x} & \dfrac{\partial v}{\partial y} & \dfrac{\partial v}{\partial z} \\[2mm] \dfrac{\partial w}{\partial x} & \dfrac{\partial w}{\partial y} & \dfrac{\partial w}{\partial z} \end{bmatrix} [R]^{\mathrm{T}}$$

$$= \begin{bmatrix} R_{11} & R_{12} & R_{13} \\ R_{21} & R_{22} & R_{23} \\ R_{31} & R_{32} & R_{33} \end{bmatrix} \begin{bmatrix} \dfrac{\partial u}{\partial x} & \dfrac{\partial u}{\partial y} & \dfrac{\partial u}{\partial z} \\[2mm] \dfrac{\partial v}{\partial x} & \dfrac{\partial v}{\partial y} & \dfrac{\partial v}{\partial z} \\[2mm] \dfrac{\partial w}{\partial x} & \dfrac{\partial w}{\partial y} & \dfrac{\partial w}{\partial z} \end{bmatrix} \begin{bmatrix} R_{11} & R_{21} & R_{31} \\ R_{12} & R_{22} & R_{32} \\ R_{13} & R_{23} & R_{33} \end{bmatrix} \tag{5-66}$$

下面以 $\dfrac{\partial u'}{\partial x'}$ 为例说明材料坐标系下各位移梯度的计算方法：

$$\frac{\partial u'}{\partial x'} = \{R_{11} \quad R_{12} \quad R_{13}\} \begin{bmatrix} \dfrac{\partial u}{\partial x} & \dfrac{\partial u}{\partial y} & \dfrac{\partial u}{\partial z} \\[2mm] \dfrac{\partial v}{\partial x} & \dfrac{\partial v}{\partial y} & \dfrac{\partial v}{\partial z} \\[2mm] \dfrac{\partial w}{\partial x} & \dfrac{\partial w}{\partial y} & \dfrac{\partial w}{\partial z} \end{bmatrix} \begin{Bmatrix} R_{11} \\ R_{12} \\ R_{13} \end{Bmatrix}$$

$$= R_{11}\{R_{11} \quad R_{12} \quad R_{13}\}\begin{Bmatrix} u_{,x} \\ v_{,x} \\ w_{,x} \end{Bmatrix} + R_{12}\{R_{11} \quad R_{12} \quad R_{13}\}\begin{Bmatrix} u_{,y} \\ v_{,y} \\ w_{,y} \end{Bmatrix} + R_{13}\{R_{11} \quad R_{12} \quad R_{13}\}\begin{Bmatrix} u_{,z} \\ v_{,z} \\ w_{,z} \end{Bmatrix}$$

$$= R_{11}\{R_{11} \quad R_{12} \quad R_{13}\}\frac{\partial[N]}{\partial x}\{d_e\} + R_{12}\{R_{11} \quad R_{12} \quad R_{13}\}\frac{\partial[N]}{\partial y}\{d_e\} + R_{13}\{R_{11} \quad R_{12} \quad R_{13}\}\frac{\partial[N]}{\partial z}\{d_e\}$$

$$= \left[R_{11}\{R_{11} \quad R_{12} \quad R_{13}\}\frac{\partial[N]}{\partial x} + R_{12}\{R_{11} \quad R_{12} \quad R_{13}\}\frac{\partial[N]}{\partial y} + R_{13}\{R_{11} \quad R_{12} \quad R_{13}\}\frac{\partial[N]}{\partial z}\right]\{d_e\}$$

$$= \{B_{11}\}\{d_e\}$$

$$(5\text{-}67)$$

式中，行向量 $\{B_{11}\}$ 建立了由单元节点位移向量 $\{d_e\}$ 计算材料坐标系下位移梯度 $\dfrac{\partial u'}{\partial x'}$ 的计算方法：

$$\{B_{11}\} = R_{11}\{R_{11} \quad R_{12} \quad R_{13}\}\frac{\partial[N]}{\partial x} + R_{12}\{R_{11} \quad R_{12} \quad R_{13}\}\frac{\partial[N]}{\partial y} + R_{13}\{R_{11} \quad R_{12} \quad R_{13}\}\frac{\partial[N]}{\partial z}$$

$$(5\text{-}68)$$

类似地有：

$$\frac{\partial u'}{\partial y'} = \{B_{12}\}\{d_e\} \qquad (5\text{-}69)$$

上式中，$\{B_{12}\}$ 为：

$$\{B_{12}\} = R_{21}\{R_{11} \quad R_{12} \quad R_{13}\}\frac{\partial[N]}{\partial x} + R_{22}\{R_{11} \quad R_{12} \quad R_{13}\}\frac{\partial[N]}{\partial y} + R_{23}\{R_{11} \quad R_{12} \quad R_{13}\}\frac{\partial[N]}{\partial z}$$

$$(5\text{-}70)$$

$$\frac{\partial u'}{\partial z'} = \{B_{13}\}\{d_e\} \qquad (5\text{-}71)$$

上式中，$\{B_{13}\}$ 为：

$$\{B_{13}\} = R_{31}\{R_{11} \quad R_{12} \quad R_{13}\}\frac{\partial[N]}{\partial x} + R_{32}\{R_{11} \quad R_{12} \quad R_{13}\}\frac{\partial[N]}{\partial y} + R_{33}\{R_{11} \quad R_{12} \quad R_{13}\}\frac{\partial[N]}{\partial z}$$

$$(5\text{-}72)$$

$$\frac{\partial v'}{\partial x'} = \{B_{21}\}\{d_e\} \qquad (5\text{-}73)$$

上式中，$\{B_{21}\}$ 为：

$$\{B_{21}\} = R_{11}\{R_{21} \quad R_{22} \quad R_{23}\}\frac{\partial[N]}{\partial x} + R_{12}\{R_{21} \quad R_{22} \quad R_{23}\}\frac{\partial[N]}{\partial y} + R_{13}\{R_{21} \quad R_{22} \quad R_{23}\}\frac{\partial[N]}{\partial z}$$

$$(5\text{-}74)$$

$$\frac{\partial v'}{\partial y'} = \{B_{22}\}\{d_e\} \tag{5-75}$$

上式中，$\{B_{22}\}$ 为：

$$\{B_{22}\} = R_{21}\{R_{21} \quad R_{22} \quad R_{23}\}\frac{\partial[N]}{\partial x} + R_{22}\{R_{21} \quad R_{22} \quad R_{23}\}\frac{\partial[N]}{\partial y} + R_{23}\{R_{21} \quad R_{22} \quad R_{23}\}\frac{\partial[N]}{\partial z}$$

$$(5\text{-}76)$$

$$\frac{\partial v'}{\partial z'} = \{B_{23}\}\{d_e\} \tag{5-77}$$

上式中，$\{B_{23}\}$ 为：

$$\{B_{23}\} = R_{31}\{R_{21} \quad R_{22} \quad R_{23}\}\frac{\partial[N]}{\partial x} + R_{32}\{R_{21} \quad R_{22} \quad R_{23}\}\frac{\partial[N]}{\partial y} + R_{33}\{R_{21} \quad R_{22} \quad R_{23}\}\frac{\partial[N]}{\partial z}$$

$$(5\text{-}78)$$

$$\frac{\partial w'}{\partial x'} = \{B_{31}\}\{d_e\} \tag{5-79}$$

$$\{B_{31}\} = R_{11}\{R_{31} \quad R_{32} \quad R_{33}\}\frac{\partial[N]}{\partial x} + R_{12}\{R_{31} \quad R_{32} \quad R_{33}\}\frac{\partial[N]}{\partial y} + R_{13}\{R_{31} \quad R_{32} \quad R_{33}\}\frac{\partial[N]}{\partial z}$$

$$(5\text{-}80)$$

$$\frac{\partial w'}{\partial y'} = \{B_{32}\}\{d_e\} \tag{5-81}$$

$$\{B_{32}\} = R_{21}\{R_{31} \quad R_{32} \quad R_{33}\}\frac{\partial[N]}{\partial x} + R_{22}\{R_{31} \quad R_{32} \quad R_{33}\}\frac{\partial[N]}{\partial y} + R_{23}\{R_{31} \quad R_{32} \quad R_{33}\}\frac{\partial[N]}{\partial z}$$

$$(5\text{-}82)$$

$$\frac{\partial w'}{\partial z'} = \{B_{33}\}\{d_e\} \tag{5-83}$$

$$\{B_{33}\} = R_{31}\{R_{31} \quad R_{32} \quad R_{33}\}\frac{\partial[N]}{\partial x} + R_{32}\{R_{31} \quad R_{32} \quad R_{33}\}\frac{\partial[N]}{\partial y} + R_{33}\{R_{31} \quad R_{32} \quad R_{33}\}\frac{\partial[N]}{\partial z}$$

$$(5\text{-}84)$$

2）应变计算

于是，材料坐标系下，应变向量可写为：

$$\{\varepsilon\} = \begin{Bmatrix} \varepsilon'_x \\ \varepsilon'_y \\ \gamma'_{yz} \\ \gamma'_{zx} \\ \gamma'_{xy} \end{Bmatrix} = \begin{Bmatrix} \dfrac{\partial u'}{\partial x'} \\[2mm] \dfrac{\partial v'}{\partial y'} \\[2mm] \dfrac{\partial v'}{\partial z'} + \dfrac{\partial w'}{\partial y'} \\[2mm] \dfrac{\partial w'}{\partial x'} + \dfrac{\partial u'}{\partial z'} \\[2mm] \dfrac{\partial u'}{\partial y'} + \dfrac{\partial v'}{\partial x'} \end{Bmatrix} = \begin{bmatrix} \{B_{11}\} \\ \{B_{22}\} \\ \{B_{23}\} + \{B_{32}\} \\ \{B_{31}\} + \{B_{13}\} \\ \{B_{12}\} + \{B_{21}\} \end{bmatrix}\{d_e\} = [B]\{d_e\} \tag{5-85}$$

其中，应变位移矩阵 $[B]$ 为：

$$[B] = \begin{bmatrix} \{B_{11}\} \\ \{B_{22}\} \\ \{B_{23}\} + \{B_{32}\} \\ \{B_{31}\} + \{B_{13}\} \\ \{B_{12}\} + \{B_{21}\} \end{bmatrix} \tag{5-86}$$

5.2.5 应力计算

由于忽略了法线方向的正应力，因此应力应变关系与平面应力类似：

$$\{\sigma\} = \begin{Bmatrix} \sigma'_x \\ \sigma'_y \\ \tau'_{yz} \\ \tau'_{zx} \\ \tau'_{xy} \end{Bmatrix} = \frac{E}{(1-v^2)} \begin{bmatrix} 1 & v & 0 & 0 & 0 \\ v & 1 & 0 & 0 & 0 \\ 0 & 0 & \frac{1-v}{2} & 0 & 0 \\ 0 & 0 & 0 & \frac{1-v}{2} & 0 \\ 0 & 0 & 0 & 0 & \frac{1-v}{2} \end{bmatrix} \begin{Bmatrix} \varepsilon'_x \\ \varepsilon'_y \\ \gamma'_{yz} \\ \gamma'_{zx} \\ \gamma'_{xy} \end{Bmatrix} = [D]\{\varepsilon\} \tag{5-87}$$

弹性矩阵为：

$$[D] = \frac{E}{(1-v^2)} \begin{bmatrix} 1 & v & 0 & 0 & 0 \\ v & 1 & 0 & 0 & 0 \\ 0 & 0 & \frac{1-v}{2} & 0 & 0 \\ 0 & 0 & 0 & \frac{1-v}{2} & 0 \\ 0 & 0 & 0 & 0 & \frac{1-v}{2} \end{bmatrix} \tag{5-88}$$

将应变位移关系代入，有：

$$\{\sigma\} = [D]\{\varepsilon\} = [D][B]\{d_e\} \tag{5-89}$$

5.2.6 单元刚度矩阵

单元内虚应变为：

$$\delta\{\varepsilon\} = [B]\delta\{d_e\} \tag{5-90}$$

虚变形能为：

$$\begin{aligned} \delta U &= \int_V \delta\{\varepsilon\}^{\mathrm{T}}\{\sigma\}\,\mathrm{d}V \\ &= \int_V \delta\{d_e\}^{\mathrm{T}}[B]^{\mathrm{T}}[D][B]\{d_e\}\,\mathrm{d}V \\ &= \delta\{d_e\}^{\mathrm{T}}\int_V [B]^{\mathrm{T}}[D][B]\,\mathrm{d}V\{d_e\} \\ &= \delta\{d_e\}^{\mathrm{T}}[K_e]\{d_e\} \end{aligned} \tag{5-91}$$

式中：$[K_e]$——单元刚度矩阵，

$$[K_e] = \int_V [B]^{\mathrm{T}}[D][B]\mathrm{d}V \tag{5-92}$$

5.2.7 等效节点荷载计算方法

对于单元内集中力 $\begin{Bmatrix} P_x \\ P_y \\ P_z \end{Bmatrix}$（包括节点力）、单位体积分布力 $\begin{Bmatrix} f_x \\ f_y \\ f_z \end{Bmatrix}$ 和单元表面 S 上的单位面积

分布力 $\begin{Bmatrix} q_x \\ q_y \\ q_z \end{Bmatrix}$，总虚功为：

$$
\begin{aligned}
\delta W &= \{\delta u \quad \delta v \quad \delta w\}\begin{Bmatrix} P_x \\ P_y \\ P_z \end{Bmatrix} + \int_V \{\delta u \quad \delta v \quad \delta w\}\begin{Bmatrix} f_x \\ f_y \\ f_z \end{Bmatrix}\mathrm{d}V + \int_S \{\delta u \quad \delta v \quad \delta w\}\begin{Bmatrix} q_x \\ q_y \\ q_z \end{Bmatrix}\mathrm{d}S \\
&= \delta\{d_e\}^{\mathrm{T}}[N]^{\mathrm{T}}\begin{Bmatrix} P_x \\ P_y \\ P_z \end{Bmatrix} + \int_V \delta\{d_e\}^{\mathrm{T}}[N]^{\mathrm{T}}\begin{Bmatrix} f_x \\ f_y \\ f_z \end{Bmatrix}\mathrm{d}V + \delta\{d_e\}^{\mathrm{T}}\int_S [N]^{\mathrm{T}}\begin{Bmatrix} q_x \\ q_y \\ q_z \end{Bmatrix}\mathrm{d}S \\
&= \delta\{d_e\}^{\mathrm{T}}[N]^{\mathrm{T}}\begin{Bmatrix} P_x \\ P_y \\ P_z \end{Bmatrix} + \delta\{d_e\}^{\mathrm{T}}\int_V [N]^{\mathrm{T}}\begin{Bmatrix} f_x \\ f_y \\ f_z \end{Bmatrix}\mathrm{d}V + \delta\{d_e\}^{\mathrm{T}}\int_S [N]^{\mathrm{T}}\begin{Bmatrix} q_x \\ q_y \\ q_z \end{Bmatrix}\mathrm{d}S \\
&= \delta\{d_e\}^{\mathrm{T}}\left([N]^{\mathrm{T}}\begin{Bmatrix} P_x \\ P_y \\ P_z \end{Bmatrix} + \int_V [N]^{\mathrm{T}}\begin{Bmatrix} f_x \\ f_y \\ f_z \end{Bmatrix}\mathrm{d}V + \int_S [N]^{\mathrm{T}}\begin{Bmatrix} q_x \\ q_y \\ q_z \end{Bmatrix}\mathrm{d}S\right) \\
&= \delta\{d_e\}^{\mathrm{T}}\{F_e\}
\end{aligned} \tag{5-93}
$$

式中：$\{F_e\}$——三种荷载对应的等效节点荷载，

$$\{F_e\} = [N]^{\mathrm{T}}\begin{Bmatrix} P_x \\ P_y \\ P_z \end{Bmatrix} + \int_V [N]^{\mathrm{T}}\begin{Bmatrix} f_x \\ f_y \\ f_z \end{Bmatrix}\mathrm{d}V + \int_S [N]^{\mathrm{T}}\begin{Bmatrix} q_x \\ q_y \\ q_z \end{Bmatrix}\mathrm{d}S \tag{5-94}$$

5.2.8 退化壳元的数值积分方法

单元刚度矩阵 $[K_e]$ 的积分可分为沿厚度的积分和在 cs 曲面内的积分：

$$[K_e] = \int_V [B]^{\mathrm{T}}[D][B]\mathrm{d}V = \int_{A_{cs}}\int_{-1}^{1}[B]^{\mathrm{T}}[D][B]\,|J|\,\mathrm{d}t\mathrm{d}A \tag{5-95}$$

为恰当模拟壳体形状，在中面内壳元一般采用三角形 6 节点或四边形 8 节点单元，对于 cs 平面内可类似于平面单元采用相应的数值积分方法。

对于厚度方向,分两种情况:

(1)当壳元是均匀材料且在线弹性范围内分析时,由于厚度方向与 z' 方向一致,$[K^e]$ 关于厚度参数 t 是二次多项式的性质不因坐标变换而改变,则 $[K^e]$ 关于 t 的积分可显式完成或采用 2 点 Gauss 积分。

(2)如果壳体为复合材料叠层组合而成,或者需要考虑塑性等材料非线性问题时,则应该采用分层积分的方法对厚度方向完成积分。

5.3 习题

5-1 说明壳体有限元的基本假设。

5-2 说明退化壳元的坐标系及作用。

5-3 说明退化壳元各节点位移分量的含义。

第6章 动力问题的有限元法

6.1 动力问题有限元方程

动力学问题应用领域十分广泛,主要包括结构动力学问题和介质中波的传播问题两大类型。

动力学问题的研究对象既可以是处于运动状态下的机械或机构(例如高速运行的高铁列车、飞机、火箭、冲压机床;高速旋转的发动机、离心机等),也可以是承受动力荷载作用的工程结构或设施(例如交通工程中的道路、桥梁、隧道、地铁、轻轨;建筑工程中的高层建筑、厂房;化工领域的反应塔、高炉;近海工程中的海洋平台、输油管道等)。动力学主要研究上述机械和结构的强度、刚度以及稳定性问题。

动力学问题的有限元法求解一般如下:

1)位移半离散化

在动力分析中所有的力学量均与时间有关,以位移为例,它既是空间坐标的函数,也是时间的函数,即

$$\begin{cases} u = u(x,y,z,t) \\ v = v(x,y,z,t) \\ w = w(x,y,z,t) \end{cases} \tag{6-1}$$

动力问题的有限元分析通常采用部分离散(半离散、空间离散)的方法,仅对空间域进行离散,即在一个单元内:

$$\begin{cases} u(x,y,z,t) = \sum N_i(x,y,z)u_i(t) \\ v(x,y,z,t) = \sum N_i(x,y,z)v_i(t) \\ w(x,y,z,t) = \sum N_i(x,y,z)w_i(t) \end{cases} \tag{6-2}$$

由于上面插值方法只在空间域离散,因此采用静力有限元相同的插值形函数。上式可改写为矩阵形式:

$$\begin{Bmatrix} u \\ v \\ w \end{Bmatrix} = [N]\{d_e\} \tag{6-3}$$

式中:$[N]$——单元的形函数矩阵,

$$[N] = \begin{bmatrix} N_1 & 0 & 0 & \cdots & N_n & 0 & 0 \\ 0 & N_1 & 0 & \cdots & 0 & N_n & 0 \\ 0 & 0 & N_1 & \cdots & 0 & 0 & N_n \end{bmatrix} \tag{6-4}$$

式中：$\{d_e\}$——单元节点位移向量，

$$\{d_e\} = \begin{bmatrix} u_1 & v_1 & w_1 & \cdots & u_n & v_n & w_n \end{bmatrix}^T \tag{6-5}$$

2）速度和加速度分析

由式(6-3)可得，速度向量$\begin{Bmatrix} \dot{u} \\ \dot{v} \\ \dot{w} \end{Bmatrix}$和加速度向量$\begin{Bmatrix} \ddot{u} \\ \ddot{v} \\ \ddot{w} \end{Bmatrix}$可以写成：

$$\begin{Bmatrix} \dot{u} \\ \dot{v} \\ \dot{w} \end{Bmatrix} = [N]\{\dot{d}_e\} \tag{6-6}$$

$$\begin{Bmatrix} \ddot{u} \\ \ddot{v} \\ \ddot{w} \end{Bmatrix} = [N]\{\ddot{d}_e\} \tag{6-7}$$

式中：$\{\dot{d}_e\}$——单元节点速度向量；

$\{\ddot{d}_e\}$——单元节点加速度向量。

将式(6-3)代入几何方程和物理方程，可得到单元内应变和应力分别为：

$$\{\varepsilon\} = [B]\{d_e\} \tag{6-8}$$

$$\{\sigma\} = [D][B]\{d_e\} \tag{6-9}$$

式中：$[D]$——弹性模量矩阵；

$[B]$——应变位移矩阵。

3）建立动力分析运动方程

基于达郎伯原理，虚功原理同样适用于弹性体动力问题。

单元的虚变形能 δU 为：

$$\delta U = \int (\{\delta\varepsilon\}^T\{\sigma\})\mathrm{d}V \tag{6-10}$$

单元上全部力的虚功为：

$$\delta W = -\int \{\delta u \quad \delta v \quad \delta w\}\rho\begin{Bmatrix} \ddot{u} \\ \ddot{v} \\ \ddot{w} \end{Bmatrix}\mathrm{d}V - \int \{\delta u \quad \delta v \quad \delta w\}c\begin{Bmatrix} \dot{u} \\ \dot{v} \\ \dot{w} \end{Bmatrix}\mathrm{d}V + \delta\{d_e\}^T\{F_e\} \tag{6-11}$$

其中：$-\int \{\delta u \quad \delta v \quad \delta w\}\rho\begin{Bmatrix} \ddot{u} \\ \ddot{v} \\ \ddot{w} \end{Bmatrix}\mathrm{d}V$ 为单元惯性力的虚功，$-\int \{\delta u \quad \delta v \quad \delta w\}c\begin{Bmatrix} \dot{u} \\ \dot{v} \\ \dot{w} \end{Bmatrix}\mathrm{d}V$ 为单元

阻尼力的虚功,$\delta\{d_e\}^T\{F_e\}$ 为单元其余实际荷载的虚功。

由式(6-3)和式(6-8)可以将虚位移和虚应变分别表示为:

$$\begin{Bmatrix} \delta u \\ \delta v \\ \delta w \end{Bmatrix} = [N]\delta\{d_e\} \tag{6-12}$$

$$\delta\{\varepsilon\} = [B]\delta\{d_e\} \tag{6-13}$$

利用单元位移插值模式,可得:

$$\delta U = \delta\{d_e\}^T[K_e]\{d_e\} \tag{6-14}$$

$$\delta W = -\delta\{d_e\}^T[M_e]\{\ddot{d}_e\} - \delta\{d_e\}^T[C_e]\{\dot{d}_e\} + \delta\{d_e\}^T\{F_e\} \tag{6-15}$$

其中 $[M_e]$、$[C_e]$、$[K_e]$ 分别为单元质量阵、单元阻尼阵、单元刚度阵,

$$[M_e] = \int\rho[N]^T[N]dV \tag{6-16}$$

$$[C_e] = \int c[N]^T[N]dV \tag{6-17}$$

$$[K_e] = \int[B]^T[D][B]dV \tag{6-18}$$

很显然,$[M_e]$、$[C_e]$、$[K_e]$ 均为对称矩阵。

利用单元上的变形体虚功原理 $\delta U = \delta W$,得:

$$\delta\{d_e\}^T[K_e]\{d_e\} = -\delta\{d_e\}^T[M_e]\{\ddot{d}_e\} - \delta\{d_e\}^T[C_e]\{\dot{d}_e\} + \delta\{d_e\}^T\{F_e\} \tag{6-19}$$

$$\delta\{d_e\}^T([M_e]\{\ddot{d}_e\} + [C_e]\{\dot{d}_e\} + [K_e]\{d_e\}) = \delta\{d_e\}^T\{F_e\} \tag{6-20}$$

根据虚位移的任意性,可得单元上的动力学方程:

$$[M_e]\{\ddot{d}_e\} + [C_e]\{\dot{d}_e\} + [K_e]\{d_e\} = \{F_e\} \tag{6-21}$$

采用第2章的单元集成方法,可得整个结构的动力学方程:

$$[M]\{\ddot{d}\} + [C]\{\dot{d}\} + [K]\{d\} = \{F\} \tag{6-22}$$

式中,$\{d\}$、$\{\dot{d}\}$、$\{\ddot{d}\}$ 分别是整体结构的位移、速度、加速度向量,$[M]$、$[C]$、$[K]$、$\{F\}$ 分别是整体结构的质量阵、阻尼阵、刚度阵和节点荷载向量,且 $[M]$、$[C]$、$[K]$ 均为对称矩阵。

分析单元的动能,可得:

$$\begin{aligned}
T &= \frac{1}{2}\int_V\rho\{\dot{u} \quad \dot{v} \quad \dot{w}\}\begin{Bmatrix}\dot{u}\\\dot{v}\\\dot{w}\end{Bmatrix}dV \\
&= \frac{1}{2}\{\dot{d}_e\}^T\int_V\rho[N]^T[N]dV\{\dot{d}_e\} \\
&= \frac{1}{2}\{\dot{d}_e\}^T[M_e]\{\dot{d}_e\}
\end{aligned} \tag{6-23}$$

对于任意的非零节点速度,单元的动能必然大于零,因此 $[M_e]$ 为正定矩阵。当组装为整体结构的质量阵 $[M]$ 后,$[M]$ 也为正定矩阵。

4）求解运动方程

在动力学运动方程(6-22)中如果忽略阻尼的影响,则方程可以简化为:

$$[M]\{\ddot{d}\} + [K]\{d\} = \{F\} \tag{6-24}$$

如果忽略外荷载的作用,即上式中右端项为零向量,则上式可以进一步简化为:

$$[M]\{\ddot{d}\} + [K]\{d\} = 0 \tag{6-25}$$

上式称为系统的自由振动方程(动力特性方程),由此方程可以解出系统的固有频率和固有振型。

方程(6-22)、方程(6-24)和方程(6-25)的求解方法是本章的主要研究内容。通常而言,动力学运动方程的求解方法有两种:直接积分法和振型叠加法。分别在后面的两个小节中讨论。

5）计算结构的其他力学响应量

求解得到整体节点位移向量后,可以按照公式分别求出整体节点速度向量、加速度向量、应力和应变等力学量。

综上所述,动力分析方程与静力方程相比,因为引入了质量阵和阻尼阵,且动力分析方程的节点未知量是时间坐标的函数,最后得到的运动方程是微分方程组而不是静力问题中的代数方程组,因此动力问题的求解方法有别于静力问题。

6.2 动力特性分析方法

6.2.1 特征分析

本节首先求解不考虑阻尼效应的系统自由振动方程(动力特性方程),即

$$[M]\{\ddot{d}\} + [K]\{d\} = 0 \tag{6-26}$$

上述微分方程的解假设具有如下形式:

$$\{d\} = \{\phi\}\sin(\omega t - \varphi_0) \tag{6-27}$$

式中:$\{\phi\}$——n 维向量;

$\quad\quad \omega$——振动频率;

$\quad\quad \phi_0$——依赖于初始条件的初相位。

将式(6-27)代入自由振动方程,可得:

$$([K]\{\phi\} - \omega^2[M]\{\phi\})\sin(\omega t - \phi_0) = 0 \tag{6-28}$$

式中:$\sin(\omega t - \phi_0)$——时变函数(非恒等于零)。

上式成立则一定要满足:

$$[K]\{\phi\} - \omega^2[M]\{\phi\} = 0 \tag{6-29a}$$

$$([K] - \omega^2[M])\{\phi\} = 0 \tag{6-29b}$$

上式是广义特征值问题,若想$\{\phi\}$有非零解,则需要其系数矩阵为奇异阵,即

$$|([K] - \omega^2[M])| = 0 \tag{6-30}$$

求解上述方程可以得到 n 个特征值$\omega_1^2, \omega_2^2, \cdots, \omega_n^2$,将特征值分别代入式(6-29a),可以解出 n 个相对应的特征向量$\{\phi_1\}, \{\phi_2\}, \cdots, \{\phi_N\}$。对于$[K]$对称半正定、$[M]$对称正定的情

况,ω_i为非负实数,称为固有频率。

将求得的 n 个系统固有频率ω_i排序如下:

$$0 \leqslant \omega_1 \leqslant \omega_2 \leqslant \cdots \leqslant \omega_n \tag{6-31}$$

在工程结构中最小的非零固有频率称为基频。特征向量$\{\varphi_i\}$也称为系统的固有振型,将$(\omega_i^2,\{\varphi_i\})$称为第 i 组特征对。由于特征向量乘以任意系数仍然是该特征值的特征向量,在动力学中,常常通过比例缩放使$\{\varphi_i\}$满足下述条件:

$$\{\varphi_i\}^{\mathrm{T}}[M]\{\varphi_i\} = 1 \quad (i = 1, 2, \cdots, n) \tag{6-32}$$

满足上面条件的固有振型称为正则振型,后续讨论中除特殊说明外所有振型均指正则振型。振型的性质讨论如下:

将特征对$(\omega_i^2,\{\varphi_i\})$和$(\omega_j^2,\{\varphi_j\})$代入方程(6-29a),可得:

$$[K]\{\varphi_i\} = \omega_i^2[M]\{\varphi_i\} \tag{6-33}$$

$$[K]\{\varphi_j\} = \omega_j^2[M]\{\varphi_j\} \tag{6-34}$$

$\{\varphi_j\}^{\mathrm{T}}$前乘式(6-33)得:

$$\{\varphi_j\}^{\mathrm{T}}[K]\{\varphi_i\} = \omega_i^2\{\varphi_j\}^{\mathrm{T}}[M]\{\varphi_i\} \tag{6-35}$$

$\{\varphi_i\}^{\mathrm{T}}$前乘式(6-34)得:

$$\{\varphi_i\}^{\mathrm{T}}[K]\{\varphi_j\} = \omega_j^2\{\varphi_i\}^{\mathrm{T}}[M]\{\varphi_j\} \tag{6-36}$$

利用刚度阵和质量阵的对称性:

$$\{\varphi_j\}^{\mathrm{T}}[K]\{\varphi_i\} = \{\varphi_i\}^{\mathrm{T}}[K]\{\varphi_j\} \tag{6-37}$$

$$\{\varphi_j\}^{\mathrm{T}}[M]\{\varphi_i\} = \{\varphi_i\}^{\mathrm{T}}[M]\{\varphi_j\} \tag{6-38}$$

由式(6-35)~式(6-36)可得:

$$(\omega_i^2 - \omega_j^2)\{\varphi_i\}^{\mathrm{T}}[M]\{\varphi_j\} = 0 \tag{6-39}$$

当两个特征值ω_i^2和ω_j^2不等时,必有:

$$\{\varphi_i\}^{\mathrm{T}}[M]\{\varphi_j\} = 0 \tag{6-40}$$

上式表明不同振型对于质量阵$[M]$正交,再利用式(6-36)可得:

$$\{\varphi_i\}^{\mathrm{T}}[K]\{\varphi_j\} = 0 \tag{6-41}$$

上式表明不同振型对刚度阵$[K]$也正交。

设

$$[\varPhi] = [\varphi_1 \quad \varphi_2 \quad \cdots \quad \varphi_N] \tag{6-42}$$

$$[\varOmega] = \begin{bmatrix} \omega_1^2 & 0 & \cdots & 0 \\ 0 & \omega_2^2 & \cdots & 0 \\ \vdots & \vdots & \ddots & \vdots \\ 0 & 0 & \cdots & \omega_n^2 \end{bmatrix} \tag{6-43}$$

则特征向量的性质还可以表示为如下矩阵形式:

$$[\varPhi]^{\mathrm{T}}[M][\varPhi] = [I] \tag{6-44}$$

$$[\varPhi]^{\mathrm{T}}[K][\varPhi] = [\varOmega] \tag{6-45}$$

其中$[\varPhi]$称为正则振型矩阵,$[\varOmega]$称为固有频率矩阵(对角阵)。原特征值问题可以改写为:

$$[K][\Phi] = [M][\Phi][\Omega] \tag{6-46}$$

【例6-1】 试求某个三自由度系统的特征值和特征向量。

$$\begin{bmatrix} 14 & 0 & 0 \\ 0 & 5 & 0 \\ 0 & 0 & 70 \end{bmatrix} \{\ddot{d}\} + \begin{bmatrix} 31 & -4 & -9 \\ -4 & 7 & 12 \\ -9 & 12 & 167 \end{bmatrix} \{d\} = \begin{Bmatrix} 0 \\ 0 \\ 0 \end{Bmatrix}$$

解: 本广义特征值问题中质量阵和刚度阵分别为:

$$[M] = \begin{bmatrix} 14 & 0 & 0 \\ 0 & 5 & 0 \\ 0 & 0 & 70 \end{bmatrix}, [K] = \begin{bmatrix} 31 & -4 & -9 \\ -4 & 7 & 12 \\ -9 & 12 & 167 \end{bmatrix}$$

特征方程可以表示为:

$$|([K] - \omega^2[M])| = \begin{vmatrix} 31 - 14\omega^2 & -4 & -9 \\ -4 & 7 - 5\omega^2 & 12 \\ -9 & 12 & 167 - 70\omega^2 \end{vmatrix} = 0$$

上式是关于ω^2的多项式方程,可以整理并因式分解为:

$$(\omega^2 - 1)(\omega^2 - 2)(\omega^2 - 3) = 0$$

由上式可得三个特征值分别为:

$$(\omega_1)^2 = 1, (\omega_2)^2 = 2, (\omega_3)^2 = 3$$

将第一个特征值$(\omega_1)^2 = 1$代入式(6-29a),可得:

$$([K] - (\omega_1)^2[M])\{\varphi\} = \begin{bmatrix} 14 & -4 & -9 \\ -4 & 2 & 12 \\ -9 & 12 & 97 \end{bmatrix} \{\varphi\} = 0$$

上述方程组的系数矩阵是奇异阵,因此有无穷多解,将$\{\varphi\}$中第一个元素设置为1,可以解得:

$$\{\varphi\} = \{1.0 \quad 5.6 \quad -0.6\}^T$$

再对上述特征向量做正则化处理,即令:

$$\{\varphi_1\} = \beta\{\varphi\}$$

使得:

$$\{\varphi_1\}^T[M]\{\varphi_1\} = \beta^2\{\varphi\}^T[M]\{\varphi\} = 1$$

最后求得相对于第一特征值$(\omega_1)^2$的特征向量$\{\varphi_1\}$为:

$$\{\varphi_1\} = \{0.0714 \quad 0.4 \quad -0.0429\}^T$$

同理,可以求出相对于另外两个特征值的特征向量为:

$$\{\varphi_2\} = \{0.2143 \quad 0 \quad 0.0714\}^T$$

$$\{\varphi_3\} = \{-0.1429 \quad 0.2 \quad 0.0857\}^T$$

即

$$[\Omega] = \begin{bmatrix} 1 & 0 & 0 \\ 0 & 2 & 0 \\ 0 & 0 & 3 \end{bmatrix}, [\Phi] = \begin{bmatrix} 0.0714 & 0.2143 & -0.1429 \\ 0.4 & 0 & 0.2 \\ -0.0429 & 0.0714 & 0.0857 \end{bmatrix}$$

6.2.2 大型特征值问题解法简述

大型工程结构在模型构建时,因其结构复杂,需要划分足够多单元;另外,为了获得更高精度的有限元解,也可能需要将工程结构的网格划分得足够细。在当前工程界中运用有限元方法求解问题的规模日益增大。对于一些工程动力学问题,尤其是土木工程结构稳定性和动力响应分析中,仅需要求解少数低频特征值以及相应的固有振型,因此需要在有限元分析中发展一些适应上述特点且计算高效的算法。目前针对大型特征值问题求解的算法大多都是基于迭代思想构造而成,应用比较广泛的有反(正)迭代法、子空间迭代法和 Lanczos 方法等。

下面以反迭代法为例,简单剖析一下此类方法的基本思路。考虑仅需要求解前 r 阶特征对的 n 阶大型广义特征值问题,其中 $r \ll n$。假设已求出前 $i-1$ 个特征对 $(\omega_1^2, \{\varphi_1\})$,$(\omega_2^2, \{\varphi_2\}), \cdots, (\omega_{i-1}^2, \{\varphi_{i-1}\})$,现在需要设计一个计算特征对 $(\omega_i^2, \{\varphi_i\})$ 的算法。给定初始随机迭代向量 $\{d_i\}^0$,该向量可以表示为所有固有振型的线性组合,即

$$\{d_i\}^0 = [\Phi]\{a\}^0 \tag{6-47}$$

其中:

$$\{a\}^0 = \{a_1^0 \quad a_2^0 \quad \cdots \quad a_n^0\}^{\mathrm{T}} \tag{6-48}$$

a_j^0 表示 $\{d_i\}^0$ 在 $\{\varphi_j\}$ 上的投影,由式(6-46)可知:

$$[M][\Phi] = [K][\Phi][\Omega]^{-1} \tag{6-49}$$

因此:

$$[M]\{d_i\}^0 = [M][\Phi]\{a\}^0 = [K][\Phi][\Omega]^{-1}\{a\}^0 = [K][\Phi]\{a\}^1 \tag{6-50}$$

其中:

$$\{a\}^1 = [\Omega]^{-1}\{a\}^0 = \left[\frac{a_1^0}{\omega_1^2} \quad \frac{a_2^0}{\omega_2^2} \quad \cdots \quad \frac{a_n^0}{\omega_n^2}\right]^{\mathrm{T}} \tag{6-51}$$

如果 $\{d_i\}^0$ 已经对 $\{\varphi_1\}, \{\varphi_2\}, \cdots, \{\varphi_{i-1}\}$ 做过正交化处理,则:

$$\{a\}^1 = [\Omega]^{-1}\{a\}^0 = \left[0 \quad 0 \quad \cdots \quad \frac{a_i^0}{\omega_i^2} \quad \frac{a_{i+1}^0}{\omega_{i+1}^2} \quad \cdots \quad \frac{a_n^0}{\omega_n^2}\right]^{\mathrm{T}} \tag{6-52}$$

将式(6-50)两边同时前乘 $[K]^{-1}$ 可得:

$$\{d_i\}^1 = [\Phi]\{a\}^1 = [K]^{-1}[M]\{d_i\}^0 \tag{6-53}$$

这是 1 次迭代的结果,如果经过 k 次迭代,则可得:

$$\{d_i\}^k = [\Phi]\{a\}^k = ([\Omega]^{-1})^k\{a\}^0 \tag{6-54}$$

如果每次迭代 $\{d_i\}^k$ 的都经过正交化处理,即保持与 $\{\varphi_1\}, \{\varphi_2\}, \cdots, \{\varphi_{i-1}\}$ 正交,则:

$$\{a\}^k = ([\Omega]^{-1})^k\{a\}^0 = \left[0 \quad 0 \quad \cdots \quad \frac{a_i^0}{\omega_i^{2k}} \quad \frac{a_{i+1}^0}{\omega_{i+1}^{2k}} \quad \cdots \quad \frac{a_n^0}{\omega_n^{2k}}\right]^{\mathrm{T}} \tag{6-55}$$

因为 $\omega_1 < \omega_2 < \cdots < \omega_n$,随着迭代次数的增加,$\{a\}^k$ 中第 i 个元素相对其他元素将保持明显优势,也就表明 $\{a\}^k$ 中除第 i 个元素外,其他元素都趋近于零,因此 $\{d_i\}^k$ 中仅剩下第 i 阶振型成分,即经过上述迭代过程求解得到第 i 阶振型。最后可代入自由振动方程中求解第 i 阶特征值。

重复上述步骤即可求解任意解需要的特征对。必须指出,如果两个或多个特征值比较接近(或重根)时,这种迭代算法收敛速度很慢,甚至不能收敛。这种情况可以通过移频法或者其他有效算法解决,感兴趣的读者可以自行参考相关文献。

【例 6-2】 试用迭代法求某个三自由度系统的最小特征值和对应的特征向量。

$$\begin{bmatrix} 14 & 0 & 0 \\ 0 & 5 & 0 \\ 0 & 0 & 70 \end{bmatrix} \{\ddot{d}\} + \begin{bmatrix} 31 & -4 & -9 \\ -4 & 7 & 12 \\ -9 & 12 & 167 \end{bmatrix} \{d\} = \begin{Bmatrix} 0 \\ 0 \\ 0 \end{Bmatrix}$$

解: 系统中,质量阵和刚度阵为:

$$[M] = \begin{bmatrix} 14 & 0 & 0 \\ 0 & 5 & 0 \\ 0 & 0 & 70 \end{bmatrix}, \quad [K] = \begin{bmatrix} 31 & -4 & -9 \\ -4 & 7 & 12 \\ -9 & 12 & 167 \end{bmatrix}$$

设初始迭代向量为:

$$\{d_0\} = \{1 \quad 1 \quad 1\}^T$$

迭代步骤($i = 0, 1, 2, 3, \cdots$):

(1)计算 $\{\tilde{d}\} = [M]\{d_i\}$。

(2)计算 $\{\tilde{d}_{i+1}\} = [K]^{-1}\{\tilde{d}\}$。

(3)设向量 $\{\tilde{d}_{i+1}\}$ 中绝对值最大的元素为 d_{max},对迭代向量做归一化处理,即 $\{d_{i+1}\} = \{\tilde{d}_{i+1}\}/d_{max}$。

(4)计算 $\epsilon = \|\{d_{i+1}\} - \{d_i\}\|$,若 ϵ 小于指定精度则退出迭代过程,否则进行下一次迭代。

按照上面的迭代步骤,迭代到第 86 步时,迭代向量收敛到(Matlab 双精度计算结果,64 位系统):

$$\{d_{86}\} = \{0.1786 \quad 1.0 \quad -0.1071\}^T$$

对上面结果进行正则化处理,即计算:

$$\{\varphi_1\} = \frac{\{d_{86}\}}{\{d_{86}\}^T [M] \{d_{86}\}} = \{0.0714 \quad 0.4 \quad -0.0429\}^T$$

最后可以计算得到最小特征值,即:

$$(\omega_1)^2 = \{\varphi_1\}^T [K] \{\varphi_1\} = 1$$

6.3 动力响应分析方法

本节讨论考虑阻尼效应时外部动力荷载作用下动力学运动方程的求解,即随着外部荷载变化寻求弹性体内各处位移、应变、应力等物理量的变化规律,这种分析也称为动力响应分析。在式(6-22)中给出的动力学运动方程:

$$[M]\{\ddot{d}\} + [C]\{\dot{d}\} + [K]\{d\} = \{F\}$$

节点加速度 $\{\ddot{d}\}$、速度 $\{\dot{d}\}$ 和位移 $\{d\}$ 前面的矩阵分别是质量阵、阻尼阵和刚度阵,统称为系数矩阵。求解上述方程组首先需要了解这些系数矩阵自身的特点,其中刚度阵在前面章节中已经详细讨论过,6.3.1节和6.3.2节主要讨论质量阵和阻尼阵的定义与性质。

关于二阶常微分方程组的解法,原则上可以利用求解常微分方程组的常用数值方法(如龙格—库塔法)求解,但是在有限元动力分析中,因为矩阵阶数高,用常用算法计算效率不高,6.3.3节和6.3.4节讨论两类适用于有限元动力分析的方法:振型叠加法和直接积分法。

6.3.1 质量阵

式(6-16)定义的单元质量阵:

$$[M_e] = \int \rho [N]^{\mathrm{T}} [N] \mathrm{d}V$$

称为协调(一致)质量阵,表示质量阵中采用的插值函数与刚度阵一致。在不影响精度的前提下为提高计算效率,在动力学有限元分析中还经常采用集中(堆聚)质量阵,即通过假定单元质量集中在节点上得到的质量阵。单元集中质量阵是对角阵,参与矩阵运算时可以节省大量计算时间。在下面讨论中以示区别,将单元集中质量阵表示为$[M_e^l]$。

将单元协调质量阵$[M_e]$转换为单元集中质量阵$[M_e^l]$有多种方案可以选择,下面介绍常见的两种方案:

1)方案一

单元集中质量阵中所有非对角线元素均设置为0;对角线元素设置为单元协调质量阵对应行所有元素的代数和,即

$$[M_e^l]_{ij} = 0 \, (i \neq j) \tag{6-56}$$

$$[M_e^l]_{ii} = \sum_{k=1}^{n} [M_e]_{ik} \tag{6-57}$$

其中n为单元自由度数。

2)方案二

单元集中质量阵中所有非对角线元素均设置为0,参见式(6-56);对角线元素设置为单元协调质量阵对应位置处元素与缩放因子a的乘积,即

$$[M_e^l]_{ii} = a [M_e]_{ii} \tag{6-58}$$

其中缩放因子a根据质量守恒原则确定,记d为分析问题的空间维数,V为单元体积,则缩放因子满足:

$$\sum_{i=1}^{n} [M_e^l]_{ii} = a \sum_{i=1}^{n} [M_e]_{ii} = \rho V d \tag{6-59}$$

【例6-3】 计算平面三角形单元的协调质量阵和集中质量阵。

解:平面三角形单元的插值形函数矩阵为

$$[N] = \begin{bmatrix} L_1 & 0 & L_2 & 0 & L_3 & 0 \\ 0 & L_1 & 0 & L_2 & 0 & L_3 \end{bmatrix} \tag{6-60}$$

其中L_1, L_2, L_3为面积坐标。

$$\rho \ [N]^{\mathrm{T}} [N] = \rho \begin{bmatrix} L_1L_1 & 0 & L_1L_2 & 0 & L_1L_3 & 0 \\ 0 & L_1L_1 & 0 & L_1L_2 & 0 & L_1L_3 \\ L_2L_1 & 0 & L_2L_2 & 0 & L_2L_3 & 0 \\ 0 & L_2L_1 & 0 & L_2L_2 & 0 & L_2L_3 \\ L_3L_1 & 0 & L_3L_2 & 0 & L_3L_3 & 0 \\ 0 & L_3L_1 & 0 & L_3L_2 & 0 & L_3L_3 \end{bmatrix} \qquad (6\text{-}61)$$

根据面积坐标的积分公式:

$$\int_{\Omega^e} (L_1^a \, L_2^b \, L_3^c) dV = \frac{a! \, b! \, c!}{(a + b + c + 2)!} 2At$$

式中:A——三角形单元的面积;

t——单元厚度。

根据积分公式,可求出单元协调质量阵如下:

$$[M^e] = \frac{W}{12} \begin{bmatrix} 2 & 0 & 1 & 0 & 1 & 0 \\ 0 & 2 & 0 & 1 & 0 & 1 \\ 1 & 0 & 2 & 0 & 1 & 0 \\ 0 & 1 & 0 & 2 & 0 & 1 \\ 1 & 0 & 1 & 0 & 2 & 0 \\ 0 & 1 & 0 & 1 & 0 & 2 \end{bmatrix} \qquad (6\text{-}62)$$

式中:W——单元质量,$W = \rho At$。

根据方案一得到单元集中质量阵为:

$$[M_l^e] = \frac{W}{3} \begin{bmatrix} 1 & 0 & 0 & 0 & 0 & 0 \\ 0 & 1 & 0 & 0 & 0 & 0 \\ 0 & 0 & 1 & 0 & 0 & 0 \\ 0 & 0 & 0 & 1 & 0 & 0 \\ 0 & 0 & 0 & 0 & 1 & 0 \\ 0 & 0 & 0 & 0 & 0 & 1 \end{bmatrix} = \frac{W}{3} [I] \qquad (6\text{-}63)$$

其中$[I]$为 6 阶单位阵。上式的力学意义是:单元的每个节点上集中总单元质量的 1/3。
根据方案二公式(6-59)可计算得到缩放因子 $a = 2$,最后得到的集中质量阵与方案一相同。
解毕。

思考:是否所有单元的协调质量阵和集中质量阵都相同?

6.3.2 阻尼阵

式(6-17)定义的单元阻尼阵:

$$[C_e] = \int (c \, [N]^{\mathrm{T}} [N]) dV$$

与单元质量阵具有比例关系,即

$$[C_e] = \frac{c}{\rho} [M_e] \qquad (6\text{-}64)$$

上述定义的单元阻尼阵是假定阻尼力正比于质点运动速度的结果。工程结构中还可能有阻尼力正比于应变速度的情况,这种情况下单元阻尼阵正比于单元刚度阵(具体推导过程略),公式表示为:

$$[C_e] = \gamma [K_e] \tag{6-65}$$

其中 γ 为比例常数,以上两种单元阻尼阵对所有单元集成后同样满足:

$$[C] = \frac{c}{\rho}[M] \quad 或 \quad [C] = \gamma [K] \tag{6-66}$$

将正比于质量阵或刚度阵的阻尼阵称为比例阻尼,工程中还经常用到另一种阻尼阵,定义为质量阵和刚度阵的线性组合,称为瑞利阻尼,表示为:

$$[C] = \alpha [M] + \beta [K] \tag{6-67}$$

其中 α 和 β 为比例常数,比例阻尼可看成是瑞利阻尼的退化情况。

类似式(6-44)和式(6-45)对瑞利阻尼进行变换可得:

$$[\Phi]^{\mathrm{T}}[C][\Phi] = [\Phi]^{\mathrm{T}}(\alpha[M] + \beta[K])[\Phi] = \alpha[I] + \beta[\Omega] \tag{6-68}$$

上式说明振型对阻尼阵也正交。

6.3.3　振型叠加法

本节介绍一种利用动力特性求解下列动力学运动方程的方法——振型叠加法。此方法的主要解题思路是基于振型关于系数矩阵(质量阵、阻尼阵和刚度阵)的正交性,将高维微分方程组转化成多个微分方程单独求解,降低问题难度。

由公式(6-44)可知:

$$\left| [\Phi]^{\mathrm{T}}[M][\Phi] \right| = \left| [\Phi]^{\mathrm{T}} \right| |M| |\Phi| = |M| |\Phi|^2 = 1 \tag{6-69}$$

上式说明 $[\Phi]$ 是一个非奇异阵,因此 $[\Phi]$ 的所有列向量 $\{\varphi_i\}$ 构成一个完备的 n 维线性空间,即所有的 n 维向量都可以写成 $\{\varphi_i\}$ 的线性组合,因此:

$$\{d\} = \sum_{i=1}^{n} \{\varphi_i\} a_i = [\Phi]\{a\} \tag{6-70}$$

式中:$\{a\}$——广义坐标向量,记为:

$$\{a\} = \begin{bmatrix} a_1 & a_2 & \cdots & a_n \end{bmatrix}^{\mathrm{T}} \tag{6-71}$$

初始条件也可以相应转换为:

$$\{a_0\} = [\Phi]^{\mathrm{T}}[M]\{d_0\} \tag{6-72}$$

$$\{\dot{a}_0\} = [\Phi]^{\mathrm{T}}[M]\{\dot{d}_0\} \tag{6-73}$$

式中:$\{a_0\}$——节点广义初位置;

　　　$\{\dot{a}_0\}$——节点广义初速度;

　　　$\{d_0\}$——节点初始位置;

　　　$\{\dot{d}_0\}$——节点初始速度。

将式(6-70)代入式(6-22)并前乘 $[\Phi]^{\mathrm{T}}$,并利用正交性整理后可得:

$$\{\ddot{a}\} + (\alpha[I] + \beta[\Omega])\{\dot{a}\} + [\Omega]\{a\} = \{r\} \tag{6-74}$$

式中:

$$\{r\} = [\boldsymbol{\Phi}]^{\mathrm{T}}\{F\} \tag{6-75}$$

因为$[I]$和$[\Omega]$矩阵都是对角阵,式$(6\text{-}74)$就成为n个互不耦合的二阶常微分方程,即

$$\ddot{a}_i + 2\,\delta_i\dot{a}_i + \omega_i^2 a_i = r_i\,(i = 1, 2, \cdots, n) \tag{6-76}$$

式中:

$$2\,\delta_i = \alpha + \beta\,\omega_i^2 \tag{6-77}$$

$$r_i = \{\varphi_i\}^{\mathrm{T}}\{F\} \tag{6-78}$$

按照单自由度系统振动方程的通用记法,记ξ_i为第i阶振型阻尼比,定义如下:

$$\xi_i = \frac{\delta_i}{\omega_i} \tag{6-79}$$

也即设:

$$\delta_i = \xi_i\omega_i \tag{6-80}$$

将上式代入式$(6\text{-}76)$,可得:

$$\ddot{a}_i + 2\,\xi_i\omega_i\dot{a}_i + \omega_i^2 a_i = r_i \quad (i = 1, 2, \cdots, n) \tag{6-81}$$

求解单自由度系统振动方程$(6\text{-}81)$可以用下节讨论的直接积分法,或者采用叠加积分法(杜哈梅积分法)。

杜哈梅积分法的基本思想是将任意激振力$r_i(t)$分解为一系列微冲量的连续作用,分别求出系统对每个微冲量的响应,根据线性系统的叠加原理得到任意激振下的系统响应,公式表达为:

$$a_i(t) = \mathrm{e}^{-\xi_i\omega_i t}\left(a_{0i}\cos\overline{\omega}_i t + \frac{\dot{a}_{0i} + \xi_i\omega_i a_{0i}}{\overline{\omega}_i}\sin\overline{\omega}_i t\right) + \frac{1}{\overline{\omega}_i}\int_0^t r_i(\tau)\,\mathrm{e}^{-\xi_i\omega_i(t-\tau)}\sin\overline{\omega}_i(t-\tau)\mathrm{d}\tau$$

$$\tag{6-82}$$

其中等式右边第一项表示在初始位移a_{0i}和初始速度$\dot{a}_{0i}$下的系统自由振动项,a_{0i}和$\dot{a}_{0i}$分别是$\{a_0\}$和$\{\dot{a}_0\}$第i个分量;第二项表示激振$r_i(t)$引起的系统强迫振动项,$\overline{\omega}_i$为有阻尼自振频率,表示为:

$$\overline{\omega}_i = \omega_i\sqrt{1 - \xi_i^2} \tag{6-83}$$

由上式可知,有阻尼自振频率$\overline{\omega}_i$小于无阻尼自振频率ω_i,当无阻尼或者阻尼很小时,阻尼比ξ_i等于或趋近于零,式$(6\text{-}82)$可以退化成:

$$a_i(t) = a_{0i}\cos\omega_i t + \frac{\dot{a}_{0i}}{\omega_i}\sin\omega_i t + \frac{1}{\omega_i}\int_0^t r_i(\tau)\sin\omega_i(t-\tau)\mathrm{d}\tau \tag{6-84}$$

所有单自由度微分方程求解完毕后代入式$(6\text{-}70)$,可得到节点位移向量$\{d\}$。应该指出,振型叠加法通过将耦合微分方程组转换为多个独立微分方程求解,降低了问题求解难度,但当系统节点自由度较多,方程中系数矩阵的阶数较高时,广义特征值分析本身就耗时较多,实际工程计算还需要依据具体情况确定。另外,对于非线性问题,刚度阵中的元素是时间坐标的函数,特征解将随时间变化,因此做响应分析时不适宜选用振型叠加法。

6.3.4　直接积分法

直接积分法是指通过假定节点未知量的某种有限差分形式,对运动微分方程直接进行逐

步数值积分的一类方法。本节介绍常用的两种直接积分法分别是中心差分法和 *Newmark* 法。

在本节讨论中,假定初始时刻 $t=0$ 的位移 $\{d_0\}$、速度 $\{\dot{d}_0\}$ 和加速度 $\{\ddot{d}_0\}$ 已知,下标表示时刻;将时间求解域 $0\sim T$ 等分为 n 个时间间隔 $\Delta t=T/n$。讨论具体算法时,假定 $0,\Delta t,2\Delta t$,$\cdots,t$ 时刻的解已经求得,构造计算 $t+\Delta t$ 时刻解的具体步骤。通过重复上述步骤,可以求解 $0\sim T$ 时间段内所有离散时间点的动力响应。

1）中心差分法

中心差分法的有限差分格式构造如下:

$$\{\ddot{d}_t\}=\frac{1}{\Delta t}(\{\dot{d}_{t+\frac{\Delta t}{2}}\}-\{\dot{d}_{t-\frac{\Delta t}{2}}\}) \tag{6-85}$$

$$\{\dot{d}_t\}=\frac{1}{2}(\{\dot{d}_{t+\frac{\Delta t}{2}}\}+\{\dot{d}_{t-\frac{\Delta t}{2}}\}) \tag{6-86}$$

即 t 时刻的加速度为 $t-\dfrac{\Delta t}{2}\sim t+\dfrac{\Delta t}{2}$ 时间区间的平均加速度,即 t 时刻的速度为 $t-\dfrac{\Delta t}{2}$ 和 $t+\dfrac{\Delta t}{2}$ 两个时刻速度的平均值,其中:

$$\{\dot{d}_{t-\frac{\Delta t}{2}}\}=\frac{1}{\Delta t}(\{d_t\}-\{d_{t-\Delta t}\}) \tag{6-87}$$

$$\{\dot{d}_{t+\frac{\Delta t}{2}}\}=\frac{1}{\Delta t}(\{d_{t+\Delta t}\}-\{d_t\}) \tag{6-88}$$

上面公式表示:$t-\dfrac{\Delta t}{2}$ 和 $t+\dfrac{\Delta t}{2}$ 两个时刻的速度均为以该时刻为中心,Δt 时间区间内的平均速度。这也是中心差分法名称的来源。将式(6-87)和式(6-88)代入式(6-85)和式(6-86)中,整理可得:

$$\{\ddot{d}_t\}=\frac{1}{\Delta t^2}(\{d_{t-\Delta t}\}-2\{d_t\}+\{d_{t+\Delta t}\}) \tag{6-89}$$

$$\{\dot{d}_t\}=\frac{1}{2\Delta t}(-\{d_{t-\Delta t}\}+\{d_{t+\Delta t}\}) \tag{6-90}$$

在上述差分形式中仅有 $\{d_{t+\Delta t}\}$ 为未知量,可由 t 时刻的运动方程求解:

$$[M]\{\ddot{d}_t\}+[C]\{\dot{d}_t\}+[K]\{d_t\}-\{F_t\}=0 \tag{6-91}$$

将式(6-89)和式(6-90)代入式(6-91)可得中心差分法的递推公式如下:

$$\left(\frac{1}{\Delta t^2}[M]+\frac{1}{2\Delta t}[C]\right)\{d_{t+\Delta t}\}$$

$$=\{F_t\}-\left([K]-\frac{2}{\Delta t^2}[M]\right)\{d_t\}-\left(\frac{1}{\Delta t^2}[M]-\frac{1}{2\Delta t}[C]\right)\{d_{t-\Delta t}\} \tag{6-92}$$

上面的递推公式表明已知 $\{d_{t-\Delta t}\}$ 和 $\{d_t\}$ 时可以进一步解出 $\{d_{t+\Delta t}\}$,这种数值积分方法又称为逐步积分法。需要指出:此算法有一个起步问题,即当 $t=0$ 时,为计算 $\{d_{\Delta t}\}$,除已知的初始条件 $\{d_0\}$ 外,还需要知道 $\{d_{-\Delta t}\}$。为此利用式(6-89)和式(6-90),取两式中的 $t=0$,再联立求解可得:

$$\{d_{-\Delta t}\}=\{d_0\}-\Delta t\{\dot{d}_0\}+\frac{\Delta t^2}{2}\{\ddot{d}_0\} \tag{6-93}$$

其中 $\{d_0\}$ 和 $\{\dot{d}_0\}$ 由初始条件指定,初始加速度 $\{\ddot{d}_0\}$ 可以利用 $t = 0$ 时刻的运动方程:

$$[M]\{\ddot{d}_0\} + [C]\{\dot{d}_0\} + [K]\{d_0\} - \{F_0\} = 0 \tag{6-94}$$

求解可得:

$$\{\ddot{d}_0\} = [M]^{-1}(\{F_0\} - [C]\{\dot{d}_0\} - [K]\{d_0\}) \tag{6-95}$$

综上所述,中心差分法算法步骤归纳如下:

(1)初始计算

①计算刚度矩阵 $[K]$、质量矩阵 $[M]$ 和阻尼矩阵 $[C]$。

②由指定初始位移 $\{d_0\}$ 和初始速度 $\{\dot{d}_0\}$ 计算初始加速度 $\{\ddot{d}_0\}$。

③选择时间步长 Δt,计算常数 $c_0 = \dfrac{1}{\Delta t^2}$,$c_1 = \dfrac{1}{2\Delta t}$,$c_2 = 2 c_0$,$c_3 = \dfrac{1}{c_2}$。

④计算 $\{d_{-\Delta t}\}$。

⑤计算 $[\widetilde{M}] = c_0[M] + c_1[C]$。

⑥三角分解 $[\widetilde{M}] = [L][D][L]^{\mathrm{T}}$。

(2)迭代计算($t = 0, \Delta t, 2\Delta t, \cdots$)

①计算 t 时刻迭代公式右端项:

$$\{\widetilde{F}_t\} = \{F_t\} - ([K] - c_2[M])\{d_t\} - (c_0[M] - c_1[C])\{d_{t-\Delta t}\}$$

②由 $[L][D][L]^{\mathrm{T}}\{d_{t+\Delta t}\} = \{\widetilde{F}_t\}$ 求解 $\{d_{t+\Delta t}\}$。

③如果需要,计算 t 时刻的速度 $\{\dot{d}_t\}$ 和加速度 $\{\ddot{d}_t\}$:

$$\{\dot{d}_t\} = c_1(-\{d_{t-\Delta t}\} + \{d_{t+\Delta t}\})$$

$$\{\ddot{d}_t\} = c_0(\{d_{t-\Delta t}\} - 2\{d_t\} + \{d_{t+\Delta t}\})$$

注:①中心差分法是显式算法,即刚度阵 $[K]$ 不出现在矩阵 $[\widetilde{M}]$ 中,在非线性分析中,每个增量步均会修改刚度阵,如果采用显式算法则不需要每步都需要重新矩阵求逆,计算效率高。

②中心差分法是条件稳定算法,即算法时间步长 Δt 必须小于某个临界值 Δt_{cr},否则算法不稳定。稳定性条件如下:

$$\Delta t \leqslant \Delta t_{\mathrm{cr}} = \frac{2}{\omega_{\max}} = \frac{T_{\min}}{\pi} \tag{6-96}$$

式中:$\omega_{\max}$——系统最大固有频率。

$T_{\min}$——系统的最小周期。通常可以用系统中最小尺寸单元的最大固有频率来近似 $\omega_{\max}$,即单元尺寸越小频率越大,也就意味着时间步长的临界值越小,计算量增大;另一方面,单元尺寸越大,有限元解的精度越差,因此利用中心差分法计算动力响应时,合理选择单元大小是一个很重要且有技巧的问题。

③中心差分法比较适用于由冲击、爆炸等高频低周类型荷载引起的波传播问题的求解,下节介绍的 Newmark 法相对更适用于结构动力学问题。

2）Newmark 法

在 $t \sim t + \Delta t$ 时间段内，Newmark 法的有限差分格式构造如下：

$$\{d_{t+\Delta t}\} = \{d_t\} + \{\dot{d}_t\}\Delta t + \left[\left(\frac{1}{2} - \alpha\right)\{\ddot{d}_t\} + \alpha\{\ddot{d}_{t+\Delta t}\}\right]\Delta t^2 \tag{6-97}$$

$$\{\dot{d}_{t+\Delta t}\} = \{\dot{d}_t\} + \left[(1-\delta)\{\ddot{d}_t\} + \delta\{\ddot{d}_{t+\Delta t}\}\right]\Delta t \tag{6-98}$$

式（6-97）表明从 t 到 $t + \Delta t$ 进行位移积分时，取加速度为：

$$(1 - 2\alpha)\{\ddot{d}_t\} + 2\alpha\{\ddot{d}_{t+\Delta t}\}$$

式（6-98）表明从 t 到 $t + \Delta t$ 进行速度积分时，取加速度为：

$$(1 - \delta)\{\ddot{d}_t\} + \delta\{\ddot{d}_{t+\Delta t}\}$$

由式（6-97）可得：

$$\{\ddot{d}_{t+\Delta t}\} = \frac{1}{\alpha \Delta t^2}(\{d_{t+\Delta t}\} - \{d_t\}) - \frac{1}{\alpha\Delta t}\{\dot{d}_t\} - \left(\frac{1}{2\alpha} - 1\right)\{\ddot{d}_t\} \tag{6-99}$$

将式（6-99）代入式（6-98），可得：

$$\{\dot{d}_{t+\Delta t}\} = \frac{\delta}{\alpha\Delta t}(\{d_{t+\Delta t}\} - \{d_t\}) + \left(1 - \frac{\delta}{\alpha}\right)\{\dot{d}_t\} + \left(1 - \frac{\delta}{2\alpha}\right)\Delta t\{\ddot{d}_t\} \tag{6-100}$$

在上述差分形式中以 $\{d_{t+\Delta t}\}$ 为基本未知量，由 $t + \Delta t$ 时刻的运动方程求解：

$$[M]\{\ddot{d}_{t+\Delta t}\} + [C]\{\dot{d}_{t+\Delta t}\} + [K]\{d_{t+\Delta t}\} - \{F_{t+\Delta t}\} = 0 \tag{6-101}$$

将式（6-99）和式（6-100）代入式（6-101），可得 Newmark 法的递推公式：

$$\left([K] + \frac{1}{\alpha \Delta t^2}[M] + \frac{\delta}{\alpha\Delta t}[C]\right)\{d_{t+\Delta t}\}$$

$$= [M]\left[\frac{1}{\alpha \Delta t^2}\{d_t\} + \frac{1}{\alpha\Delta t}\{\dot{d}_t\} + \left(\frac{1}{2\alpha} - 1\right)\{\ddot{d}_t\}\right] +$$

$$[C]\left[\frac{\delta}{\alpha\Delta t}\{d_t\} + \left(\frac{\delta}{\alpha} - 1\right)\{\dot{d}_t\} + \right.$$

$$\left.\left(\frac{\delta}{2\alpha} - 1\right)\Delta t\{\ddot{d}_t\}\right] + \{F_{t+\Delta t}\} \tag{6-102}$$

综上所述，Newmark 法算法步骤归纳如下：

（1）初始计算

①计算刚度矩阵 $[K]$、质量矩阵 $[M]$ 和阻尼矩阵 $[C]$。

②由指定初始位移 $\{d_0\}$ 和初始速度 $\{\dot{d}_0\}$ 计算初始加速度 $\{\ddot{d}_0\}$。

③选择时间步长 Δt，参数 α 和 δ，计算常数 $c_0 = \dfrac{1}{\alpha \Delta t^2}$，$c_1 = \dfrac{\delta}{\alpha\Delta t}$，$c_2 = \dfrac{1}{\alpha\Delta t}$，$c_3 = \dfrac{1}{2\alpha} - 1$，$c_4 = \dfrac{\delta}{\alpha} - 1$，$c_5 = \left(\dfrac{\delta}{2\alpha} - 1\right)\Delta t$，$c_6 = (1-\delta)\Delta t$，$c_7 = \delta\Delta t$。

④计算 $[\tilde{K}] = [K] + c_0[M] + c_1[C]$。

⑤三角分解 $[\tilde{K}] = [L][D][L]^T$。

（2）迭代计算$(t=0,\Delta t,2\Delta t,\cdots)$

①计算 t 时刻迭代公式右端项：

$$\{\widetilde{F}_{t+\Delta t}\} = [M][c_0\{d_t\} + c_2\{\dot{d}_t\} + c_3\{\ddot{d}_t\}] + [C][c_1\{d_t\} +$$
$$c_4\{\dot{d}_t\} + c_5\Delta t\{\ddot{d}_t\}] + \{F_{t+\Delta t}\}$$

②由 $[L][D][L]^{\mathrm{T}}\{d_{t+\Delta t}\} = \{\widetilde{F}_{t+\Delta t}\}$ 求解 $\{d_{t+\Delta t}\}$。

③计算 t 时刻的速度 $\{\dot{d}_t\}$ 和加速度 $\{\ddot{d}_t\}$：

$$\{\ddot{d}_{t+\Delta t}\} = c_0(\{d_{t+\Delta t}\} - \{d_t\}) - c_2\{\dot{d}_t\} - c_3\{\ddot{d}_t\}$$
$$\{\dot{d}_{t+\Delta t}\} = \{\dot{d}_t\} + c_6\{\ddot{d}_t\} + c_7\{\ddot{d}_{t+\Delta t}\}$$

注：①Newmark 法是隐式算法，即矩阵 $[\widetilde{K}]$ 中包含刚度阵 $[K]$，在非线性分析中，每个增量步均会修改刚度阵，求解效率低。

②满足下列条件时，Newmark 法是无条件稳定算法，即时间步长 Δt 的大小不影响算法的稳定性：

$$\delta \geqslant 0.5 \quad 和 \quad \alpha \geqslant 0.25 (0.5 + \delta)^2 \qquad (6\text{-}103)$$

【例 6-4】 某个三自由度系统的运动方程是：

$$\begin{bmatrix} 14 & 0 & 0 \\ 0 & 5 & 0 \\ 0 & 0 & 70 \end{bmatrix}\{\ddot{d}\} + \begin{bmatrix} 31 & -4 & -9 \\ -4 & 7 & 12 \\ -9 & 12 & 167 \end{bmatrix}\{d\} = \begin{Bmatrix} 0 \\ 30 \\ 0 \end{Bmatrix}$$

初始条件为，当 $t=0$ 时

$$\{d_0\} = 0, \{\dot{d}_0\} = 0$$

已知此系统的最大固有频率为 $\omega_{\max} = \sqrt{3}$，对应的最小振动周期是：

$$T_{\min} = \frac{2\pi}{\sqrt{3}} \approx 3.628$$

试讨论当时间步长分别取为 $\Delta t = 0.5$ 和 $\Delta t = 10$ 时两种直接积分法解的稳定性。

解： 将初始位置和初始速度代入运动方程，可以计算得到初始加速度：

$$\{\ddot{d}_0\} = \{0 \quad 6 \quad 0\}^{\mathrm{T}}$$

①用中心差分法求解系统响应，$\Delta t = 0.5$ 时：

$$c_0 = \frac{1}{\Delta t^2} = 4, c_1 = \frac{1}{2\Delta t} = 1, c_2 = 2c_0 = 8, c_3 = \frac{1}{c_2} = \frac{1}{8}$$

$$\{d_{-\Delta t}\} = \{d_0\} - \Delta t\{\dot{d}_0\} + c_3\{\ddot{d}_0\} = \frac{1}{8}[0 \quad 6 \quad 0]^{\mathrm{T}} = [0 \quad 0.75 \quad 0]^{\mathrm{T}}$$

$$[\widetilde{M}] = c_0[M] + c_1[C] = 4 \times \begin{bmatrix} 14 & 0 & 0 \\ 0 & 5 & 0 \\ 0 & 0 & 70 \end{bmatrix} = \begin{bmatrix} 56 & 0 & 0 \\ 0 & 20 & 0 \\ 0 & 0 & 280 \end{bmatrix}$$

对于每一个时间步长，先计算右端项：

$$\{\widetilde{F}_t\} = \{F_t\} - ([K] - c_2[M])\{d_t\} - (c_0[M] - c_1[C])\{d_{t-\Delta t}\}$$

$$= \begin{Bmatrix} 0 \\ 30 \\ 0 \end{Bmatrix} - \begin{bmatrix} -81 & -4 & -9 \\ -4 & -33 & 12 \\ -9 & 12 & -393 \end{bmatrix}\{d_t\} - \begin{bmatrix} 56 & 0 & 0 \\ 0 & 20 & 0 \\ 0 & 0 & 280 \end{bmatrix}\{d_{t-\Delta t}\}$$

再由下列方程计算 $t + \Delta t$ 时刻的位移 $\{d_{t+\Delta t}\}$：

$$\begin{bmatrix} 56 & 0 & 0 \\ 0 & 20 & 0 \\ 0 & 0 & 280 \end{bmatrix}\{d_{t+\Delta t}\} = \{\widetilde{F}_t\}$$

位移计算结果列表如表6-1所示。

位移计算结果   表6-1

时间	Δt	$2\Delta t$	$3\Delta t$	$4\Delta t$	$5\Delta t$	$6\Delta t$	$7\Delta t$	$8\Delta t$	$9\Delta t$	$10\Delta t$
d_1	0.00	0.05	0.27	0.69	1.21	1.60	1.65	1.28	0.65	0.03
d_2	0.75	2.74	5.30	7.65	9.21	9.73	9.23	7.92	6.07	3.95
d_3	0.00	−0.03	−0.16	−0.41	−0.72	−0.96	−0.99	−0.77	−0.39	−0.02

②用中心差分法求解系统响应，$\Delta t = 10$ 时，计算结果如下：

$$\{d_{\Delta t}\} = \begin{Bmatrix} 0 \\ 300 \\ 0 \end{Bmatrix},\ \{d_{2\Delta t}\} = \begin{Bmatrix} 0.86 \\ -4.08 \\ -0.51 \end{Bmatrix} \times 10^4,\ \{d_{3\Delta t}\} = \begin{Bmatrix} -3.38 \\ 7.55 \\ 2.03 \end{Bmatrix} \times 10^6$$

继续计算下去，位移绝对值无限增大，结果不稳定，因为中心差分法数值积分需要满足时间步长小于临界值，即 $\Delta t < 3.628$。

③用 Newmark 法求解系统响应，$\Delta t = 0.5$，$\delta = 0.5$，$\alpha = 0.25$ 时：

$$c_0 = \frac{1}{\alpha \Delta t^2} = 16,\ c_1 = \frac{\delta}{\alpha \Delta t} = 4,\ c_2 = \frac{1}{\alpha \Delta t} = 8,\ c_3 = \frac{1}{2\alpha} - 1 = 1,$$

$$c_4 = \frac{\delta}{\alpha} - 1 = 1,\ c_5 = \left(\frac{\delta}{2\alpha} - 1\right)\Delta t = 0,\ c_6 = (1-\delta) = \frac{1}{4},\ \Delta t\, c_7 = \delta\Delta t = \frac{1}{4}$$

$$[\widetilde{K}] = [K] + c_0[M] + c_1[C] = \begin{bmatrix} 255 & -4 & -9 \\ -4 & 87 & 12 \\ -9 & 12 & 1287 \end{bmatrix}$$

对于每一个时间步长，先计算右端项：

$$\{\widetilde{F}_{t+\Delta t}\} = \{F_{t+\Delta t}\} + [M][c_0\{d_t\} + c_2\{\dot{d}_t\} + c_3\{\ddot{d}_t\}] + [C][c_1\{d_t\} + c_4\{\dot{d}_t\} + c_5\Delta t\{\ddot{d}_t\}]$$

$$= \begin{Bmatrix} 0 \\ 30 \\ 0 \end{Bmatrix} - \begin{bmatrix} 14 & 0 & 0 \\ 0 & 5 & 0 \\ 0 & 0 & 70 \end{bmatrix}[16\{d_t\} + 8\{\dot{d}_t\} + \{\ddot{d}_t\}]$$

再由下列方程计算 $t + \Delta t$ 时刻的位移 $\{d_{t+\Delta t}\}$：

$$\begin{bmatrix} 255 & -4 & -9 \\ -4 & 87 & 12 \\ -9 & 12 & 1287 \end{bmatrix}\{d_{t+\Delta t}\} = \{\widetilde{F}_t\}$$

并计算 $t+\Delta t$ 时刻的加速度 $\{\ddot{d}_{t+\Delta t}\}$ 和速度 $\{\dot{d}_{t+\Delta t}\}$：

$$\{\ddot{d}_{t+\Delta t}\} = 16(\{d_{t+\Delta t}\}-\{d_t\}) - 8\{\dot{d}_t\} - \{\ddot{d}_t\}$$

$$\{\dot{d}_{t+\Delta t}\} = \{\dot{d}_t\} + \frac{1}{4}\{\ddot{d}_t\} + \frac{1}{4}\{\ddot{d}_{t+\Delta t}\}$$

位移计算结果列表如表 6-2 所示。

位移计算结果 表 6-2

时间	Δt	$2\Delta t$	$3\Delta t$	$4\Delta t$	$5\Delta t$	$6\Delta t$	$7\Delta t$	$8\Delta t$	$9\Delta t$	$10\Delta t$
d_1	0.01	0.08	0.26	0.61	1.06	1.47	1.64	1.46	0.96	0.32
d_2	0.69	2.55	5.02	7.42	9.13	9.83	9.46	8.23	6.44	4.43
d_3	−0.01	−0.05	−0.16	−0.37	−0.64	−0.88	−0.98	−0.88	−0.58	−0.19

计算结果与中心差分法计算结果比较一致。

④用 Newmark 法求解系统响应，$\Delta t = 10, \delta = 0.5, \alpha = 0.25$ 时，按照相同步骤位移计算结果如表 6-3所示。

位移计算结果 表 6-3

时间	Δt	$2\Delta t$	$3\Delta t$	$4\Delta t$	$5\Delta t$	$6\Delta t$	$7\Delta t$	$8\Delta t$	$9\Delta t$	$10\Delta t$
d_1	1.08	0.22	0.67	0.75	0.12	1.24	−0.21	1.35	−0.08	0.97
d_2	10.02	1.46	7.32	5.00	3.48	8.56	0.72	10.11	0.61	8.79
d_3	−0.65	−0.13	−0.40	−0.45	−0.07	−0.74	0.13	−0.81	0.05	−0.58

位移结果稳定。两种积分法图形比较结果如图 6-1 所示。

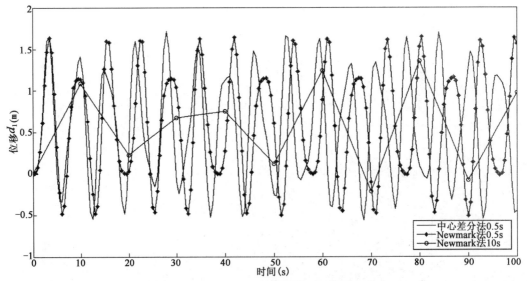

图 6-1　中心差分法和 Newmark 法求解结果比较示意图

对于同一工程结构，求解特征值问题比静力分析需要花费的时间高出一个量级，如果是求解系统的动力响应问题，计算量更大。减缩系统自由度数目是一种明智的选择，如 Guyan 减缩法和动力子结构法等，有兴趣的读者可以参考相关文献。

6.4 习题

6-1 请详细说明动力问题有限元方程的建立步骤。

6-2 请简要说明动力问题与静力问题有限元分析的区别。

6-3 试证明有限元动力特性问题中特征向量对质量阵和刚度阵的正交性。

6-4 推导桁架单元的集中质量矩阵。

6-5 推导平面四节点单元的集中质量矩阵。

6-6 试用振型叠加法求解【例6-2】。

附录 A 向量基础

向量(矢量)是指由有限多个实数组成的有序数列,且满足指定的运算规则。向量中的实数称为向量的元素(分量),元素的总个数称为向量的维数(阶数)。向量通常有两种表示方法:整体法和元素列举法,举例说明如下:

整体法:

$$\vec{a}, \vec{b}, \vec{c}, \cdots, \vec{p}, \vec{q}, \vec{r}, \cdots$$

或

$$\{a\}, \{b\}, \{c\}, \cdots, \{p\}, \{q\}, \{r\}, \cdots$$

在本书中上面两种整体记法都用来表示向量。第一种记法在字母符号上加箭头表明向量具有方向属性;第二种记法将字母用花括号封装。为便于初学者理解,本书中向量符号没有沿用很多教材中采用的斜黑体字母表示法。

元素列举法:

$$\{2 \quad 3 \quad 5 \quad 7 \quad 11\}, \{1.2 \quad 3.45 \quad 5.67 \quad 8.90\},$$

$$\{a\} = \{a_1 \quad a_2 \quad \cdots \quad a_i \quad \cdots \quad a_n\}$$

其中a_i称为向量$\{a\}$的第i个元素,下标i表示元素在序列中的序号。

注:①本书中仅讨论定义在实数域上的有限维向量。

②当向量维数为 1 时向量退化为标量。

③本书中向量元素之间间隔符采用空格,向量封装符用花括号。

④向量是矩阵的退化情况,因此向量封装符也可是方括号,详见附录 B。

A.1 向量运算的定义

(1)向量相等定义为两个向量中所有元素对应相等,即

$$(\{a\} = \{b\}) \Leftrightarrow (a_i = b_i[i = 1, \cdots, n]) \tag{A-1}$$

其中"$\Leftrightarrow$"表示"等价于",n 为向量$\{a\}$和$\{b\}$的维数,最后$[i = 1, \cdots, n]$表示公式$a_i = b_i$对所有的元素都成立。在不引起混淆的前提下,为行文简洁,本书公式中省略$[i = 1, \cdots, n]$的写法,即公式(A-1)简化表示为:

$$(\{a\} = \{b\}) \Leftrightarrow (a_i = b_i)$$

（2）向量数乘定义为任意实数 β 与向量 $\{a\}$ 的乘积运算：

$$\beta\{a\} = \{a\}\beta = \{\beta a_1 \quad \beta a_2 \quad \cdots \quad \beta a_i \quad \cdots \quad \beta a_n\} \tag{A-2}$$

通常习惯将实数 β 放在前面，向量 $\{a\}$ 放在后面。

（3）向量加法定义为：

$$\vec{a} + \vec{b} = \{a_1 + b_1 \quad a_2 + b_2 \quad \cdots \quad a_i + b_i \quad \cdots \quad a_n + b_n\} \tag{A-3}$$

（4）向量点积（点乘、内积、标量积）定义为：

$$\vec{a} \cdot \vec{b} = \sum_{i=1}^{n} a_i b_i \tag{A-4}$$

下面再讨论两种特殊向量运算：叉积和混合积。这两种向量运算仅适用于三维向量。设：

$$\vec{a} = \{a_1 \quad a_2 \quad a_3\}, \vec{b} = \{b_1 \quad b_2 \quad b_3\}, \vec{c} = \{c_1 \quad c_2 \quad c_3\}$$

（5）向量叉积（叉乘、向量积）定义为：

$$\vec{a} \times \vec{b} = \{a_2 b_3 - a_3 b_2 \quad a_3 b_1 - a_1 b_3 \quad a_1 b_2 - a_2 b_1\} \tag{A-5}$$

（6）向量混合积定义为：

$$[\vec{a}, \vec{b}, \vec{c}] = (\vec{a} \times \vec{b}) \cdot \vec{c} \tag{A-6}$$

注：①向量之间没有定义大于、小于关系，只有等于关系。

②向量运算中点积和混合积的结果是标量，其余几种都是向量。

③向量叉积和混合积仅适用于三维向量，不适用于其他维数向量。

A.2　向量运算的几何物理意义

1）点积的意义

在许多教材中都描述向量是既有大小又有方向的量，而标量仅有大小没有方向。向量的大小（也称为长度）定义为：

$$\|\vec{a}\| = \sqrt{\vec{a} \cdot \vec{a}} \tag{A-7}$$

向量的方向定义为（图 A.1）：

$$\vec{n}_a = \frac{\vec{a}}{\|\vec{a}\|} \tag{A-8}$$

向量的大小为标量，但向量的方向为向量，称为方向向量，容易验证方向向量的大小为 1。不引起混淆时，$\vec{n}_a$ 可以简记为 $\vec{n}$。

向量可以表示为向量大小和方向的数乘，即

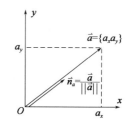

图 A.1　向量的向量方向几何示意图

$$\vec{a} = \|\vec{a}\|\vec{n}_a = \|\vec{a}\|\vec{n} \tag{A-9}$$

大小为 1 的向量称为单位向量。向量中所有元素均为 0 的向量称为零向量，记为 $\vec{0}$（或简记为 0），零向量既没有大小也没有方向。

平面二维向量和空间三维向量有很多具有实际物理意义的实例，例如弹性体中任意点的位置矢径、位移、速度和加速度等。在平面和空间问题中任意一个向量可以理解为一条带有方向的线段，通常任意两条线段之间具有一定的夹角（图 A-2、图 A-3），向量 $\vec{a}$ 和 $\vec{b}$ 的夹角记为 θ（$\vec{a}, \vec{b}$），夹角的余弦定义为：

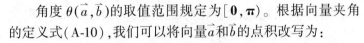

$$\mathrm{Cos}\theta(\vec{a},\vec{b})=\vec{n}_a\cdot\vec{n}_b=\frac{\vec{a}\cdot\vec{b}}{\|\vec{a}\|\|\vec{b}\|} \tag{A-10}$$

角度 $\theta(\vec{a},\vec{b})$ 的取值范围规定为 $[\mathbf{0},\boldsymbol{\pi})$。根据向量夹角的定义式（A-10），我们可以将向量 $\vec{a}$ 和 $\vec{b}$ 的点积改写为：

$$\vec{a}\cdot\vec{b}=\|\vec{a}\|\|\vec{b}\|\cos\theta(\vec{a},\vec{b}) \tag{A-11}$$

或：

$$\vec{a}\cdot\frac{\vec{b}}{\|\vec{b}\|}=\vec{a}\cdot\vec{n}_b=\|\vec{a}\|\cos\theta(\vec{a},\vec{b}) \tag{A-12}$$

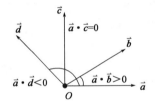

图 A-2　向量夹角几何示意图

上式表明，任意向量与单位向量的点积等于该向量在单位向量方向上的投影。由公式（A-11）还可得到结论，非零向量点积大于 0 则向量间夹角为锐角，小于 0 则向量间夹角为钝角，非零向量点积等于 0 的充要条件是向量相互垂直，即

$$(\vec{a}\cdot\vec{b}=0,\|\vec{a}\|\neq0,\|\vec{b}\|\neq0)\Leftrightarrow(\vec{a}\perp\vec{b}) \tag{A-13}$$

式中符号"⊥"表示"垂直于"的含义。

2）数乘的意义

数乘向量 $\beta\vec{a}$ 与原向量 $\vec{a}$ 共线，长度扩大了 $|\beta|$ 倍。当 $\beta>0$ 时，向量 $\beta\vec{a}$ 与 $\vec{a}$ 方向相同；当 $\beta<0$ 时，向量 $\beta\vec{a}$ 与 $\vec{a}$ 方向相反；当时 $\beta=0,\beta\vec{a}=0$。如图 A-4 所示。

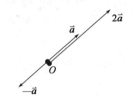

图 A-3　向量间夹角的三种类型　　　　图 A-4　向量数乘几何示意图

3）加法的意义

向量加法的运算规则比较简单，对于平面问题中二维向量和空间问题中三维向量，可以运用"平行四边形法则"得到向量之和，具体做法是将向量 $\vec{b}$ 的起点与向量 $\vec{a}$ 的终点重合，从向量 $\vec{a}$ 的起点指向向量 $\vec{b}$ 终点的向量即 $\vec{a}+\vec{b}$。如图 A-5 所示。

4）叉积的意义

三维向量叉积仍是三维向量，$\vec{a}\times\vec{b}$ 向量大小的几何意义是以向量 $\vec{a}$ 和 $\vec{b}$ 为边的平行四边形面积（图 A-6），可以表示为：

$$\|\vec{a}\times\vec{b}\|=\|\vec{a}\|\|\vec{b}\|\sin\theta(\vec{a},\vec{b}) \tag{A-14}$$

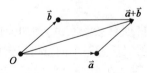 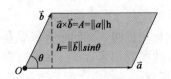

图 A-5　向量加法几何示意图　　　　图 A-6　向量叉乘几何示意图

证:由公式(A-5)可知:

$$\vec{a} \times \vec{b} = \{a_2b_3 - a_3b_2 \quad a_3b_1 - a_1b_3 \quad a_1b_2 - a_2b_1\}$$

$$\|\vec{a} \times \vec{b}\|^2 = (a_2b_3 - a_3b_2)^2 + (a_3b_1 - a_1b_3)^2 + (a_1b_2 - a_2b_1)^2$$

$$= (a_1^2 + a_2^2 + a_3^2)(b_1^2 + b_2^2 + b_3^2) - (a_1b_1 + a_2b_2 + a_3b_3)^2$$

$$= (\|\vec{a}\|\|\vec{b}\|)^2 - (\vec{a} \cdot \vec{b})^2 = (\|\vec{a}\|\|\vec{b}\|)^2 (1 - \cos^2\theta(\vec{a}, \vec{b}))$$

$$= (\|\vec{a}\|\|\vec{b}\|\sin\theta(\vec{a}, \vec{b}))^2$$

证毕。

由叉积的几何意义容易证明(请读者自行完成):非零向量的叉积为零向量的充要条件是两个向量的方向相同(两个向量平行或共线),即

$$(\vec{a} \times \vec{b} = \mathbf{0}, \|\vec{a}\| \neq 0, \|\vec{b}\| \neq 0) \Leftrightarrow (\vec{n}_a = \vec{n}_b) \tag{A-15}$$

另一方面,非零向量$\vec{a}$和$\vec{b}$的叉积$\vec{a} \times \vec{b}$的方向与向量$\vec{a}$和$\vec{b}$垂直,即公式(A-16),其指向可以用"右手螺旋法则"判定,具体做法是伸出右手五指,除拇指外的四个指头并拢指向向量$\vec{a}$的方向,旋转四个指头$\theta(\vec{a}, \vec{b})$角度使得四指指向向量$\vec{b}$的方向,旋转过程中拇指指向不变,拇指指向即为$\vec{a} \times \vec{b}$向量的方向。如图A-7所示。

$$(\vec{a} \times \vec{b}) \cdot \vec{a} = (\vec{a} \times \vec{b}) \cdot \vec{b} = 0 \tag{A-16}$$

5)混合积的意义

三维向量混合积是一个标量,其绝对值的几何意义表示由三个向量组成的平行六面体的体积。如果参与混合积的三个向量共线或者共面,体积为零,即混合积为零。混合积$[\vec{a}, \vec{b}, \vec{c}]$的正负号可以根据向量$\vec{a}$和$\vec{b}$的叉积向量$\vec{a} \times \vec{b}$与向量$\vec{c}$的夹角来判定,如果$\theta(\vec{a} \times \vec{b}, \vec{c})$是锐角则混合积为正,钝角则为负,直角则表示三个向量共面,则混合积为零。如图A-8所示。

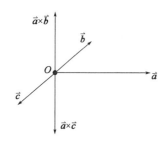
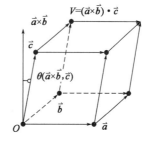

图A-7 向量叉乘方向几何示意图　　　图A-8 向量混合积的几何示意图

6)向量的线性组合

设$\beta_1, \beta_2, \cdots, \beta_n$是$n$个任意实数,向量$\vec{c}$称为向量组$\vec{a}_1, \vec{a}_2, \cdots, \vec{a}_n$的线性组合,定义如下:

$$\vec{c} = \beta_1\vec{a}_1 + \beta_2\vec{a}_2 + \cdots + \beta_n\vec{a}_n = \sum_{i=1}^{n}\beta_i\vec{a}_i \tag{A-17}$$

向量组线性无关定义为:仅当所有实数β_i均为零时,才能使得$\vec{c} = 0$。

向量组线性相关定义为:存在至少一个非零实数β_i能够使得$\vec{c}=0$。

注:①夹角的概念可以推广到高维向量,即高维向量之间也存在夹角。

②向量是否相互垂直可以用点积结果是否为零来判定。

③三维向量方向是否一致可以用叉积结果是否为零向量来判定。

A.3 向量运算的性质

1) 数乘

$$（交换律）\beta\,\vec{a} = \vec{a}\beta \tag{A-18}$$

$$（结合律）\alpha(\beta\,\vec{a}) = (\alpha\beta)\vec{a} \tag{A-19}$$

2) 加法

$$（交换律）\vec{a} + \vec{b} = \vec{b} + \vec{a} \tag{A-20}$$

$$（结合律）(\vec{a} + \vec{b}) + \vec{c} = \vec{a} + (\vec{b} + \vec{c}) \tag{A-21}$$

3) 点积

$$（交换律）\vec{a} \cdot \vec{b} = \vec{b} \cdot \vec{a} \tag{A-22}$$

4) 叉积

$$（反交换律）\vec{a} \times \vec{b} = -\vec{b} \times \vec{a} \tag{A-23}$$

$$（结合律）(\vec{a} \times \vec{b}) \times \vec{c} = \vec{a} \times (\vec{b} \times \vec{c}) \tag{A-24}$$

5) 混合积

$$（反交换律）[\vec{a}, \vec{b}, \vec{c}] = -[\vec{b}, \vec{a}, \vec{c}] = -[\vec{c}, \vec{b}, \vec{a}] = -[\vec{a}, \vec{c}, \vec{b}] \tag{A-25}$$

$$（双交换律）[\vec{a}, \vec{b}, \vec{c}] = [\vec{b}, \vec{c}, \vec{a}] = [\vec{c}, \vec{a}, \vec{b}] \tag{A-26}$$

6) 数乘与加法

$$（分配律）\beta(\vec{a} + \vec{b}) = (\beta\,\vec{a}) + (\beta\,\vec{b}) \tag{A-27}$$

7) 数乘与(点积、叉积、混合积)

$$（结合律）\beta(\vec{a} \cdot \vec{b}) = (\beta\,\vec{a}) \cdot \vec{b} = \vec{a} \cdot (\beta\,\vec{b}) \tag{A-28}$$

$$（结合律）\beta(\vec{a} \times \vec{b}) = (\beta\,\vec{a}) \times \vec{b} = \vec{a} \times (\beta\,\vec{b}) \tag{A-29}$$

$$（结合律）\beta[\vec{a}, \vec{b}, \vec{c}] = [\beta\vec{a}, \vec{b}, \vec{c}] = [a, \beta\vec{b}, c] = [a, b, \beta\vec{c}] \tag{A-30}$$

8) 加法与(点积、叉积、混合积)

$$（分配律）(\vec{a} + \vec{b}) \cdot \vec{c} = (\vec{a} \cdot \vec{c}) + (\vec{b} \cdot \vec{c}) \tag{A-31}$$

$$（分配律）\vec{a} \cdot (\vec{b} + \vec{c}) = (\vec{a} \cdot \vec{b}) + (\vec{a} \cdot \vec{c}) \tag{A-32}$$

$$（分配律）(\vec{a} + \vec{b}) \times \vec{c} = (\vec{a} \times \vec{c}) + (\vec{b} \times \vec{c}) \tag{A-33}$$

$$（分配律）\vec{a} \times (\vec{b} + \vec{c}) = (\vec{a} \times \vec{b}) + (\vec{a} \times \vec{c}) \tag{A-34}$$

$$（分配律）[\vec{a} + \vec{d}, \vec{b}, \vec{c}] = [\vec{a}, \vec{b}, \vec{c}] + [\vec{d}, \vec{b}, \vec{c}] \tag{A-35}$$

$$（分配律）[\vec{a}, \vec{b} + \vec{d}, \vec{c}] = [\vec{a}, \vec{b}, \vec{c}] + [\vec{a}, \vec{d}, \vec{c}] \tag{A-36}$$

$$（分配律）[\vec{a}, \vec{b}, \vec{c} + \vec{d}] = [\vec{a}, \vec{b}, \vec{c}] + [\vec{a}, \vec{b}, \vec{d}] \tag{A-37}$$

注:①上述向量的运算性质的证明都不难,请读者自行完成。

②点积和混合积都只有交换律没有结合律。

③向量运算 $\vec{c} = \vec{ab}$ 的写法有误!!! $\vec{ab}$ 既不表示点积,也不表示叉积。

④向量运算过程中需要注意括号的运用,例如 $\vec{a} \times \vec{b} \cdot \vec{c}$ 这种写法容易产生混淆,$(\vec{a} \times \vec{b}) \cdot \vec{c}$ 有定义,而 $\vec{a} \times (\vec{b} \cdot \vec{c})$ 没有定义。

附录B 矩阵运算基础

矩阵是指由 m 行、n 列、共 mn 个实数组成的有序二维数组,且满足指定的运算规则,$m,n \in \mathbb{N}$ ("$\in$"表示"属于",$\mathbb{N}$ 为自然数集)。矩阵中的实数称为矩阵的元素,二维数组的行数和列数称为矩阵的阶数。矩阵的行数与列数相等时称为方阵。矩阵通常有两种表示方法:整体法和元素列举法,举例说明如下:

整体法:

$$[A], [B], [C], \cdots [P], [Q], [R], \cdots$$

元素列举法:

$$\begin{bmatrix} 1.2 & 3.45 & 5.67 & 8.90 \end{bmatrix}, \begin{bmatrix} 1 & 2 & 3 \\ 4 & 5 & 6 \end{bmatrix}, \begin{bmatrix} 1 & 0 & 0 \\ 0 & 1 & 0 \\ 0 & 0 & 1 \end{bmatrix}, \begin{bmatrix} 9.87 \\ -6.54 \\ 3.21 \end{bmatrix}$$

$$[A] = \begin{bmatrix} A_{11} & A_{12} & \cdots & A_{1j} & \cdots & A_{1n} \\ A_{21} & A_{22} & \cdots & A_{2j} & \cdots & A_{2n} \\ \vdots & \vdots & \ddots & \vdots & \ddots & \vdots \\ A_{i1} & A_{i2} & \cdots & A_{ij} & \cdots & A_{in} \\ \vdots & \vdots & \ddots & \vdots & \ddots & \vdots \\ A_{m1} & A_{m2} & \cdots & A_{mj} & \cdots & A_{mn} \end{bmatrix} \tag{B-1}$$

其中 A_{ij} 称为矩阵 $[A]$ 的第 i 行、第 j 列的元素。

注:①本书中仅讨论定义在实数域上的有限阶矩阵。

②当矩阵的行数为 1 时矩阵退化为行向量。

③当矩阵的列数为 1 时矩阵退化为列向量。

④当矩阵的行数和列数都为 1 时矩阵退化为标量。

⑤本书中矩阵元素之间间隔符采用空格,矩阵封装符用方括号。

⑥用方括号封装的行向量和列向量既是矩阵也是向量。所有元素大小和顺序一致的行向量和列向量参与向量运算时等价,但参与矩阵运算时不等价,因为两者的阶数不同,若设向量的元素总个数为 n,行向量的阶数为 $1 \times n$,而列向量的阶数为 $n \times 1$。

B.1 矩阵关系与基本运算

(1)矩阵相等定义为两个矩阵中所有元素对应相等：

$$([A] = [B]) \Leftrightarrow (A_{ij} = B_{ij}) \tag{B-2}$$

(2)矩阵数乘定义为任意实数 β 与矩阵 $[A]$ 的乘积运算：

$$([C] = \beta[A] = [A]\beta) \Rightarrow (C_{ij} = \beta A_{ij}) \tag{B-3}$$

式中"$\Rightarrow$"表示"意味着"。

(3)矩阵转置运算定义为将 $m \times n$ 阶矩阵 $[A]$ 转换为 $n \times m$ 阶新矩阵 $[A]^T$，上标符号"T"称为转置阵，转置阵中任意第 i 行、第 j 列元素与原矩阵中第 j 行、第 i 列元素相等，公式表示如下：

$$([C] = [A]^T) \Rightarrow (C_{ij} = A_{ji}) \tag{B-4}$$

(4)矩阵加法定义为：

$$([C] = [A] + [B]) \Rightarrow (C_{ij} = A_{ij} + B_{ij}) \tag{B-5}$$

(5)矩阵乘法定义为：

$$([C] = [A][B]) \Rightarrow (C_{ij} = \sum_{k=1}^{n} A_{ik}B_{kj}) \tag{B-6}$$

上式中进行矩阵乘法运算的矩阵 $[A]$ 和 $[B]$ 有严格要求，即前矩阵的列数必须等于后矩阵的行数，若矩阵 $[A]$ 的阶数为 $m \times n$，矩阵 $[B]$ 的阶数为 $n \times p$，则矩阵乘积 $[C]$ 的阶数为 $m \times p$。

注：①矩阵之间没有定义大于、小于关系，只有等于关系。

②矩阵转置和乘法运算可能改变矩阵阶数，数乘和加法运算不改变。

③矩阵同阶才能相加，前阵列数与后阵行数相等才能相乘。

B.2 矩阵及运算的特征

首先讨论矩阵本身的特征。由式(B-1)可看出矩阵 $[A]$ 由 n 个 m 维列向量构成，即

$$[A] = [A_1^C \quad A_2^C \quad \cdots \quad A_j^C \quad \cdots \quad A_n^C] \tag{B-7}$$

其中 $[A_j^C]$ 表示第 j 个列向量，上标"C"表示列向量，下标表示其在原矩阵中的列序号，其阶数为 $m \times 1$，元素列举式写为：

$$[A_j^C] = \begin{bmatrix} A_{1j} \\ A_{2j} \\ \vdots \\ A_{ij} \\ \vdots \\ A_{mj} \end{bmatrix} \tag{B-8}$$

由式(B-1)还可看出，矩阵$[A]$由m个n维行向量构成，即

$$[A] = \begin{bmatrix} A_1^R \\ A_2^R \\ \vdots \\ A_i^R \\ \vdots \\ A_m^R \end{bmatrix} \tag{B-9}$$

其中$[A_i^R]$表示第i个行向量，上标"R"表示行向量，下标表示其在原矩阵中的行序号，其阶数为$1 \times n$，元素列举式写为：

$$A_i^R = \begin{bmatrix} A_{i1} & A_{i2} & \cdots & A_{ij} & \cdots & A_{in} \end{bmatrix} \tag{B-10}$$

公式(B-8)和公式(B-9)形式类似，但含义完全不同，前者表示向量，后者表示矩阵。为行文紧凑，这两个公式利用矩阵转置运算可以分别改写为：

$$\begin{bmatrix} A_j^C \end{bmatrix} = \begin{bmatrix} A_{1j} & A_{2j} & \cdots & A_{ij} & \cdots & A_{mj} \end{bmatrix}^T \tag{B-11}$$

$$[A] = \begin{bmatrix} (A_1^R)^T & (A_2^R)^T & \cdots & (A_i^R)^T & \cdots & (A_m^R)^T \end{bmatrix}^T \tag{B-12}$$

公式(B-10)与公式(B-11)也形似，但前者为行向量，而后者为列向量。行向量的转置为列向量，反之亦然。

矩阵数乘和加法运算规则的含义比较简单，不再赘述。下面讨论矩阵乘法运算的特征。矩阵乘法按照计算复杂程度可分成三级说明：

1）向量与向量的乘法

参与向量运算的向量没有行向量与列向量之分，但向量在参与矩阵运算时却需要严格区分行向量与列向量，为避免混淆，在本书中采用大多数教材的惯用做法，将参与矩阵运算的小写黑体字母符号作为列向量，行向量用字母加转置符表示，如符号$\{a\}$表示列向量，符号$\{b\}^T$表示行向量：

$$\{a\} = \begin{bmatrix} a_1 & a_2 & \cdots & a_i & \cdots & a_n \end{bmatrix}^T \tag{B-13}$$

$$\{b\}^T = \begin{bmatrix} b_1 & b_2 & \cdots & b_i & \cdots & b_m \end{bmatrix} \tag{B-14}$$

注意到上面两个向量的封装符可由花括号改为方括号，与矩阵封装符保持一致，也可以仍保持用花括号，实际计算结果相同。

列向量$\{a\}$和$\{b\}$不能进行矩阵运算，因为不满足"前阵列数与后阵行数相等"的要求，同理行向量$\{a\}^T$和$\{b\}^T$也不能进行矩阵运算。行向量与列向量之间可以进行矩阵操作，且有两种不同形式。

第一种，当行向量在前列向量在后时，仅当两个向量维数相同，即$m = n$时，有：

$$\{a\}^T\{b\} = \{b\}^T\{a\} = \sum_{i=1}^n a_i b_i \tag{B-15}$$

这种向量矩阵运算与向量点积运算的含义一致。

第二种，当列向量在前行向量在后时，对向量的维数没有要求，乘积如下：

$$\{a\}\{b\}^T = \begin{bmatrix} b_1\{a\} & b_2\{a\} & \cdots & b_i\{a\} & \cdots & b_m\{a\} \end{bmatrix} \tag{B-16}$$

$$\{b\}\{a\}^T = \begin{bmatrix} a_1\{b\} & a_2\{b\} & \cdots & a_i\{b\} & \cdots & a_m\{b\} \end{bmatrix} \tag{B-17}$$

上两式中计算得到的矩阵阶数分别为 $n \times m$、$m \times n$，因此两个乘积结果不同。矩阵乘积 $\{a\}\{b\}^{\mathrm{T}}$ 是将 n 维列向量 $\{a\}$ 复制 m 列形成 $n \times m$ 阶矩阵，矩阵每列依次与 b_i 进行数乘；或者是将 m 维行向量 $\{b\}^{\mathrm{T}}$ 复制 n 行形成 $n \times m$ 阶矩阵，矩阵每行依次与 a_i 进行数乘。矩阵乘积 $\{b\}\{a\}^{\mathrm{T}}$ 同理。易证(请读者自行完成):

$$(\{a\}\{b\}^{\mathrm{T}})^{\mathrm{T}} = \{b\}\{a\}^{\mathrm{T}} \tag{B-18}$$

2)向量与矩阵的乘法

由公式(B-1)、公式(B-13)和公式(B-14)定义的矩阵和向量,符合乘法规则的有两种情况:

$$[A]\{a\} = \sum_{j=1}^{n} a_j A_j^{\mathrm{C}} \tag{B-19}$$

$$\{b\}^{\mathrm{T}}[A] = \sum_{i=1}^{n} b_i A_i^{\mathrm{R}} \tag{B-20}$$

乘积 $[A]\{a\}$ 等于将矩阵 $[A]$ 的每个列向量与向量 $\{a\}$ 的每个分量对应相乘后得到的列向量之和,因此矩阵前乘列向量表示计算矩阵列向量组的线性组合。乘积 $\{b\}^{\mathrm{T}}[A]$ 等于将矩阵 $[A]$ 的每个行向量与向量 $\{b\}$ 的每个分量对应相乘后得到的行向量之和,因此矩阵后乘行向量表示计算矩阵行向量组的线性组合。

3)矩阵与矩阵的乘法

设矩阵 $[C] = [A][B]$,矩阵 $[A]$ 的阶数为 $m \times n$,矩阵 $[B]$ 的阶数为 $n \times p$,则矩阵乘积 $[C]$ 的阶数为 $m \times p$。按照2)中讨论的向量与矩阵乘积的特征可知,矩阵 $[C]$ 任一个(第 i 个)列向量可以表示为:

$$[C_i^{\mathrm{C}}] = [A][B_i^{\mathrm{C}}] = \sum_{j=1}^{n} B_{ji} A_j^{\mathrm{C}} \tag{B-21}$$

上式表明乘积矩阵 $[C]$ 中第 i 个列向量等于矩阵 $[A]$ 与 $[B]$ 中第 i 个列向量的乘积。

B.3　矩阵分块与降阶

矩阵中包含实数数量较多,因此导致矩阵运算比较费时,特别是当矩阵的阶数较大时,问题尤其突出。矩阵分块与降阶运算是提高矩阵运算效率的有效途径,也是其他一些矩阵运算的基础。

(1)首先介绍子矩阵的概念,子矩阵是指将原矩阵 $[A]$ 中从第 t 行到第 b 行、第 l 列到第 r 列的元素取出,保持相对位置不变重新形成的新矩阵,记为 $[A_{br}^{tl}]$。设矩阵 $[A]$ 的阶数为 $m \times n$,满足 $t, b, l, r \in N$, $t \leqslant b \leqslant m$, $l \leqslant r \leqslant n$,公式表示如下:

$$([C] = [A_{br}^{tl}]) \Rightarrow (C_{ij} = A_{(t+i-1)(l+j-1)}) \tag{B-22}$$

上式说明子矩阵 $[C]$ 中第 i 行、第 j 列元素与原矩阵 $[A]$ 中第 $(t+i-1)$ 行、第 $(l+j-1)$ 列的元素相同,$[A_{br}^{tl}]$ 的阶数为 $(b-t+1) \times (r-l+1)$。

根据子矩阵记法,易将矩阵进行分块,如:

$$[A] = \begin{bmatrix} A_{11} & A_{12} & A_{13} \\ A_{21} & A_{22} & A_{23} \\ A_{31} & A_{32} & A_{33} \end{bmatrix} = \begin{bmatrix} A_{11}^{11} & A_{13}^{12} \\ A_{31}^{21} & A_{33}^{22} \end{bmatrix}$$

其中

$$\left[A_{11}^{11}\right]=A_{11},\left[A_{13}^{12}\right]=\begin{bmatrix}A_{12}&A_{13}\end{bmatrix},\left[A_{31}^{21}\right]=\begin{bmatrix}A_{21}\\A_{31}\end{bmatrix},\left[A_{33}^{22}\right]=\begin{bmatrix}A_{22}&A_{23}\\A_{32}&A_{33}\end{bmatrix}$$

（2）矩阵删除行（去行，消行）和删除列（去列，消列）是矩阵降阶的手段，下面我们逐一讨论。以公式（B-1）中矩阵为例，将矩阵 $[A]$ 的第 i 行删除后的矩阵记为 $[A_i^{DR}]$，上标"DR"表示"行降阶"，下标表示删除的行序号，公式表示如下：

$$\left[A_i^{DR}\right]=\begin{bmatrix}(A_1^R)^T&(A_2^R)^T&\cdots&(A_{i-1}^R)^T&(A_{i+1}^R)^T&\cdots&(A_m^R)^T\end{bmatrix}^T \tag{B-23}$$

将矩阵 $[A]$ 的第 j 列删除后的矩阵记为 $[A_j^{DC}]$，上标"DC"表示"列降阶"，下标表示删除的列序号，公式表示如下：

$$\left[A_j^{DC}\right]=\begin{bmatrix}A_1^C&A_2^C&\cdots&A_{j-1}^C&A_{j+1}^C&\cdots&A_n^C\end{bmatrix} \tag{B-24}$$

将矩阵 $[A]$ 的第 i 行、第 j 列删除后的矩阵记为 $[A_{ij}^D]$，上标"D"表示"降阶"，下标表示删除的行序号和列序号，公式表示如下：

$$\left[A_{ij}^D\right]=\begin{bmatrix}A_{(i-1)(j-1)}^{11}&A_{(i-1)n}^{1(j+1)}\\A_{m(j-1)}^{(i+1)}&A_{mn}^{(i+1)(j+1)}\end{bmatrix} \tag{B-25}$$

（3）矩阵行交换和列交换是矩阵运算中可能用到的技巧，这里一并给出符号约定。将（B-1）中矩阵 $[A]$ 的第 i 行和第 i 行的数据按序互换后的矩阵记为 $[A_{ij}^{XR}]$，上标"XR"表示"行交换"，下标表示进行互换的行序号，公式表示如下：

$$[A]=\begin{bmatrix}(A_1^R)^T&(A_2^R)^T&\cdots&(A_i^R)^T&\cdots&(A_j^R)^T&\cdots&(A_m^R)^T\end{bmatrix}^T \tag{B-26}$$

$$\left[A_{ij}^{XR}\right]=\begin{bmatrix}(A_1^R)^T&(A_2^R)^T&\cdots&(A_j^R)^T&\cdots&(A_i^R)^T&\cdots&(A_m^R)^T\end{bmatrix}^T \tag{B-27}$$

将矩阵 $[A]$ 的第 i 列和第 i 列的数据按序互换后的矩阵记为 $[A_{ij}^{XC}]$，上标"XC"表示"列交换"，下标表示进行互换的列序号，公式表示如下：

$$[A]=\begin{bmatrix}A_1^C&A_2^C&\cdots&A_i^C&\cdots&A_j^C&\cdots&A_n^C\end{bmatrix} \tag{B-28}$$

$$\left[A_{ij}^{XC}\right]=\begin{bmatrix}A_1^C&A_2^C&\cdots&A_j^C&\cdots&A_i^C&\cdots&A_n^C\end{bmatrix} \tag{B-29}$$

B.4　方阵基本概念与运算

方阵是一种行数与列数相等的特殊矩阵，如：

$$[B]=\begin{bmatrix}B_{11}&B_{12}&\cdots&B_{1i}&\cdots&B_{1n}\\B_{21}&B_{22}&\cdots&B_{2i}&\cdots&B_{2n}\\\vdots&\vdots&\ddots&\vdots&\ddots&\vdots\\B_{i1}&B_{i2}&\cdots&B_{ii}&\cdots&B_{in}\\\vdots&\vdots&\ddots&\vdots&\ddots&\vdots\\B_{n1}&B_{n2}&\cdots&B_{ni}&\cdots&B_{nn}\end{bmatrix} \tag{B-30}$$

上式中方阵的阶数为 $n\times n$，也可以将矩阵 $[B]$ 称为 n 阶方阵。

在方阵中行序号与列序号相同的元素称为对角元，其他元素称为非对角元。所有非对角元都等于零的方阵称为对角阵,所有元素都为 0 的矩阵称为零阵。对角元都等于 1 的对角阵称为单位阵,记为 $[I]$,如 3 阶单位阵可以表示成:

$$[I_3] = \begin{bmatrix} 1 & 0 & 0 \\ 0 & 1 & 0 \\ 0 & 0 & 1 \end{bmatrix} \tag{B-31}$$

方阵转置后与原方阵相等的矩阵称为对称阵。

方阵因其自身特点,定义了一些特殊的运算规则,下面做简要介绍:

(1)方阵行列式是一元运算,封装符号用"| |"表示。可以采用如下的递归定义:

$$|B| = \sum_{i=1}^{n} (-1)^{i+1} B_{i1} |B_{i1}^{D}| = \sum_{j=1}^{n} (-1)^{1+j} B_{1j} |B_{1j}^{D}| \tag{B-32}$$

上式用降阶矩阵 $[B_{i1}^{D}]$ 的行列式定义矩阵 $[B]$ 的行列式,递归过程中需要计算行列式的方阵的阶数逐渐减少,因此上述递归定义是适定的。公式(B-32)中 $|B_{i1}^{D}|$ 称为矩阵 $[B]$ 中元素 B_{i1} 的余子式, $(-1)^{i+1}|B_{i1}^{D}|$ 称为元素 B_{i1} 的代数余子式。

行列式等于 0 的方阵称为奇异阵,否则称为非奇异阵。

(2)方阵伴随阵是一元运算,上标符号用" ∗ "表示。将原方阵 $[B]$ 中每个元素替换为该元素的代数余子式得到的新方阵称为原方阵的伴随阵,记为 $[B^*]$,公式表示为:

$$[C] = [B^*] \Rightarrow C_{ij} = (-1)^{i+j} |B_{ij}^{D}| \tag{B-33}$$

(3)方阵逆阵是一元运算,上标符号用" – 1"表示。非奇异的方阵具有逆阵。设方阵 $[B]$ 为非奇异阵,方阵 $[B]$ 的逆阵记为 $[B]^{-1}$,定义如下:

$$[B]^{-1} = \frac{[B^*]}{|B|} \tag{B-34}$$

方阵 $[B]$ 与其逆阵 $[B]^{-1}$ 满足如下关系:

$$[B]^{-1}[B] = [B][B]^{-1} = [I] \tag{B-35}$$

注:①行列式、伴随阵和逆阵运算仅适用于方阵,不适用于非方阵的矩阵。
②注意行列式封装符不是绝对值符号,方阵的行列式可能小于零。

B.5 矩阵运算的性质

1)数乘

$$(交换律)\beta[A] = [A]\beta \tag{B-36}$$

$$(结合律)\alpha(\beta[A]) = (\alpha\beta)[A] \tag{B-37}$$

2)转置

$$(自反律)([A]^{T})^{T} = [A] \tag{B-38}$$

3)逆阵

$$(自反律)([A]^{-1})^{-1} = [A] \tag{B-39}$$

4)加法

$$(交换律)[A] + [B] = [B] + [A] \tag{B-40}$$

$$(结合律)([A] + [B]) + [C] = [A] + ([B] + [C]) \tag{B-41}$$

5）乘法

$$（结合律）（[A][B]）[C] = [A]（[B][C]）\tag{B-42}$$

6）数乘与（转置、行列式、逆阵、加法、乘法）

$$（运算交换）（\beta[A]）^T = \beta[A]^T\tag{B-43}$$

$$（运算交换）|（\beta[A]）| = \beta^n|A|\tag{B-44}$$

$$（运算交换）（\beta[A]）^{-1} = \frac{1}{\beta}[A]^{-1}\tag{B-45}$$

$$（分配律）\beta（[A]+[B]） = （\beta[A]）+（\beta[B]）\tag{B-46}$$

$$（结合律）\beta（[A][B]） = （\beta[A]）[B] = [A]（\beta[B]）\tag{B-47}$$

7）转置与（行列式、逆阵、加法、乘法）

$$（运算交换）|[A]^T| = |A|\tag{B-48}$$

$$（运算交换）（[A]^T）^{-1} = （[A]^{-1}）^T = [A]^{-T}\tag{B-49}$$

$$（分配律）（[A]+[B]）^T = [A]^T+[B]^T\tag{B-50}$$

$$（反运算交换）（[A][B]）^T = （[B]^T）（[A]^T）\tag{B-51}$$

8）行列式与（逆阵、乘法）

$$（运算交换）|（[A]^{-1}）| = \frac{1}{|A|}\tag{B-52}$$

$$（运算交换）|（[A][B]）| = |A||B|\tag{B-53}$$

9）逆阵与乘法

$$（运算交换）（[A][B]）^{-1} = （[B]^{-1}）（[A]^{-1}）\tag{B-54}$$

10）加法与乘法

$$（分配律）（[A]+[B]）[C] = [A][C]+[B][C]\tag{B-55}$$

$$（分配律）[C]（[A]+[B]） = [C][A]+[C][B]\tag{B-56}$$

注：①上述运算假定都满足对应的运算规则。

②上述运算性质的证明请读者自行完成。

③矩阵乘法交换律不成立。

④矩阵相关理论非常多，本章仅包含一些入门知识，更多内容请参考线性代数与矩阵理论方面的资料。

▶▶▶ 附录 C 变形体虚功(虚位移)原理的证明

C.1 变形体虚功(虚位移)原理

变形体平衡的必要与充分条件是:对于任意的虚位移,外力在虚位移上所做的总虚功 δW 等于变形体的虚变形能 δU,也即成立虚功方程:

$$\delta W = \delta U \tag{C-1}$$

C.2 指标形式的证明法

为了证明过程的简洁性,下面公式中采用了爱因斯坦指标记法和求和约定。

以 u_1、u_2、u_3 分别表示沿 x、y、z 方向的位移分量 $u(x,y,z)$、$v(x,y,z)$、$w(x,y,z)$。对于虚位移 $\delta u_i (i=1,2,3)$,其虚应变为:

$$\delta\varepsilon_{ij} = \frac{1}{2}(\delta u_{i,j} + \delta u_{j,i}) \tag{C-2}$$

虚应变能为:

$$
\begin{aligned}
\delta U &= \int_V \sigma_{ij}\delta\varepsilon_{ij}\mathrm{d}V = \int_V \frac{1}{2}\sigma_{ij}(\delta u_{i,j} + \delta u_{j,i})\mathrm{d}V = \int_V \frac{1}{2}\sigma_{ij}\delta u_{i,j}\mathrm{d}V + \int_V \frac{1}{2}\sigma_{ij}\delta u_{j,i}\mathrm{d}V \\
&= \int_V \frac{1}{2}\sigma_{ij}\delta u_{i,j}\mathrm{d}V + \int_V \frac{1}{2}\sigma_{ji}\delta u_{j,i}\mathrm{d}V \\
&= \int_V \sigma_{ij}\delta u_{i,j}\mathrm{d}V = \int_V (\sigma_{ij}\delta u_i)_{,j} - \sigma_{ij,j}\delta u_i\mathrm{d}V \\
&= \int_V (\sigma_{ij}\delta u_i)_{,j}\mathrm{d}V - \int_V \sigma_{ij,j}\delta u_i\mathrm{d}V = \int_S \sigma_{ij}\delta u_i\, n_j\mathrm{d}V - \int_V \sigma_{ij,j}\delta u_i\mathrm{d}V \\
&= \int_{S_\sigma} \sigma_{ij}n_j\delta u_i\mathrm{d}V + \int_{S_u} \sigma_{ij}n_j\delta u_i\mathrm{d}V - \int_V \sigma_{ij,j}\delta u_i\mathrm{d}V
\end{aligned}
\tag{C-3}
$$

式中:S_σ——应力边界;

S_u——内力边界;

n_j——边界上外法线方向单位矢量的各分量。

根据虚位移的概念，在位移边界S_u上$\delta u_i = 0$，于是有：

$$\delta U = \int_{S_\sigma} \sigma_{ij} n_j \delta u_i \mathrm{d}S - \int_V \sigma_{ij,j} \delta u_i \mathrm{d}V \tag{C-4}$$

以$p_i(i=1,2,3)$表示应力边界上各坐标方向的表面力集度，$f_i(i=1,2,3)$表示变形体沿各坐标方向的体积力集度，ρ表示质量密度，$\ddot{u}_i(i=1,2,3)$表示沿各坐标方向的加速度，则所有力的虚功为：

$$\delta W = \int_{S_\sigma} p_i \delta u_i \mathrm{d}S + \int_V (f_i - \rho \ddot{u}_i) \delta u_i \mathrm{d}V \tag{C-5}$$

(1)充分性：当变形体平衡时，虚功一定等于虚变形能。

根据应力边界条件和平衡条件：

①在V内，有：

$$\sigma_{ij,j} + f_i = \rho \ddot{u}_i \tag{C-6}$$

②在S_σ上，有：

$$\sigma_{ij} n_j = p_i \tag{C-7}$$

利用式(C-4)~式(C-7)可得：

$$\delta U = \int_{S_\sigma} \sigma_{ij} n_j \delta u_i \mathrm{d}S - \int_V \sigma_{ij,j} \delta u_i \mathrm{d}V$$

$$= \int_{S_\sigma} p_i \delta u_i \mathrm{d}S + \int_V (f_i - \rho \ddot{u}_i) \delta u_i \mathrm{d}V$$

$$= \delta W \tag{C-8}$$

上述过程表明：当平衡条件成立时，外力在虚位移上所做的总虚功等于弹性体的虚变形能。

(2)必要性：当虚功等于虚变形能时，变形体一定平衡。

根据式(C-4)、式(C-5)，由虚功原理$\delta U = \delta W$可得：

$$\int_{S_\sigma} \sigma_{ij} n_j \delta u_i \mathrm{d}S - \int_V \sigma_{ij,j} \delta u_i \mathrm{d}V = \int_{S_\sigma} p_i \delta u_i \mathrm{d}S + \int_V (f_i - \rho \ddot{u}_i) \delta u_i \mathrm{d}V \tag{C-9}$$

$$\int_{S_\sigma} (p_i - \sigma_{ij} n_j) \delta u_i \mathrm{d}S + \int_V (\sigma_{ij,j} + f_i - \rho \ddot{u}_i) \delta u_i \mathrm{d}V = 0 \tag{C-10}$$

根据虚位移的任意性，可得平衡条件：

①在 $\qquad\qquad S_\sigma$ 上，$\sigma_{ij} n_j = p_i$ $\qquad\qquad$ (C-11)

②在 $\qquad\qquad V$ 内，$\sigma_{ij,j} + f_i = \rho \ddot{u}_i$ $\qquad\qquad$ (C-12)

上述过程表明：根据虚功等于虚变形能的结论，可以得到变形体的平衡条件。

C.3 分量形式的证明法

对于虚位移场$\delta u(x,y,z)$、$\delta v(x,y,z)$、$\delta w(x,y,z)$，各虚应变为：

$$\begin{cases} \delta\varepsilon_x = \dfrac{\partial\delta u}{\partial x} \\[2mm] \delta\varepsilon_y = \dfrac{\partial\delta v}{\partial y} \\[2mm] \delta\varepsilon_z = \dfrac{\partial\delta w}{\partial z} \\[2mm] \delta\gamma_{yz} = \dfrac{\partial\delta v}{\partial z} + \dfrac{\partial\delta w}{\partial y} \\[2mm] \delta\gamma_{zx} = \dfrac{\partial\delta w}{\partial x} + \dfrac{\partial\delta u}{\partial z} \\[2mm] \delta\gamma_{xy} = \dfrac{\partial\delta u}{\partial y} + \dfrac{\partial\delta v}{\partial x} \end{cases} \tag{C-13}$$

虚变形能为：

$$\delta U = \int_V (\sigma_x\delta\varepsilon_x + \sigma_y\delta\varepsilon_y + \sigma_z\delta\varepsilon_z + \tau_{yz}\delta\gamma_{yz} + \tau_{zx}\delta\gamma_{zx} + \tau_{xy}\delta\gamma_{xy})\mathrm{d}V$$

$$= \int_V \left[\sigma_x\frac{\partial\delta u}{\partial x} + \sigma_y\frac{\partial\delta v}{\partial y} + \sigma_z\frac{\partial\delta w}{\partial z} + \tau_{yz}\left(\frac{\partial\delta v}{\partial z} + \frac{\partial\delta w}{\partial y}\right) + \tau_{zx}\left(\frac{\partial\delta w}{\partial x} + \frac{\partial\delta u}{\partial z}\right) + \tau_{xy}\left(\frac{\partial\delta u}{\partial y} + \frac{\partial\delta v}{\partial x}\right)\right]\mathrm{d}V$$

$$= \int_V \left(\sigma_x\frac{\partial\delta u}{\partial x} + \tau_{xy}\frac{\partial\delta v}{\partial x} + \tau_{zx}\frac{\partial\delta w}{\partial x}\right)\mathrm{d}V +$$

$$\int_V \left(\tau_{xy}\frac{\partial\delta u}{\partial y} + \sigma_y\frac{\partial\delta v}{\partial y} + \tau_{yz}\frac{\partial\delta w}{\partial y}\right)\mathrm{d}V +$$

$$\int_V \left(\tau_{zx}\frac{\partial\delta u}{\partial z} + \tau_{yz}\frac{\partial\delta v}{\partial z} + \sigma_z\frac{\partial\delta w}{\partial z}\right)\mathrm{d}V \tag{C-14}$$

式中

$$\int_V \left(\sigma_x\frac{\partial\delta u}{\partial x} + \tau_{xy}\frac{\partial\delta v}{\partial x} + \tau_{zx}\frac{\partial\delta w}{\partial x}\right)\mathrm{d}V$$

$$= \int_V \left[\frac{\partial(\sigma_x\delta u)}{\partial x} - \frac{\partial\sigma_x}{\partial x}\delta u + \frac{\partial(\tau_{xy}\delta v)}{\partial x} - \frac{\partial\tau_{xy}}{\partial x}\delta v + \frac{\partial(\tau_{zx}\delta w)}{\partial x} - \frac{\partial\tau_{zx}}{\partial x}\delta w\right]\mathrm{d}V$$

$$= \int_V \frac{\partial(\sigma_x\delta u + \tau_{xy}\delta v + \tau_{zx}\delta w)}{\partial x}\mathrm{d}V - \int_V \frac{\partial\sigma_x}{\partial x}\delta u + \frac{\partial\tau_{xy}}{\partial x}\delta v + \frac{\partial\tau_{zx}}{\partial x}\delta w\mathrm{d}V \tag{C-15}$$

同理，有：

$$\int_V \left(\tau_{xy}\frac{\partial\delta u}{\partial y} + \sigma_y\frac{\partial\delta v}{\partial y} + \tau_{yz}\frac{\partial\delta w}{\partial y}\right)\mathrm{d}V$$

$$= \int_V \left[\frac{\partial(\tau_{xy}\delta u)}{\partial y} - \frac{\partial\tau_{xy}}{\partial y}\delta u + \frac{\partial(\sigma_y\delta v)}{\partial y} - \frac{\partial\sigma_y}{\partial y}\delta v + \frac{\partial(\tau_{yz}\delta w)}{\partial y} - \frac{\partial\tau_{yz}}{\partial y}\delta w\right]\mathrm{d}V$$

$$= \int_V \frac{\partial(\tau_{xy}\delta u + \sigma_y\delta v + \tau_{yz}\delta w)}{\partial y}\mathrm{d}V - \int_V \frac{\partial\tau_{xy}}{\partial y}\delta u + \frac{\partial\sigma_y}{\partial y}\delta v + \frac{\partial\tau_{yz}}{\partial y}\delta w\mathrm{d}V \tag{C-16}$$

$$\int_V \left(\tau_{zx} \frac{\partial \, \delta u}{\partial z} + \tau_{yz} \frac{\partial \, \delta v}{\partial z} + \sigma_z \frac{\partial \, \delta w}{\partial z} \right) \mathrm{d}V$$

$$= \int_V \left[\frac{\partial \, (\tau_{zx} \delta u)}{\partial z} - \frac{\partial \, \tau_{zx}}{\partial z} \delta u + \frac{\partial \, (\tau_{yz} \delta v)}{\partial z} - \frac{\partial \, \tau_{yz}}{\partial z} \delta v + \frac{\partial \, (\sigma_z \delta w)}{\partial z} - \frac{\partial \, \sigma_z}{\partial z} \delta w \right] \mathrm{d}V$$

$$= \int_V \frac{\partial \, (\tau_{zx} \delta u + \tau_{yz} \delta v + \sigma_z \delta w)}{\partial z} \mathrm{d}V - \int_V \frac{\partial \, \tau_{zx}}{\partial z} \delta u + \frac{\partial \, \tau_{yz}}{\partial z} \delta v + \frac{\partial \, \sigma_z}{\partial z} \delta w \, \mathrm{d}V \qquad (\text{C-17})$$

则有：

$$\delta U = \int_V \frac{\partial \, (\sigma_x \delta u + \tau_{xy} \delta v + \tau_{zx} \delta w)}{\partial x} + \frac{\partial \, (\tau_{xy} \delta u + \sigma_y \delta v + \tau_{yz} \delta w)}{\partial y} + \frac{\partial \, (\tau_{zx} \delta u + \tau_{yz} \delta v + \sigma_z \delta w)}{\partial z} \mathrm{d}V -$$

$$\int_V \left(\frac{\partial \, \sigma_x}{\partial x} \delta u + \frac{\partial \, \tau_{xy}}{\partial x} \delta v + \frac{\partial \, \tau_{zx}}{\partial x} \delta w + \frac{\partial \, \tau_{xy}}{\partial y} \delta u + \frac{\partial \, \sigma_y}{\partial y} \delta v + \frac{\partial \, \tau_{yz}}{\partial y} \delta w + \frac{\partial \, \tau_{zx}}{\partial z} \delta u + \frac{\partial \, \tau_{yz}}{\partial z} \delta v + \frac{\partial \, \sigma_z}{\partial z} \delta w \right) \mathrm{d}V$$

$$= \int_S (\sigma_x \delta u + \tau_{xy} \delta v + \tau_{zx} \delta w) \, n_x + (\tau_{xy} \delta u + \sigma_y \delta v + \tau_{yz} \delta w) \, n_y + (\tau_{zx} \delta u + \tau_{yz} \delta v + \sigma_z \delta w) \, n_z \mathrm{d}S -$$

$$\int_V \left(\frac{\partial \, \sigma_x}{\partial x} + \frac{\partial \, \tau_{xy}}{\partial y} + \frac{\partial \, \tau_{zx}}{\partial z} \right) \delta u + \left(\frac{\partial \, \tau_{xy}}{\partial x} + \frac{\partial \, \sigma_y}{\partial y} + \frac{\partial \, \tau_{yz}}{\partial z} \right) \delta v + \left(\frac{\partial \, \tau_{zx}}{\partial x} + \frac{\partial \, \tau_{zy}}{\partial y} + \frac{\partial \, \sigma_z}{\partial z} \right) \delta w \mathrm{d}V$$

$$= \int_{S_\sigma} (\sigma_x \delta u + \tau_{xy} \delta v + \tau_{zx} \delta w) \, n_x + (\tau_{xy} \delta u + \sigma_y \delta v + \tau_{yz} \delta w) \, n_y + (\tau_{zx} \delta u + \tau_{yz} \delta v + \sigma_z \delta w) \, n_z \mathrm{d}S$$

$$\int_{S_u} (\sigma_x \delta u + \tau_{xy} \delta v + \tau_{zx} \delta w) \, n_x + (\tau_{xy} \delta u + \sigma_y \delta v + \tau_{yz} \delta w) \, n_y + (\tau_{zx} \delta u + \tau_{yz} \delta v + \sigma_z \delta w) \, n_z \mathrm{d}S -$$

$$\int_V \left(\frac{\partial \, \sigma_x}{\partial x} + \frac{\partial \, \tau_{xy}}{\partial y} + \frac{\partial \, \tau_{zx}}{\partial z} \right) \delta u + \left(\frac{\partial \, \tau_{xy}}{\partial x} + \frac{\partial \, \sigma_y}{\partial y} + \frac{\partial \, \tau_{yz}}{\partial z} \right) \delta v + \left(\frac{\partial \, \tau_{zx}}{\partial x} + \frac{\partial \, \tau_{yz}}{\partial y} + \frac{\partial \, \sigma_z}{\partial z} \right) \delta w \mathrm{d}V$$

$$(\text{C-18})$$

根据虚位移的概念，在位移边界 S_u 上 $\delta u = 0$、$\delta v = 0$、$\delta w = 0$，于是有：

$$\delta U = \int_{S_\sigma} (\sigma_x \delta u + \tau_{xy} \delta v + \tau_{zx} \delta w) \, n_x + (\tau_{xy} \delta u + \sigma_y \delta v + \tau_{yz} \delta w) \, n_y + (\tau_{zx} \delta u + \tau_{yz} \delta v + \sigma_z \delta w) \, n_z \mathrm{d}S -$$

$$\int_V \left(\frac{\partial \, \sigma_x}{\partial x} + \frac{\partial \, \tau_{xy}}{\partial y} + \frac{\partial \, \tau_{zx}}{\partial z} \right) \delta u + \left(\frac{\partial \, \tau_{xy}}{\partial x} + \frac{\partial \, \sigma_y}{\partial y} + \frac{\partial \, \tau_{yz}}{\partial z} \right) \delta v + \left(\frac{\partial \, \tau_{zx}}{\partial x} + \frac{\partial \, \tau_{yz}}{\partial y} + \frac{\partial \, \sigma_z}{\partial z} \right) \delta w \mathrm{d}V$$

$$= \int_{S_\sigma} (\sigma_x n_x + \tau_{xy} n_y + \tau_{zx} n_z) \delta u + (\tau_{xy} n_x + \sigma_y n_y + \tau_{yz} n_z) \delta v + (\tau_{zx} n_x + \tau_{yz} n_y + \sigma_z n_z) \delta w \mathrm{d}S -$$

$$\int_V \left(\frac{\partial \, \sigma_x}{\partial x} + \frac{\partial \, \tau_{xy}}{\partial y} + \frac{\partial \, \tau_{zx}}{\partial z} \right) \delta u + \left(\frac{\partial \, \tau_{xy}}{\partial x} + \frac{\partial \, \sigma_y}{\partial y} + \frac{\partial \, \tau_{yz}}{\partial z} \right) \delta v + \left(\frac{\partial \, \tau_{zx}}{\partial x} + \frac{\partial \, \tau_{yz}}{\partial y} + \frac{\partial \, \sigma_z}{\partial z} \right) \delta w \mathrm{d}V$$

$$(\text{C-19})$$

以 p_x、p_y、p_z 表示应力边界上各坐标方向的表面力集度，f_x、f_y、f_z 表示变形体沿各坐标方向的体积力集度，ρ 表示质量密度，$\ddot{u}$、$\ddot{v}$、$\ddot{w}$ 表示沿各坐标方向的加速度，则所有力的虚功为：

$$\delta W = \int_{S_\sigma} p_x \delta u + p_y \delta v + p_z \delta w \mathrm{d}S + \int_V (f_x - \rho \ddot{u}) \delta u + (f_y - \rho \ddot{v}) \delta v + (f_z - \rho \ddot{w}) \delta w \mathrm{d}V$$

$$(\text{C-20})$$

（1）充分性：当变形体平衡时，虚功一定等于虚变形能。

根据应力边界条件和平衡条件：

① 在 S_σ 上，有：

$$\begin{cases} \sigma_x n_x + \tau_{yx} n_y + \tau_{zx} n_z = p_x \\ \tau_{xy} n_x + \sigma_y n_y + \tau_{zy} n_z = p_y \\ \tau_{xz} n_x + \tau_{yz} n_y + \sigma_z n_z = p_z \end{cases} \quad (C\text{-}21)$$

② 在 V 内，有：

$$\begin{cases} \dfrac{\partial \sigma_x}{\partial x} + \dfrac{\partial \tau_{yx}}{\partial y} + \dfrac{\partial \tau_{zx}}{\partial z} + f_x = \rho \ddot{u} \\[2mm] \dfrac{\partial \tau_{xy}}{\partial x} + \dfrac{\partial \sigma_y}{\partial y} + \dfrac{\partial \tau_{zy}}{\partial z} + f_y = \rho \ddot{v} \\[2mm] \dfrac{\partial \tau_{xz}}{\partial x} + \dfrac{\partial \tau_{yz}}{\partial y} + \dfrac{\partial \sigma_z}{\partial z} + f_z = \rho \ddot{w} \end{cases} \quad (C\text{-}22)$$

由式（C-19）~式（C-22）可得：

$$\begin{aligned} \delta U &= \int_{S_\sigma} p_x \delta u + p_y \delta v + p_z \delta w \, \mathrm{d}S + \int_V (f_x - \rho \ddot{u}) \delta u + (f_y - \rho \ddot{v}) \delta v + (f_z - \rho \ddot{w}) \delta w \, \mathrm{d}V \\ &= \delta W \end{aligned} \quad (C\text{-}23)$$

（2）必要性：当虚功等于虚变形能时，变形体一定平衡。

根据式（C-19）、式（C-20）和变形体虚功原理 $\delta U = \delta W$ 可得：

$$\int_{S_\sigma} (\sigma_x n_x + \tau_{xy} n_y + \tau_{zx} n_z) \delta u + (\tau_{xy} n_x + \sigma_y n_y + \tau_{yz} n_z) \delta v + (\tau_{zx} n_x + \tau_{yz} n_y + \sigma_z n_z) \delta w \, \mathrm{d}S -$$

$$\int_V \left(\frac{\partial \sigma_x}{\partial x} + \frac{\partial \tau_{xy}}{\partial y} + \frac{\partial \tau_{zx}}{\partial z} \right) \delta u + \left(\frac{\partial \tau_{xy}}{\partial x} + \frac{\partial \sigma_y}{\partial y} + \frac{\partial \tau_{yz}}{\partial z} \right) \delta v + \left(\frac{\partial \tau_{zx}}{\partial x} + \frac{\partial \tau_{yz}}{\partial y} + \frac{\partial \sigma_z}{\partial z} \right) \delta w \, \mathrm{d}V$$

$$= \int_{S_\sigma} p_x \delta u + p_y \delta v + p_z \delta w \, \mathrm{d}S + \int_V (f_x - \rho \ddot{u}) \delta u + (f_y - \rho \ddot{v}) \delta v + (f_z - \rho \ddot{w}) \delta w \, \mathrm{d}V \quad (C\text{-}24)$$

根据虚位移的任意性和应力分量的对称性，可得：

① 在 S_σ 上，有：

$$\begin{cases} \sigma_x n_x + \tau_{yx} n_y + \tau_{zx} n_z = p_x \\ \tau_{xy} n_x + \sigma_y n_y + \tau_{zy} n_z = p_y \\ \tau_{xz} n_x + \tau_{yz} n_y + \sigma_z n_z = p_z \end{cases} \quad (C\text{-}25)$$

② 在 V 内，有：

$$\begin{cases} \dfrac{\partial \sigma_x}{\partial x} + \dfrac{\partial \tau_{yx}}{\partial y} + \dfrac{\partial \tau_{zx}}{\partial z} + f_x = \rho \ddot{u} \\[2mm] \dfrac{\partial \tau_{xy}}{\partial x} + \dfrac{\partial \sigma_y}{\partial y} + \dfrac{\partial \tau_{zy}}{\partial z} + f_y = \rho \ddot{v} \\[2mm] \dfrac{\partial \tau_{xz}}{\partial x} + \dfrac{\partial \tau_{yz}}{\partial y} + \dfrac{\partial \sigma_z}{\partial z} + f_z = \rho \ddot{w} \end{cases} \quad (C\text{-}26)$$

即应力同时满足应力边界和域内的平衡条件，得证。